Mastercam 数控加工完全自学丛书

图解 Mastercam 2017 数控加工编程高级教程

陈为国　陈　昊　严思堃　编　著

机械工业出版社

本书以 Mastercam 2017 版为基础，针对 Mastercam 数控加工自动编程流程与典型操作、2D 数控铣削加工编程、3D 数控铣削加工编程以及数控车削加工自动编程展开了讨论，其知识点的覆盖较为全面、完整，其中很多 Mastercam 2017 版加工编程的知识点是同类图书中少有的内容。通过本书的学习，可以使读者全面掌握 Mastercam 2017 的数控加工自动编程技术，并能够完成较为复杂零件的数控加工编程工作。

为便于读者学习，提供练习文件光盘，同时提供配书 PPT 课件（联系 QQ296447532 获取）。

本书理论联系实际，较为全面地讨论了加工编程中加工策略、刀具选用与创建、各类参数设置和刀路分析等。书中配有大量的针对性较强的练习示例，可帮助读者高效、快捷地掌握 Mastercam 2017 的自动编程功能。本书非常适合具备数控加工手工编程基础知识和 Mastercam 基础知识的读者，以及希望提高自动编程能力的数控加工技术人员自学使用，也可作为高等学校及培训机构 CAD/CAM 课程的教学用书。

图书在版编目（CIP）数据

图解 Mastercam 2017 数控加工编程高级教程/陈为国，陈昊，严思堃编著.
—北京：机械工业出版社，2019.5（2022.7 重印）
（Mastercam 数控加工完全自学丛书）
ISBN 978-7-111-62501-8

Ⅰ．①图… Ⅱ．①陈… ②陈… ③严… Ⅲ．①数控机床—加工—计算机辅助设计—应用软件—教材 Ⅳ．①TG659-39

中国版本图书馆 CIP 数据核字（2019）第 070522 号

机械工业出版社（北京市百万庄大街 22 号 邮政编码 100037）
策划编辑：周国萍 责任编辑：周国萍 王 珑
责任校对：梁 静 封面设计：马精明
责任印制：常天培
固安县铭成印刷有限公司印刷
2022 年 7 月第 1 版第 4 次印刷
184mm×260mm・17.75 印张・438 千字
标准书号：ISBN 978-7-111-62501-8
　　　　　ISBN 978-7-89386-213-7（光盘）
定价：69.00 元（1CD）

电话服务　　　　　　　　　　网络服务
服务咨询热线：010-88361066　机 工 官 网：www.cmpbook.com
读者购书热线：010-88379833　机 工 官 博：weibo.com/cmp1952
　　　　　　　010-68326294　金 书 网：www.golden-book.com
封面无防伪标均为盗版　　机工教育服务网：www.cmpedu.com

前　言

　　Mastercam 是美国 CNC Software 公司开发的基于 PC 平台的 CAD/CAM 软件系统，具有二维几何图形设计、三维线框设计、曲面造型和实体造型等设计功能，以及可由零件图形或模型直接生成刀具路径、刀具路径模拟、加工实体仿真验证、可扩展的后处理及较强的外界接口等功能。自动生成的数控加工程序能适应多种类型的数控机床，数控加工编程功能快捷方便，具有铣削、车削、线切割和雕铣加工等编程功能。

　　Mastercam 自 20 世纪 80 年代推出至今，经历了三次较为明显的界面与版本变化，首先是 V9.1 版之前的产品，国内市场可见的有 6.0、7.0、8.0、9.0 等版本，该类版本的操作界面是左侧瀑布式菜单与上部布局工具栏形式的操作界面；其次是配套 Windows XP 版的 X 版风格界面，包括 X，X2，X3，…，X9 九个版本，该类版本的操作界面类似于 Office2003 的界面风格，以上部布局的下拉菜单与丰富的工具栏及其工具按钮操作为主，配以鼠标右键快捷方式操作，这个时期的版本已开始与微软操作系统保持相似的风格，能更好地适应年轻一代的初学者；为了更好地适应 Windows 7 系统及其代表性的应用软件 Office 2010 的 Ribbon 风格功能区操作界面的出现，Mastercam 开始第三次操作界面风格的改款，从 Mastercam 2017 开始推出以年代标记软件版本，具有 Office 2010 的 Ribbon 风格功能区操作界面的风格，标志着 Mastercam 进入了一个新时代。

　　Mastercam 2017Ribbon 风格界面特别适合年轻一代的初学者"弯道超车"，读者可紧随 Mastercam 2017 及其后续版本的变化而学习。由于 Mastercam 2017 界面的变化较大，因此即使是 Mastercam 的老用户也有阅读本书的必要。

　　2018 年 5 月，编者针对初学者出版了一本 Mastercam 2017 的基础教材《图解 Mastercam 2017 数控加工编程基础教程》[1]。而本书是针对有一定 Mastercam 2017 基础的读者撰写的，旨在进一步提高读者的数控加工自动编程水平。

　　本书作为高级教程，面对的是已具备 Mastercam 基础知识的读者，因此去除了 Mastercam 2017 设计模块的内容。对于加工编程的几何模型，主要是基于通用的*.stp、*.dwg 或*.dxf 几何模型导入的方法获得，因此本书也适合 Mastercam 基础知识掌握不多的读者阅读。

　　全书共 4 章，第 1 章 Mastercam 数控加工自动编程流程与典型操作，讨论了自动编程流程以及部分 Mastercam 加工编程所需的实用基础知识，如工作坐标系的建立讨论了不多见的在工件上指定点建立工件系的问题，如何在后处理时输出工作坐标系指令 G55～G59 和附加工作坐标系 G54.1 P1～G54.1 P48 等，如何基于实体模型和 STL 格式文件创建加工毛坯，后处理程序 MPFAN.PST 的实用修改等，Mastercam 基础知识较好的读者可大致浏览一下，也许有您需要的知识。第 2 章 2D 数控铣削加工编程，主要讨论了铣削加工中的 2D 加工策略，其中有些知识点在同类图书中很少见到，如 2.2.1 节外形铣削加工刀路中"毛头"的概念、设置与应用，2.2.2 节中讨论的同一文档中基于不同"视图面板"建立两个不同工作坐标系的加工操作及其应用，2.2.5 节中讨论的基于光栅文档转换矢量文档提取图形轮廓进行雕铣加工，2.4.4 节中讨论的内、外螺纹铣削加工原理与编程方法等。第 3 章 3D 数控铣削加工编程，详细讨论了 3D 铣削加工中全部的 3D 加工策略，并通过大量的练习题强化练习，相信通过这些练习将能够使读者有效地掌握 Mastercam 2017 中有关三维铣削加工编程功能，其中有些知识点结合基础教程的相关内容可得到较好的掌握，如 3.2.4 节的优化动态粗铣加工参数与刀路的分析，3.3.6 节中关于径向尺寸稍大加工面径向分段放射加工的问题，3.3.8～3.3.10 节讨论了投影、流线和熔接铣削精加工原理、刀路分析与应用等，3.4.1 节中刀具管理及自建刀具库问题，3.4.3 节中关于刀具路径的平移、旋转与镜像加工编程等问题。第 4 章数控车削加工自动编程，分编程基础、基本编程、拓展编程和循环指令编程四部分进行了讨论，其详细程度与同类图书相比也是较为全面的，部分知识点也是之前图书中介绍不多的，如编程基础部分介绍的在加工模型指定点上建立工作坐标系的方法，实体模型与边界线创建非圆柱体加工毛坯，自定心卡盘及其调头装夹的设置与应用，自定心卡盘、尾顶尖、中心架等装夹动作参数设置及其应用，拓展编程部分的动态粗车、切入车削和仿形粗车加工策略的原理、参数设置与应用分析等知识点也是代表现代数控车削加工的较新知识。总而言之，编者认为，即使是对 Mastercam 知识掌握较好的读者，阅读本书也必然会有所收获。

为便于读者学习，本书提供了练习文件光盘，同时提供了配书 PPT 课件（联系 QQ296447532 获取）。

本书在编写过程中得到了南昌航空大学科技处、教务处、航空制造工程学院、工程训练中心和中航工业江西洪都航空工业集团有限公司等领导的关心和支持，以及航空制造工程学院数控加工技术实验室和工程训练中心数控实训教学部等部门相关老师的指导和帮助，在此表示衷心的感谢！

感谢所列参考文献以及未能囊括进入参考文献的参考资料的作者，他们的资料为本书的编写提供了极大的帮助。

本书文稿虽经反复推敲，但因时间仓促，加之编者水平所限，书中难免存在不足和疏漏之处，敬请广大读者予以指正。

编　者

目　　录

第❶章 Mastercam 数控加工自动编程流程与典型操作 >>>

1.1 数控加工自动编程流程简介

Mastercam 编程软件虽然包含 CAD 与 CAM 模块，但 CAM 模块是其核心，大部分使用该软件的用户主要使用其 CAM 模块进行自动编程。当然，CAD 模块的基本功能等内容还是必须要掌握的，这部分内容可参阅参考文献[1]。本书主要基于该软件的 CAM 模块功能围绕自动编程展开讨论。

1.1.1 Mastercam 数控加工自动编程流程

Mastercam 数控加工自动编程大致可分为三大步骤，即加工数字模型的准备（CAD）、加工编程设计（CAM）和后处理（输出 NC 代码）。其中，加工编程设计（CAM）步骤是关键内容，也是本书主要介绍的内容，图 1-1 所示为其编程流程框图。

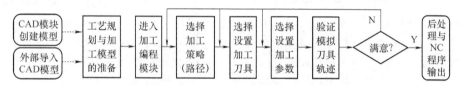

图 1-1 Mastercam 自动编程流程框图

1. CAD 模型的准备

CAD 模型是数控自动加工编程的基础，包括 2D 与 3D 模型，加工编程中通过拾取相关加工模型获取加工编程的几何坐标参数。加工模型可以在 Mastercam 的 CAD 模块中创建，也可导入其他 CAD 软件造型的几何模型，如二维图形可用 AutoCAD 的图形文件（DXF或 DWG 格式），三维模型常用通用的 STEP 或 IGES 等格式的模型文件，大部分三维造型软件均可导出这些格式的模型文件。

2. CAM 加工编程设计

CAM 加工编程设计包括加工模型的工艺设计与处理、加工类型模块的进入、基本属性的设置、加工策略的选择、刀具选择（或创建）与切削用量的设置、工艺规划与加工参数的设置、刀具路径（简称刀路，又称刀具轨迹或刀轨）的验证与仿真等。

CAM 设计首先要有一个加工模型，一般可采用设计模型，必要时根据加工的需要增加装夹部位等工艺部分。这部分工作仍然在设计模块上进行，其中 Mastercam 2017 版新增的"建模"选项卡中的同步建模功能可快速地进行加工模型工艺部分的设计，但其 3D 模型的过程参数将会自动删除，这一点使用时要注意。

Mastercam 的加工模块设置在"机床"选项卡"机床类型"选项区，主要包括铣床、车床、车铣复合、线切割、雕刻和设计等。其中，最右侧的"设计▣"选项按钮可快速地返回 CAD 设计模块。加工模块中应用最为广泛的主要是"铣床"与"车床"模块。进入加工环境后，就可进行基本属性的设置，主要为材料毛坯和安全区域设置等。

加工策略是系统自身事先规划好的典型加工刀具路径，刀具路径的多少直接决定了系统的编程能力。以 Mastercam 铣床编程模块为例，单击功能选项卡操作标签"机床"，在"机床类型"选项区执行"铣床▼→默认（D）"命令，激活"刀路"选项卡，可看到有"2D、3D、多轴加工和工具"选项区等，并在"2D、3D、多轴加工"选项区可选择相应的加工策略。

进入选择的加工策略后，将弹出相应的对话框和操作提示，此时可以通过人机交互的方式设置相应的加工参数。这一步的设置是自动编程的主要且灵活的部分，其随时可激活并编辑和修改。

在加工参数设置中，有部分参数设置是通用与必需的，如刀具选择与设置、切削用量设置、起/退刀点（又称参考点）设置、工件表面、安全平面和加工深度等设置。当然，还有部分参数的设置是相应加工策略特有的。

加工参数设置并确定后，系统会自动计算并生成与显示刀具路径，并可通过系统提供的"路径模拟▣"和"实体仿真▣"观察刀路等是否可接受。若生成的刀路不满意，则可返回相应位置重新设置，直至满意为止。

3．后处理

上一步生成的刀具路径，是以一个*.nci 刀路文件记录并存储的。学过数控编程的人都知道，不同的数控系统，其加工程序与指令的格式是不同的，因此必须将 NCI 刀路文件转换为指定数控系统的加工程序（又称 NC 代码或程序）。这个过程称为后处理，其实质是一个计算机程序。如前述进入铣床编程环境的"机床→机床类型→铣床▼→默认（D）"命令默认激活的是一个具有 4 轴 FANUC 铣削系统后处理文件的加工模块。

需要说明的是，准备学习并应用一个数控编程软件，一定要了解其是否具备自己所用机床数控系统所需的后处理文件，否则，前面学得再好，也不能实现数控加工。

1.1.2 Mastercam 数控加工自动编程流程举例

下面以一个呆扳手数控加工编程为例，介绍自动编程流程。读者可自行尝试设计，体会编程流程。

例 1-1　试编程加工图 1-2 所示的呆扳手轮廓，生成类型为小批量生产，工件材料为 45 钢。

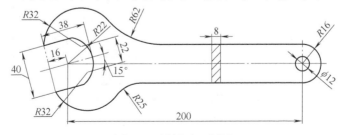

图 1-2　呆扳手工程图

编程过程如下：

第一步：CAD 模型的准备。这里选择在 Mastercam 的设计模块中绘制。因为是 2D 加工，故仅需绘制零件轮廓（见图 1-2）即可。绘制过程略。

第二步：CAM 加工设计。

步骤 1：工艺规划与加工模型的准备。该工件的加工工艺为：剪板机下料 247mm×95mm ×8mm（板厚）→钻 ϕ12mm 孔→铣削开口轮廓→铣削外轮廓。其中，钻孔与铣开口可采用平口钳装夹，开口尺寸精度要求较高，故需粗、精铣，且精铣加工采用刀具半径补偿功能控制尺寸精度，铣削后形状如图 1-3 所示。铣削外轮廓选择开口和孔定位并夹紧，制作一个小工装直接固定在平口钳上，如图 1-4 所示。其中，Z 向最高位置距离工件上表面小于 25mm。

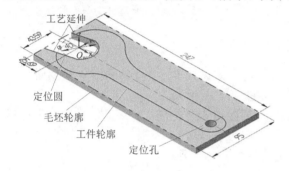

图 1-3　钻孔、铣开口工艺方案

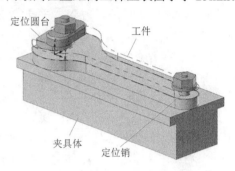

图 1-4　铣削外轮廓装夹方案

工作坐标系选定在工件上表面 R22mm 圆弧的圆心位置，相对毛坯左下角尺寸如图 1-3 所示。铣削外轮廓时以定位圆台圆弧面找正对刀，如图 1-4 所示。

步骤 2：铣床加工模块的进入与基本属性的设置，如图 1-5 所示。

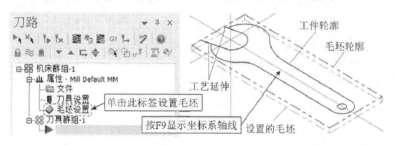

图 1-5　毛坯设置

首先，启动 Mastercam 2017，绘制如图 1-2 所示的零件轮廓线，使图 1-3 所示的工作坐标系 WCS 与系统的世界坐标系重合，否则，可应用"转换→移动到原定▣"功能将工作坐标系快速移动到世界坐标系的原点位置。然后，绘制毛坯轮廓（四周留加工余量约 5mm），并根据开口加工编程的需要将两开口直线延伸至毛坯边界，如图 1-3 所示。

执行"机床→机床类型→铣床▼→默认（D）"命令，激活"刀路"选项卡，同时，在"刀路"操作管理器中创建一个"机床群组-1"。单击"属性"展开项目树，再单击"毛坯设置"选项标签◇毛坯设置，弹出"机床群组属性"对话框，默认为"毛坯设置"选项卡，以毛坯轮廓和厚度 8mm 设置立方体毛坯，如图 1-5 所示。

步骤 3：选择加工策略（刀路），设置相关加工参数。由于手柄部孔的要求不高，拟直接钻孔。开口部位尺寸精度要求较高，拟分粗、精铣削，且精铣要求启用刀具半径补偿功能。外轮廓尺寸精度要求不高，不设置精铣加工。具体操作如下：

（1）钻孔加工　在铣床"刀路"选项卡"2D"选项区下拉列表中单击"钻孔"按钮▣，因为是第一个加工刀路，故会弹出"输入新 NC 名称"对话框，可确认使用默认的文件名称或输入一个新名称，该名称是后处理输出的文件名。单击"确定"按钮，弹出"选择钻孔位置"对话框，用鼠标拾取 ϕ 12mm 圆孔中心，单击"确定"按钮，弹出"2D 刀路-钻孔/全圆铣削深孔钻-无啄孔"对话框。选择刀具钻头，设置相关切削参数等选项，包括：

"刀具"选项：选择 D12 钻头、刀具号"1"与刀补号"1"，设置主轴转速为"1200"、进给速率为"40"。

"切削参数"选项：循环方式为默认的"Drill/Counterbore"。

"共同参数"选项：取消"安全高度"复选框勾选，设置参考高度为"6"、工件表面为"0"和钻孔深度为"–11.6"等。

"原点/参考点"选项：设置进入/退出点（0，0，150）。

设置完成后，单击"确定"按钮，系统将自动计算并显示出刀具路径，必要时可使用"路径模拟"和"实体仿真"观察刀路等，如图 1-6 所示。

（2）铣削开口　在"刀路"选项卡"2D"选项区单击"挖槽"按钮，弹出"串连选项"对话框，按图 1-6 左下角所示选择开口的部分串连，单击"确定"按钮，弹出"2D 刀路-2D 挖槽"对话框，选择铣刀和设置相关切削参数，包括：

"刀具"选项：选择 D16 整体平底立式铣刀、刀具号"2"与刀补号"2"，设置主轴转速为"2600"、进给速率为"400"和下刀速率为"200"；

"切削参数"选项：设置加工方向为"顺铣"、挖槽加工方式为"开放式挖槽"、壁边和底面预留量为"0"，勾选"使用开放轮廓切削方式"复选框。

"粗切"选项：设置切削间距为"50"（刀具直径%），粗切进刀方式选择"关"。

"精修"选项：设置精修次数为"1"、刀具补正方式为"控制器"、进给速率为"200"、主轴转速为"3000"，进/退刀设置采用默认。

"共同参数"选项：取消"安全高度"和"参考高度"复选框勾选，设置下刀位置为"6"、工件表面为"0"和深度为"–10.0"等。

"原点/参考点"选项：设置进入/退出点（0，0，150）等。

设置完成后，单击"确定"按钮，系统将自动计算并显示出刀具路径，如图 1-6 所示。必要时可使用"路径模拟"和"实体仿真"观察刀路等。

（3）铣削外轮廓　在"刀路"选项卡"2D"选项区单击"区域"按钮，弹出"串连选项"对话框，按图 1-7 所示选择毛坯轮廓为加工范围，避让范围选择事先做好的基于外轮廓为主的避让串连曲线，同时选择加工策略为"开放"，关联到毛坯选择"无"或"相切"。单击"确定"按钮，弹出"2D 高速刀路-区域"对话框，选择铣刀和设置相关切削参数，包括：

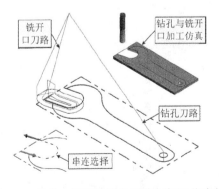

图 1-6　钻孔、铣开口刀具刀路与加工仿真等

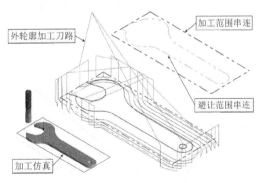

图 1-7　外轮廓铣削刀路与加工仿真等

"刀具"选项：同开口铣削设置。

"切削参数"选项：设置切削方向为"逆铣"、XY 步进量（刀具直径%）为"45"、壁边和底面预留量为"0"。

"共同参数"选项：取消安全高度复选框勾选，设置参考高度为"30"、下刀位置为"3"、工件表面为"0"和深度为"-10.0"等。

"原点/参考点"选项：设置进入/退出点（0，0，150）等。

设置完成后，单击"确定"按钮，显示出刀具路径，如图 1-7 所示。必要时可使用"路径模拟 "和"实体仿真 "观察刀路等。

第三步：后处理生成 NC 加工程序。在"刀路"操作管理器中单击"选择全部操作"按钮 ，选中以上三个操作。单击"执行选择的操作进行后处理"按钮 ，弹出"后处理程序"对话框，再单击"确定"按钮 ，弹出"另存为"对话框，操作后单击"确定"按钮 ，在指定位置生成 NC 加工程序，同时激活程序编辑器和 NC 程序。具体操作略。

Mastercam 默认激活的程序编辑器是其自带的 Mastercam Code Expert 编辑器，如图 1-8 所示。由于这里使用的是通用的 FANUC 后处理程序，且有较多的注释（图 1-8 中括号中的内容），故还需根据自己使用机床的数控系统进一步手工修改，详见 1.6.3 节中的介绍。

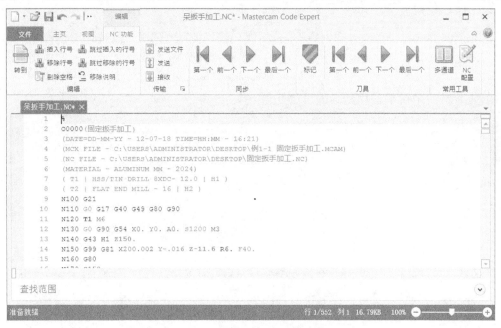

图 1-8　后处理生成 NC 加工程序

1.2　Mastercam 加工模型的准备

加工模型是自动编程的基础与必需，系统可通过选中的加工模型自动提取编程所需的几何参数（如坐标点、圆弧半径等）。自动编程加工模型的准备主要由两种方法获得：一是软件自身的 CAD 模块创建加工模型，这种方法使 CAD 与 CAM 模块之间的数据传送可以无缝连接，不存在数据局部丢失的问题（如局部小曲面的丢失等）；二是外部几何模型的导入，常用用户提供的设计数字模型（简称数模），也可根据自身习惯用 Mastercam 之外的软件创建加工模型。Mastercam 软件能够识别大部分常见的几何模型格式文件，实际中用得较多的加工模型格式是 STP 和 IGS 等通用的几何文件交换格式。

1.2.1 Mastercam 软件 CAD 模块简介

Mastercam 作为一款通用的加工编程软件，其包含了 CAD 与 CAM 模块，对于准备使用该软件进行编程的用户，建议还是需要了解其 CAD 模块。Mastercam 2017 的 CAD 模块是系统启动的默认模块（也可单击"机床→机床类型→设计"按钮 ⊿ 返回），其主要功能包括二维图形的"草图"绘制模块、三维模型的"曲面"与"实体"创建模块。这些二维图形和三维模型不仅可创建，还可重新激活编辑，"转换"功能还可对二维图形和三维模型进行平移、旋转和缩放等编辑操作。自 Mastercam 2017 开始，系统新增了基于同步建模技术的实体编辑功能（"建模"选项卡中），进一步拓展了加工模型的编辑功能。这些功能主要是可对用户提供的设计加工模型进行适当的编辑，增加工艺装夹等几何部分，也就是将设计模型拓展为自动编程用的工艺处理后的加工模型。有关 CAD 模块的具体功能可参阅参考文献[1]等。

1.2.2 AutoCAD 二维模型的导入

在 Mastercam 自动编程中，2D 铣削、车削与线切割编程等所需的加工模型一般仅需二维的几何图形即可，而 AutoCAD 是二维图形绘制应用广泛的软件之一，因此，Mastercam 提供了 AutoCAD 文件的导入接口，可方便地读取*.dwg 和*.dxf 等格式文件。图 1-9 所示为图 1-2 所示的呆扳手工程图导入过程图解。

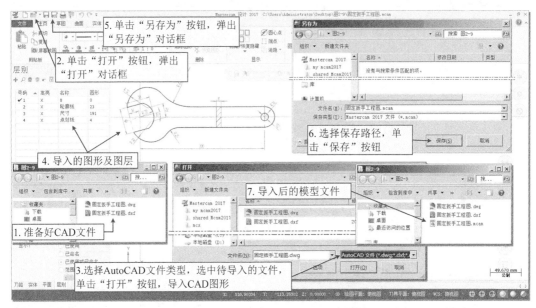

图 1-9 AutoCAD 格式文件导入过程图解

在导入 AutoCAD 文件时，若遇到不能识别文件的现象，可尝试将 AutoCAD 文件另存为更低版本格式文件或更换为*.dxf 格式文件，这在使用较低版本的 Mastercam 软件时出现的可能性更大。

1.2.3　STP 格式 3D 模型的导入

STP 格式文件是一个通用的三维模型交换文件，文件扩展名为*.stp 或*.step，大部分工程应用软件（如 UG、CATIA、Pro/E、SolidWorks 等）都能够输出与读取该格式文件，Mastercam 也不例外。STP 格式文件导入过程图解如图 1-10 所示。导入操作步骤如下：

1）准备好待导入的 STP 格式文件。

2）启动 Mastercam 软件，在快速访问工具栏中单击"打开"按钮，弹出"打开"对话框。

3）展开"打开"对话框右下角的文件类型列表，选择文件类型为"STP 文件（*stp，*.step）" STEP 文件 (*.stp;*.step)，找到待导入的 STP 文件，必要时可重新命名文件名（默认文件名为 STP 格式文件的文件名）。

4）单击"打开"按钮 打开(O)，读入 STP 文件，这时可在 Mastercam 绘图区看到导入的模型。

可保存该文件备用，或直接用于后续的编程操作。具体操作略。

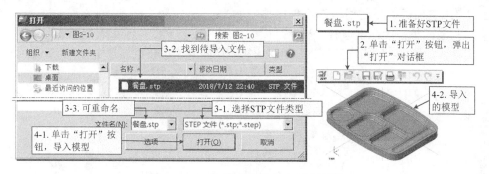

图 1-10　STP 格式文件导入过程图解

需要说明的是，STP 格式文件导入的模型是一个实体模型。若是 IGS 格式文件，导入的模型则是一个曲面模型。关于各种格式文件导入模型的特点，读者可逐渐学习掌握。

1.2.4　加工模型修改必需的操作简介

用户提供的工件模型往往是设计模型，未考虑加工工艺的需要，因此，加工编程时常常需要对加工模型进行修改。在 Mastercam 2017 中，可利用"实体"和"建模"等选项卡中的相关功能修改实体模型，用"曲面"选项卡中的相关功能修改曲面模型。当然，修改过程中可能还会用到"草图"和"转换"选项卡中的相关功能。

图 1-11 所示为图 1-10 所示导入的实体模型基于"实体"选项卡中的"拉伸"功能修改模型的示例。其先是在底面提取轮廓线，向下拉伸 50mm 延长，然后在拉伸后的底面构建矩形框线，再向下拉伸 30mm 得到一个矩形底座。实体功能修改模型，会留下完整的建模历史记录，实体操作管理器中的操作记录如图 1-11 左侧所示。

图 1-12 所示为图 1-11 所示模型基于"建模"选项卡中的"推拉"功能将四方底座上表面向上拉伸 10mm 的操作示例。"建模"选项卡中的操作属于同步建模技术，其操作不仅会删除原来的建模操作历史记录，而且也不建立新的操作记录，"实体"操作管理器中的操作记录如图 1-12 左侧所示。

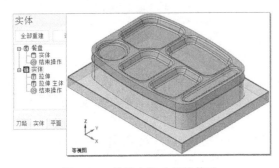

图 1-11　基于实体功能的修改

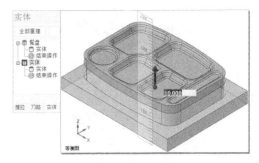

图 1-12　基于建模功能的修改

1.3　Mastercam 常规的典型操作

这里介绍的部分典型操作是 CAD 与 CAM 模块常见通用的操作。

1.3.1　"视图"选项卡的相关操作

1. 实体与曲面模型的线框与着色操作

实体与曲面模型的线框与着色显示是模型外观的渲染操作，但在编程操作时有时为了选择曲面或串连曲线时，切换为线框显示更为方便。这些操作按钮主要集中在两个位置：一是视窗右下角"状态栏"右侧的快速操作按钮（见图 1-13a），二是"视图"选项卡"外观"选项区左半边部分（见图 1-13b）。读者可任取一个 3D 模型，单击相应按钮，观察模型的显示体会操作功能。图 1-13c 所示为各功能按钮的显示示例，其中部分功能可以组合操作。

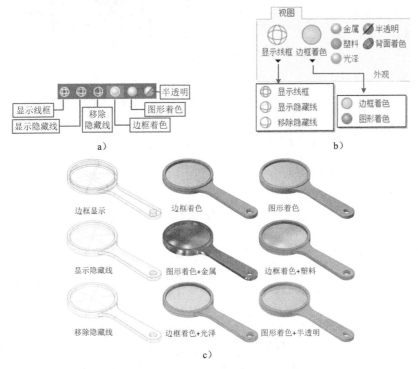

图 1-13　三维模型的线框与着色操作

a）"状态栏"上的快速操作按钮　b）"视图"选项卡"外观"选项区操作按钮　c）显示示例

8

2．坐标轴线与坐标系指针的显示操作

数字模型与数控编程中给的位置表达均涉及坐标系与坐标轴等概念。常用的坐标系包括坐标原点与三个正交的坐标轴，坐标轴正、负方向的无限延伸是坐标轴线，坐标系的显示称为坐标系指针，简称指针。在 Mastercam 2017 中，坐标轴线与指针的"显示/隐藏"操作功能按钮设置在"视图"选项卡中的"显示"选项区，如图 1-14a 所示。坐标轴线与指针的显示如图 1-14b 所示，左下角的"视角（视图方向）指针"是始终显示的，设计模块中可显示/隐藏的指针多一个"绘图平面指针"，激活加工模块后可进一步显示/隐藏"刀具平面指针"；坐标轴线分别以不同的颜色显示，世界坐标系轴线默认为灰色，工作坐标系WCS轴线为酱色，绘图平面坐标系轴线为绿色，刀具面坐标系轴线为淡蓝色，四种坐标轴线重合时看上去是灰色。轴线与指针的显示/隐藏操作使用频率较高，其快捷键分别为 F9 和 Alt+F9。

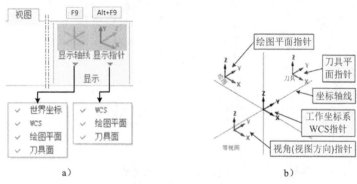

图 1-14　坐标轴线与坐标指针

a）坐标轴线与指针按钮　b）坐标轴线与指针显示

操作视窗中，"视角指针"布置在左下角，"绘图平面指针"布置在左上角，"刀具平面指针"布置在右上角且只在加工模块中显示。"工作坐标系指针 WCS"默认与世界坐标系重合，如图 1-15 所示，但也可以根据模型加工工艺的需要偏离世界坐标系，如图 1-16 中，工作坐标系 WCS 设置在图示最高部位（毛坯上表面几何中心处）。

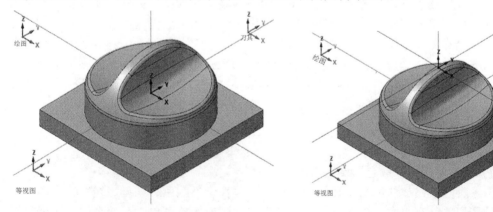

图 1-15　WCS 与世界坐标系重合　　　　图 1-16　WCS 偏离世界坐标系

3．视角（屏幕视图）及其切换操作

视角又称屏幕视图（Graphics view，简称 G），是观察视图方向在屏幕上所看到的模型显示，对应机械制图中的投影视图。Mastercam 2017 中，视角的操作在"视图"选项卡"屏幕视图"选项区，如图 1-17a 所示。另外，在单击鼠标右键弹出的快捷菜单中也有常用的操作按钮，如图 1-17b 所示。

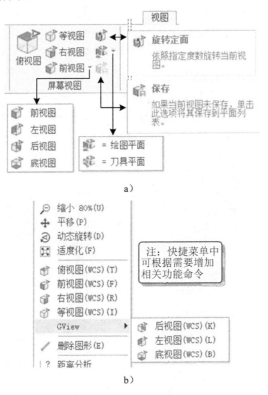

a）

b）

图 1-17　视角操作

a）"视图"选项卡"屏幕视图"选项区　b）快捷菜单中的视角命令

"屏幕视图"选项区的功能较快捷菜单中更为完善，除了常规的屏幕视图外，还包括按指定的角度旋转模型操作屏幕视图、绘图平面与刀具平面视图。另外，还能将自定义的屏幕视图保存到"平面"操作管理器的平面列表中，方便随时调用。

另外，在"平面"操作管理器的平面列表中，字母"G"是单词 Graphics 的第一个字母，表示 Graphics view（屏幕视图）的意思，在该列表视图名称右侧的单元格中单击，可激活相应的屏幕视图，这时字母 G 切换到该屏幕视图状态（并可临时看到屏幕视图指针），同时字母 G 放置在该单元格中。

1.3.2　"主页"选项卡的相关操作

1．图素属性的操作（颜色、图层等的编辑）

图素指各种点、线、曲面与实体等几何体，其属性包括颜色、线型、线宽、点样式等以及放置的图层等。在"主页"选项卡"属性"选项区或快捷菜单中有一个"设置全部"按钮，单击会弹出"属性"对话框，可对图素属性进行设置，其旁边有一个"依照图形设置"按钮（快捷键为 Alt+X），可拾取现存图素快速获取其属性。图 1-18 所示为基于快捷菜单设置图素属性的编辑操作图解。

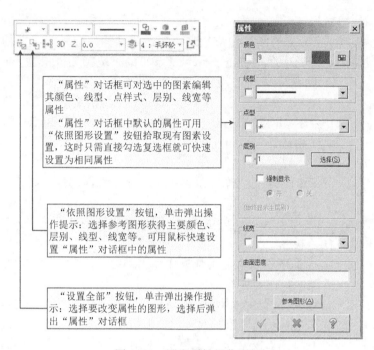

图 1-18　图素属性操作图解

2. 模型图素的消隐与隐藏功能

在"主页"选项卡"显示"选项区中的"隐藏/恢复隐藏"按钮和"消隐"按钮以及相应的下拉菜单如图 1-19 所示。"隐藏/恢复隐藏"按钮默认的下拉菜单"隐藏更多"和"恢复部分隐藏"命令无效（灰色显示），执行隐藏操作有隐藏的图素后，则有效，如图 1-19a 所示。"消隐"按钮的下拉菜单有"消隐"和"恢复消隐"命令。

图 1-19　"隐藏"与"消隐"按钮

"隐藏/恢复隐藏"功能：是常用的功能，单击该按钮，会弹出"选择保留在屏幕上的图形"操作提示，用鼠标拾取待保留的图素后，单击"回车"或"结束选择"按钮，则选择外的图素会临时隐藏起来。再次单击该按钮，隐藏的图素会重新显示出来。

"隐藏更多"功能：在隐藏图素的基础上进一步继续隐藏显示图素中的图素。单击该按钮，会弹出"选择移除在屏幕上的图形"操作提示，用鼠标拾取待隐藏的图素后，单击"回车"或"结束选择"按钮，则选择的图素会隐藏。

"恢复部分隐藏"功能：可将隐藏的图素按需要显示出来。单击该按钮，会弹出"选择保留在屏幕上的图形"操作提示，同时显示隐藏的图素，用鼠标拾取待重新显示的图素后，单击"回车"或"结束选择"按钮，可将选择的图素重新显示出来。

隐藏图素的快捷键为 Alt+E，按一次为"隐藏"命令，再按一次为"消除隐藏"命令。

"消隐"功能：可将选择的图素隐藏起来。单击该按钮，会弹出"选择图形"操作提示，用鼠标拾取待藏的图素后，单击 Enter 键或"结束选择"按钮，则所选择的图素会消隐。

"恢复消隐"功能：是消隐功能的反向操作，用于恢复消隐的图素。单击该按钮，会弹出"选择图形"操作提示，同时显示出所有消隐的图素，用鼠标拾取待恢复消隐的图素后，单击"回车"或"结束选择"按钮，则所选择的图素会恢复显示状态。

仔细阅读与实际操作，可看出两者的差异。

1）隐藏操作时，选择的图素为保留在屏幕上的图素；而消隐操作时，选择的图素为消隐的图素。

2）消隐操作的结果是可以保留在文件中的，而隐藏的结果是不能保存的，读者可保存后关闭文件，再重新打开观察。

3）根据操作体会，曲面图素的恢复隐藏操作使用效果不理想，因此，实际中隐藏操作应用更多，且其有快捷键，操作方便。

"隐藏"与"消隐"功能可较好地处理屏幕上凌乱的各种图素的重叠与混合，充分利用图素选择功能，如屏幕右侧的"快速选择工具栏"中相关的"全部/单一"按钮或屏幕上部的"选择工具栏"上的不同窗选按钮选择图素进行操作。例如，对于一个曲线、曲面和实体在同一个图层上的屏幕显示图形，单击"隐藏"按钮，借助快速选择工具栏中的"选择全部曲面图形"按钮，可隐藏曲面之外的实体与曲线，仅显示曲面模型。

提示：下述图层操作也是管理图素的有效工具，具体应用取决于个人的操作习惯。

3．分析功能介绍

"主页"选项卡"分析"选项区上的功能按钮是初学者容易忽视的功能，而实际上这些功能非常实用，因此，建议读者多研习这部分按钮及其功能，找出部分为我所用的操作功能，如应用"图形分析"按钮查询相关图素信息，并用于编辑图素的颜色、线型和线宽等属性。

1.3.3　操作管理器及其操作

1．操作管理器的隐藏与展开操作

"操作管理器"（见图 1-20）包含 5 个选项（可根据需要控制显示数量），默认安装时的操作管理器是展开固定在视窗的左侧，选项卡标签在下部，如图 1-20a 所示。单击右上角的固定图标可将操作管理器切换为隐藏状态，这时在视窗左侧出现了竖直排列的管理器标签，同时操作管理器隐藏起来，如图 1-20b 所示。在隐藏状态下，鼠标接近某个标签（如图 1-20c 接近"刀路"标签），则刀路操作管理器会向右临时展开，如图 1-20c 所示，鼠标移出操作管理器后又会自动隐藏起来。在操作管理器临时展开状态下，固定图标转化为非固定状态，单击其又可切换为展开固定状态。隐藏操作管理器可使操作视窗的空间更大。

2．操作管理器 5 个选项卡的调用与取消操作

在图 1-20 中的操作管理器标签可见到"刀路、实体、平面、层别和最近使用功能"等 5 个操作管理器，这是安装时默认显示的管理器，实际中可根据自身习惯控制管理器的数量显示，其操控按钮集中在"视图"选项卡"管理"选项区，如图1-21所示，这5个功能按钮均是开/关型的，单击可在显示与隐藏状态之间切换。"管理"选项区中的"多线程管理"按钮 在加工编程计算刀具路径过程中可显示计算进程，这一点在加工编程时可能用到，如图1-21所示的"多线程管理"对话框中可见计算正在进行中，进度进程条会不断右移增加直至停止。

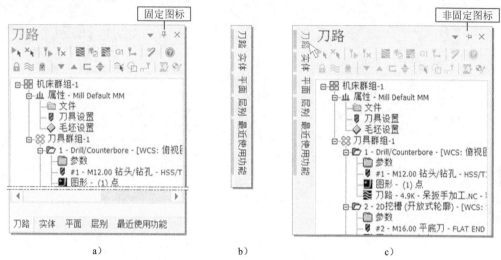

图1-20　操作管理器的隐藏与展开

a）固定状态的操作管理器　b）隐藏状态的操作管理器　c）隐藏展开的操作管理器

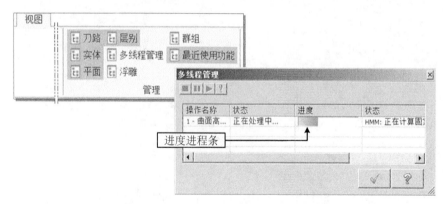

图1-21　"视图"选项卡"管理"选项与"多线程管理"对话框

3. 图层的创建及层别操作管理器

图层可方便地用于管理各种图素的显示与隐藏，虽然前述图素的隐藏功能可以对复杂图形进行显示管理，但仍然建议用图层来管理图素的显示，特别是工艺处理与加工编程时可能会新创建一些曲线、曲面和实体等，建议在设计模型的基础上另外建立图层。以例1-1为例，其创建的图层及其管理示例如图1-22所示。图1-22a所示为呆扳手设计图层，其轮廓线、尺寸与中心线单独建立图层；图1-22b所示为工艺规划时建立的图层，毛坯轮廓用于建立毛坯以及后续编程需要，定位圆图层主要确定定位台位置以及确定后续刀路是否会与这个定位圆台干涉等；图1-22c所示的避让范围是铣削外轮廓编程时需要制定的避让范围串连曲线等。

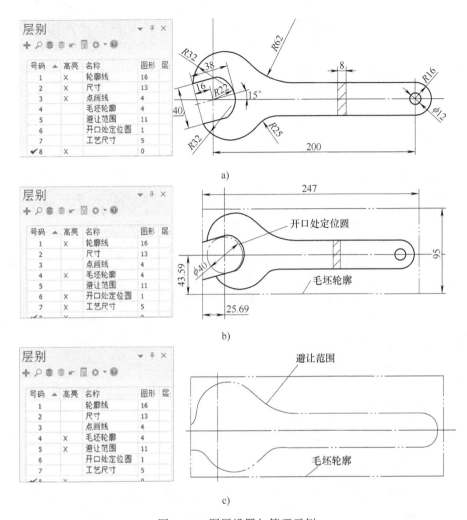

图 1-22　图层设置与管理示例

a）设计图层　b）工艺规划图层　c）编程串连曲线

4．平面操作管理器操作

平面操作管理器用于管理各种坐标系。这里的平面可以理解为坐标系，因为一个平面就是一个 XY 平面，按右手定则可定义相应的 Z 轴，自然就形成了一个坐标系，若再给定坐标原点，则一个坐标系的位置也就确定了。

在 Mastercam 中，涉及坐标系的概念有以下几个：

1）世界坐标系：也称为系统坐标系，是系统默认的坐标系，用户不能对其重新设置与修改，它是其他坐标系的基准参照系，可认为是顶层的坐标系。

2）工作坐标系（WCS）：工作坐标系（Work Coordinate System，WCS）又称工件坐标系，是以世界坐标系为参照的坐标系，系统默认的 7 个标准视图平面（俯视图、前视图、后视图、底视图、右视图、左视图和等视图）的 WCS 坐标系的坐标原点与世界坐标系原点重合，WCS 坐标系坐标原点可根据需要设置其偏离世界坐标系原点。

WCS 坐标系可作为第二层次的坐标参照系使用，但构图平面坐标系与刀具平面坐标系设置为跟随 WCS 坐标系时，可快速地设置构图平面坐标系和刀具平面坐标系与其重合。另外，鼠标右键单击弹出的快捷菜单中指定显示的屏幕视图便是以这个坐标系为对象定义的。

3）构图平面坐标系（C）：构图平面（Construction Plane，简写为 CPlane 或 C）又称绘图平面，主要用于草图绘制，是 X、Y 轴构成的二维绘图平面，类似于 UG NX 软件中的草图平面，按右手定则确定 Z 轴后即成为构图平面坐标系。构图平面坐标系原点可直接指定原点与世界坐标系重合的系统默认的 7 个视图平面，也可指定跟随 WCS 坐标系，这时 X、Y 轴坐标平面的坐标系原点与 WCS 坐标系重合。

4）刀具平面坐标系（T）：刀具平面（Tool Plane，简写为 TPlane 或 T）指三轴加工时与刀具轴垂直的平面，是决定刀具轴的平面。该平面（含 X、Y 轴）与刀具轴（Z）构造的坐标系即为刀具平面坐标系。这个坐标系实际上是加工编程中的工作坐标系，其常常设置为跟随 WCS 坐标系，所以 WCS 坐标系也可以称为工作坐标系。

5）视图平面坐标系（G）：视图平面是屏幕上观察图形的平面（Graphics view，Gview 或 G），又称屏幕视图或视角等。平面管理器中指定的屏幕视图（G）显示的屏幕视图是左侧名称列表中对应的视图平面，而快捷菜单指定的屏幕视图显示的是基于 WCS 坐标系定义的屏幕视图。

应当注意的是，Mastercam 中的 WCS 坐标系、构图平面坐标系（C）、刀具平面坐标系（T）和屏幕视图（G）可以独立设置，但为简化使用，一般直接使用 WCS 坐标系，而将构图平面坐标系（C）和刀具平面坐标系（T）设置为跟随 WCS 坐标系。而 WCS 坐标系的设置，基础的应用是直接使用坐标原点与世界坐标系重合的系统默认的 6 个标准坐标系（俯视图、前视图、后视图、底视图、右视图、左视图坐标系，应用最多的是系统启动默认的"俯视图"坐标系），并利用"转换"选项卡"移动到原点"按钮将工作坐标系（WCS）原点快速移动至世界坐标系原点。高级的用法则可直接在工件上建立所需的 WCS 坐标系，然后设置刀具平面坐标系（T）与其重合，这种建立工作坐标系的方法类似于 UG 的操作。

图 1-23 图解说明了以上概念，读者可仔细阅读，实际操作，注意观察各坐标系指针、图形和操作管理器的设置。图 1-23a 所示为系统启动默认的平面操作管理器设置及其图形显示，未显示的指针参见图 1-14；图 1-23b 所示为基于标准视图"右视图"WCS 坐标系创建的"右侧视图-1"坐标系，其坐标原点在实体右上角，相对世界坐标系原点偏置量（70，40，100），其图形显示是管理器中的"等视图"屏幕视图；图 1-23c 所示为在图 1-23b 基础上执行快捷菜单"等视图"命令后的显示结果，注意绘图坐标指针、刀具坐标指针与 WCS 坐标指针相同，但相对于左下角世界坐标系的关系仍然是不变的，如 WCS 坐标指针的 Y 轴对应世界坐标系指针的 Z 轴。

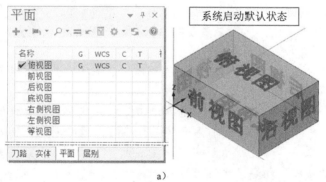

a）

图 1-23　平面操作管理器设置与显示示例

a）系统启动时的设置

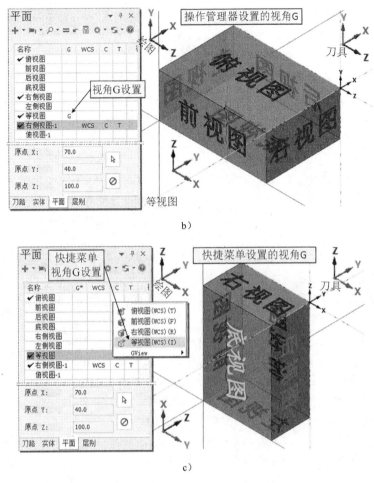

图 1-23　平面操作管理器设置与显示示例（续）

b）操作管理器设置视角　c）快捷菜单设置视角

1.3.4　其他常见操作

1. 由实体生成曲面操作

虽然 Mastercam 的"选择工具栏"可以选择实体表面、边界和顶点等，但曲面三维模型在编程选择时还是更方便，所以很多使用该软件编程的用户仍然习惯先由实体模型提取出曲面模型，然后再开始编程操作。

"曲面"选项卡"创建"选项区中的"由实体生成曲面"按钮可实现该操作。由于操作较为简单，这里操作方法略。

需要注意的是，最好将所生成的曲面单独建图层并放置，这样便于操作管理。若与实体创建在同一个图层上，则可用前述介绍的"隐藏"或"消隐"功能设置为仅显示曲面的模型。

2. 加工串连的选择（曲线、实体边等）

在加工编程中，经常用到串连曲线的选择，这个串连曲线可以事先绘制或从曲面或实体面提取，也可直接提取实体模型的边线。图 1-24 所示为"串连选项"对话框及各按钮功能图解，一般鼠标接近某按钮时，会弹出按钮功能提示，进一步了解可单击下部的"帮助"按钮 ，但要求有一定英文基础，使用时可多注意操作提示，逐渐理解掌握。

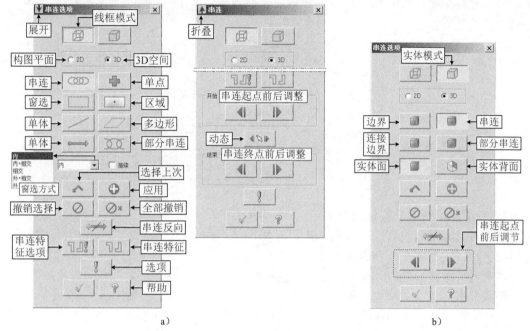

图 1-24 "串连选项"对话框

a）线框模式 b）实体模式

3. 曲面的选择（曲面模型与实体模型中的表面选择）

曲面的选择是 3D 加工编程常用到的操作，Mastercam 软件除可以方便地选择曲面模型的曲面外，还可以选择实体模型的表面（即曲面）。

曲面模型的曲面选择较为方便，图 1-25 所示为曲面模型的曲面选择。曲面操作时会弹出操作提示：选择加工曲面；选择所需曲面后，按"结束选择"按钮 完成曲面选择，若不满意可按"清除选择"按钮 重新选择；选择时可借助于快速选择区的曲面"全部/单一 "选择按钮或选择工具栏上的相关"选择方式"按钮快速准确选择。

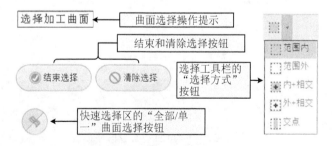

图 1-25 曲面模型的曲面选择

实体模型的曲面（即表面）选择操作图解如图 1-26 所示。在实体模型下，首先出现"选择加工曲面"操作提示，同时选择工具栏上的"激活实体选择"按钮 有效，这时只能选择实体的所有表面。单击该按钮，操作提示转变为"选择实体主体或实体面-按 Shift-键选择并去选择相切的实体面"，同时，激活"选择曲面"按钮▣和"选择实体"按钮▣（或单击激活）。这时，鼠标在实体上相关部位移动时，当相关曲面临时激活且鼠标转变为选择曲面提示符▨时单击，则可选择实体上相应曲面。同理，当出现选择实体提示符▨时单击，则选择的是整个实体面。

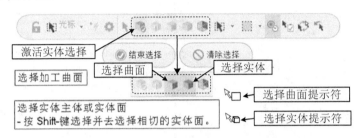

图 1-26　实体模型的曲面（表面）选择

4．临时捕抓与自动捕抓操作

熟练与灵活掌握图素捕抓有助于软件操作。Mastercam 软件的捕抓分为临时捕抓与自动捕抓两种，其布置在"快速选择工具栏"上，如图 1-27 所示。

（1）临时捕抓　单击"光标"按钮▣光标右侧下拉菜单，在下拉菜单中选择某捕抓功能，可在屏幕上临时执行一次该功能捕抓。若选中某临时捕抓图标时（如图 1-27 右侧所示选中"圆心"），然后单击解锁状态的"临时捕抓锁定"按钮▣，将其切换为锁定状态▣，则可多次使用选定的临时捕抓功能。一般在关闭所有的自动捕抓选项时，利用临时捕抓功能，可方便地从复杂的图形中选中所需点等。

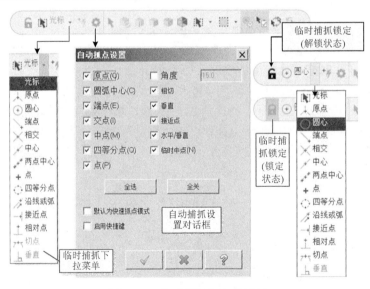

图 1-27　临时捕抓与自动捕抓

（2）自动捕抓　可在不设定临时捕抓功能的情况下，自动捕抓"自动抓点设置"对话框（见图 1-27）中复选框勾选的捕抓功能。自动捕抓时，光标接近待捕抓图素时，光标形状会变化并提醒，具体参见参考文献[1]。自动捕抓的优点是一次设定可多次使用，但设定的点太多且集中时会出现干涉现象，影响图素捕抓效果。

5. 窗选操作与选择范围

屏幕上方的"选择工具栏"中有一个选择方式下拉列表，如图 1-28 所示。合理利用这几种选择方式有利于快速选择图素。选择方式实际上是"窗选"方式，即按住鼠标拖出一个方框（窗口）来选择图素，用得最多的是"范围内"窗选。

6. 快速选择工具的应用

屏幕右侧有一列快速选择按钮，其可通过屏蔽所选图素之外的图素，快速地选择所需的图素。快速选择按钮大部分为双功能按钮，用左斜杠分割，左上部为选择全部（Select All），右下部为仅选择（Select Only，即单一选择），鼠标悬停在按钮相应功能区时颜色会变深，同时弹出按钮功能提示。图 1-29 所示为直线快速选择按钮的两种状态示例。

图 1-28　选择方式　　　　图 1-29　直线快速选择按钮示例

1.4　Mastercam 加工编程典型操作

1.4.1　Mastercam 工作坐标系的建立

Mastercam 建立工作坐标系的方法主要有两种——移动工件至世界坐标系原点或工件不动的情况下在工件上指定点为原点建立工作坐标系（WCS）。

1. 移动工件至世界坐标系原点建立工作坐标系

这种方法是目前应用较多的方法，其是将工件上指定点移动至世界坐标系原点并旋转至所需位置建立工作坐标系进行加工编程。因为系统默认的刀具平面坐标系原点是与世界坐标系原点重合的，针对这种操作，系统在"转换"选项卡"转换"选项区专门设置了一个"移动到原点"按钮，可指定工件上某点，快速地将该点连同屏幕上所有可见的图素移动到世界坐标系原点。图 1-30 所示为移动工件至原点建立工作坐标系的示例，六面体（100mm×80mm×30mm）底面中心在世界坐标系原点上，拟在上表面右上角建立工作坐标系进行加工。首先，运用"移动到原点"功能移动工件；然后，建立一个"外形"铣削的轮廓精铣加工刀路，设置刀具（平底铣刀，直径为 16mm），切削参数（补正方式为控制器），进/退刀设置（取消勾选"在封闭轮廓中点执行进/退刀"，进/退刀扫描角度为 0,勾选并设置"调整轮廓起始位置"并按默认的延伸 75%,即 12mm），共同参数（仅设置下刀位置为 6，工件表面为 0，深度为−5），原点/参考点[进入/退出点均为（0，0，100）]；接着，后处理生成加工程序，观察坐标是否是以 O_W 为原点的绝对坐标。

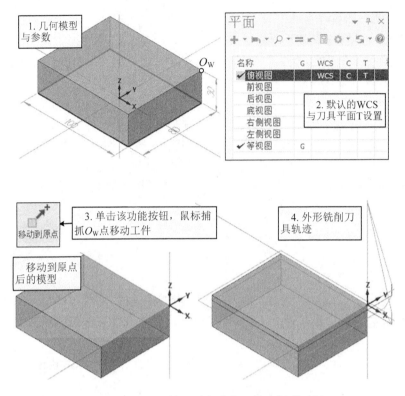

图 1-30　移动工件至原点建立工作坐标系示例

2. 以工件上指定点 O_W 为原点建立工作坐标系

这种方法不需移动工件，只需以 O_W 点建立一个基于俯视图平面的自定义的平面（图 1-31 中的俯视图-1），然后指定该平面为 WCS 平面，并且让刀具平面 T 和构图平面 C 跟踪 WCS 平面即可。设置跟随规则"绘图平面/刀具平面跟随 WCS"有助于快速实现刀具平面 T 和构图平面 C 跟踪 WCS 平面。图 1-31 所示为该示例操作步骤图解。其中外形铣削参数设置同图 1-30，同样也可生成加工程序，观察绝对坐标是否以 O_W 为原点。

这种方式设定的工作坐标系是否正确，可查阅相关操作的参数设置对话框中"平面（WCS）"选项确认和设置，其必须保证当前的"刀具平面"和"绘图面"与"工作坐标系"一致（参见 1.4.8 节中的介绍）。

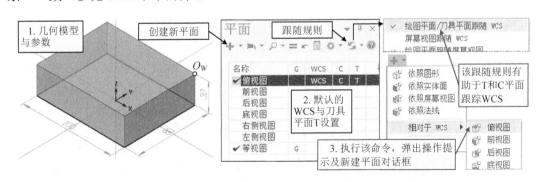

图 1-31　以工件上 O_W 点为原点建立工作坐标系示例操作步骤图解

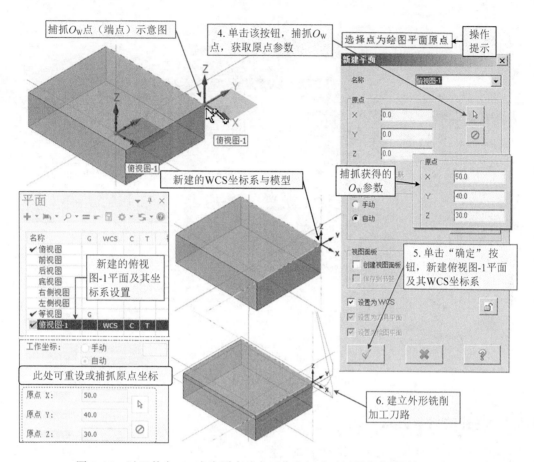

图 1-31 以工件上 O_W 点为原点建立工作坐标系示例操作步骤图解（续）

1.4.2 加工模块的进入

Mastercam 2017 中关于加工编程的功能主要集中在"机床"选项卡中，如图 1-32 所示。其中，加工模块的进入主要集中在"机床类型"选项区。"铣床"与"车床"类型下拉列表中均有一个"默认（D）"选项，进入的是 Mastercam 2017 默认设置的 FANUC 数控系统的机床，如铣床进入的是带 A 轴的 4 轴数控铣床，车床进入的是 2 轴的数控车床。这个"默认（D）"选项基本能满足 FANUC 数控系统数控编程的需要。

另外，在"铣床"与"车床"类型下拉列表中还有一个"管理列表（M）"选项，单击会弹出相应的"自定义机床菜单管理"对话框，对话框左侧有一个当前系统所具有的机床列表供选择。以铣床加工为例，单击"机床→机床类型→铣床▼→管理列表（M）"命令，弹出铣床的"自定义机床菜单管理"对话框，在铣床列表中选中"Siemens 3x Mill MM.mcam-mmd"，单击中间的"增加（A）"按钮，可见选中的系统被添加到右侧的"自定义机床菜单列表"中，再单击"确定"按钮，完成 Siemens 系统的添加。这时，再次单击"机床类型"中"铣床"下拉列表，可见到列表中新添加的 Siemens 系统，单击进入的是西门子数控系统的加工编程环境。图 1-32 中的步骤 1～3 便是其添加并进入的操作图解。

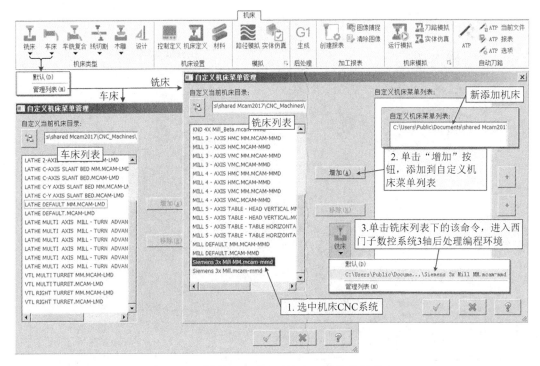

图 1-32 "机床"选项卡及铣床、车床类型列表

1.4.3 毛坯的设置方法

进入加工模块后，首先必须进行毛坯设置（又称定义毛坯）。这里以铣削模块为例进行介绍（车削模块在第 4 章另行介绍）。

1. 立方体毛坯的建立

以图 1-10 所示导入的"餐盘"模型设置毛坯为例，要求建立"立方体"毛坯，各面单面余量分别为两长边 10mm、两短边 15mm、顶面 5mm、底面 0。图 1-33 所示为其操作图解。要注意的是，利用"边界盒"建立加工毛坯必须在"3D"绘图模式下进行，否则无法建立立方体毛坯。

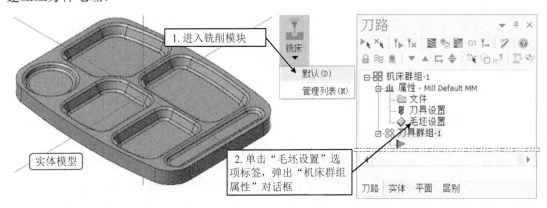

图 1-33 立方体毛坯边界盒包容实体创建毛坯操作图解

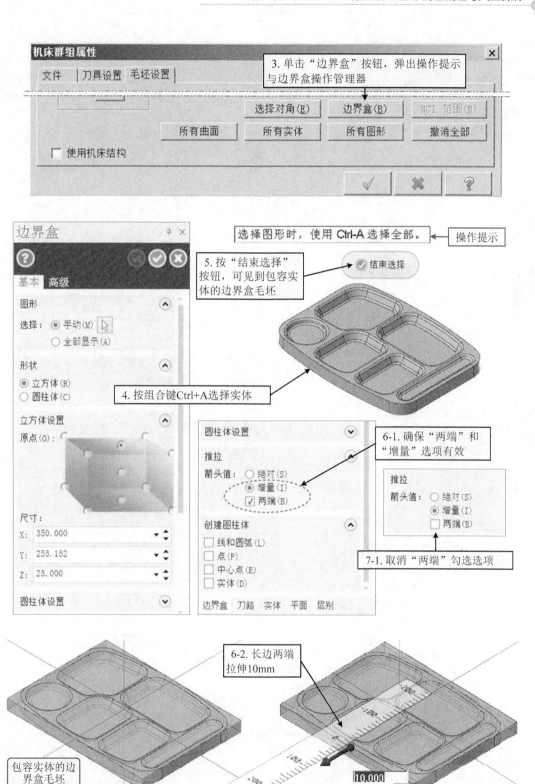

图1-33 立方体毛坯边界盒包容实体创建毛坯操作图解（续）

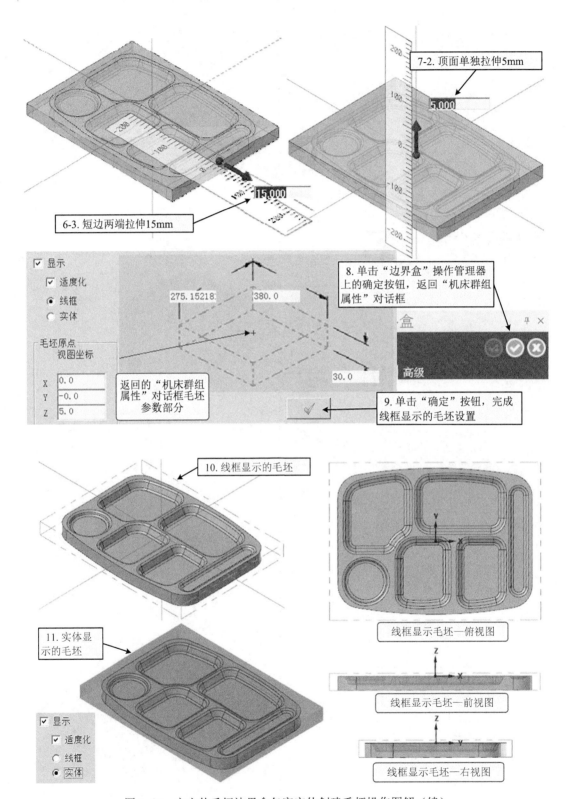

图 1-33 立方体毛坯边界盒包容实体创建毛坯操作图解（续）

2．"机床群组属性"对话框介绍

毛坯设置过程中，单击"毛坯设置"选项标签◇ 毛坯设置，将弹出"机床群组属性"对话框，其中"毛坯设置"选项卡是毛坯设置的主要部分，各选项的含义如图 1-34 所示。其中，"形状"选项区中的"实体"和"文件"选项创建的毛坯适用于铸造、锻造类形状非立方体或圆柱体毛坯以及加工中间过程的半成品毛坯。下面讨论这类毛坯的创建方法。另外，毛坯边界确定方法中的"所有曲面""所有实体""所有图形"和"选择对角"等操作方法较为简单，读者直接按操作提示即可尝试完成。

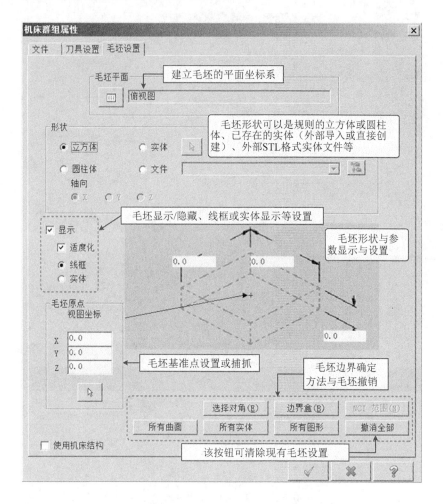

图 1-34　"机床群组属性"对话框"毛坯设置"选项卡介绍

3．实体零件创建毛坯

实体零件创建毛坯要求操作前必须单独构造一个实体模型，可单独构建，也可在加工文件中构建。这里以例 1-1 第三步外轮廓铣削工序的中间毛坯创建为例进行介绍。毛坯模型的坐标系和轮廓形状、尺寸必须与加工文件的要求完全相同。假设已准备好毛坯实体模型（*.mcam 或*.stp），图 1-35 所示为"合并"导入 STP 毛坯实体创建毛坯模型操作图解。

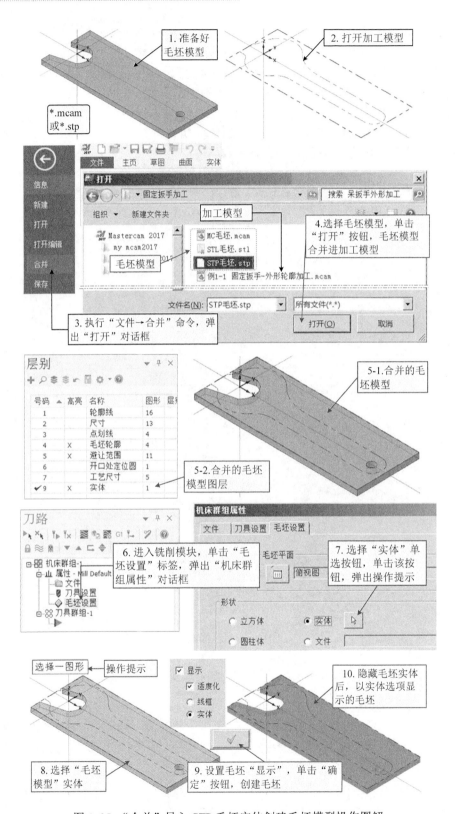

图 1-35 "合并"导入 STP 毛坯实体创建毛坯模型操作图解

注意事项：

1）准备好的毛坯模型的坐标系和轮廓形状、尺寸必须与加工文件的要求完全相同。当然，毛坯模型也可直接在加工模型中建立。

2）作为导入的 Mastercam 格式模型，建议先执行"建模→修改实体→移除历史记录"命令 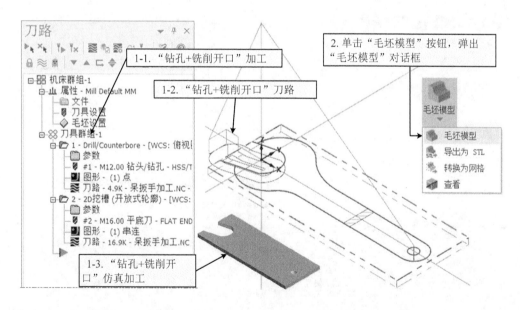移除历史记录，使实体模型成为一个无参模型，然后删除实体模型之外的其他图素（如曲线、曲面、尺寸等），并将这个模型放置在一个加工模型已存在图层之外的图层上。因为 Mastercam 格式文件"合并"操作后会将原图素属性与图层等一并带入。

3）"合并"导入的实体模型最好单独放置在一个图层中，便于创建毛坯后隐藏这个实体模型。

4）在 Mastercam 中，"合并"操作就是部分模型的导入，与原来的模型共同存在，相对应有"部分保存"命令，可将选中的图形单独保存为一个模型文件。

4．STL 格式文件创建毛坯

在使用"机床群组属性"对话框"毛坯设置"选项卡"形状"选项区的"文件"单选项创建毛坯时，其文件格式必须为 STL 格式。这个格式的文件除了可用通用的三维软件创建外，Mastercam 2017 中"铣床→刀路"选项卡"工具"选项区的"毛坯模型 "功能还可以创建加工中途半成品毛坯的 STL 格式模型，并可导出为独立的 STL 格式文件。下面仅以例 1-1 中"钻孔-铣削开口"加工后的状态，创建加工后的半成品毛坯 STL 格式模型，并导出为独立的 STL 格式文件为例进行介绍，操作图解如图 1-36 所示。后续用该文件创建毛坯模型较为简单，读者可自行尝试练习（在图 1-35 中，不用刀路毛坯模型，在第 7步选择"文件"单选按钮，选择文件夹中的"STL 毛坯"文件即可）。图 1-36 中第 5 步计算出的"毛坯模型"可直接作为后续工序的毛坯模型显示，导出后可作为后续加工中的"毛坯设置"模型。

图 1-36　使用"毛坯模型"功能生成加工半成品模型操作图解

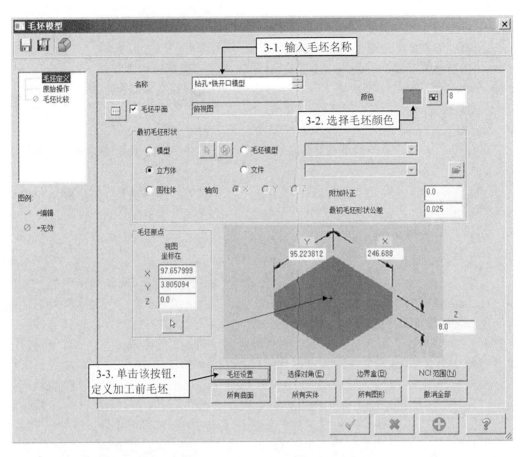

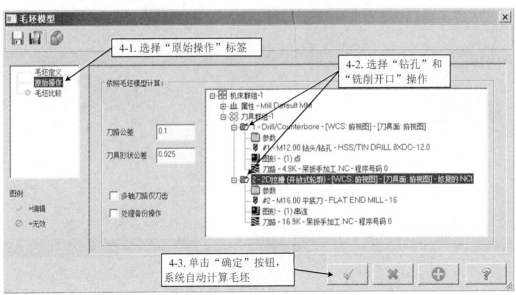

图 1-36 使用"毛坯模型"功能生成加工半成品模型操作图解（续）

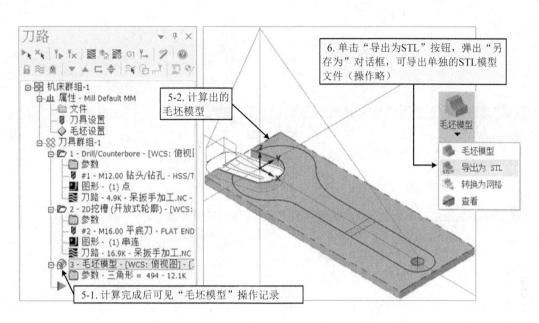

图 1-36　使用"毛坯模型"功能生成加工半成品模型操作图解（续）

1.4.4　刀具的创建、选择与参数设置

选择加工策略（刀具路径），设置毛坯后，紧接着就是切削刀具的设置，方法如下：

（1）从刀库中选择刀具　这是最常见、快捷的方法，从刀库中选择刀具的入口有两处——快捷菜单或工具按钮。图 1-37 所示为使用"从刀库中选择"工具按钮选择刀具操作图解。

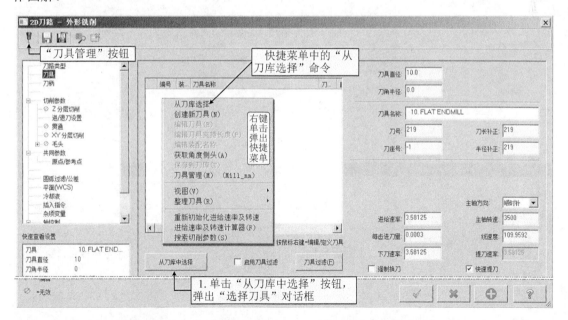

图 1-37　使用"从刀库中选择"工具按钮选择刀具操作图解

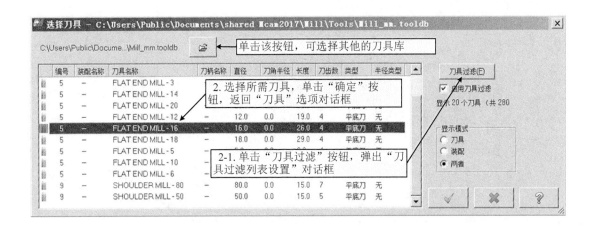

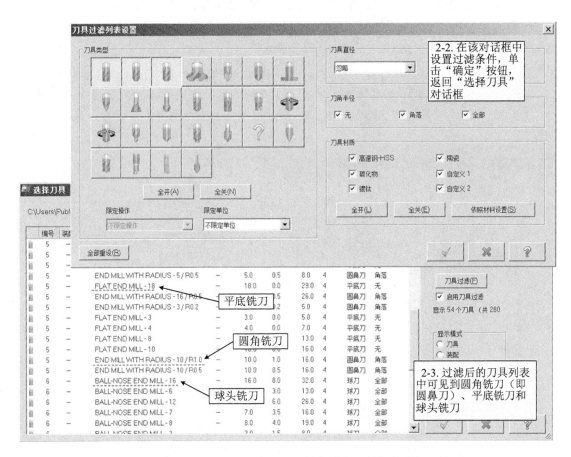

图 1-37　使用"从刀库中选择"工具按钮选择刀具操作图解（续）

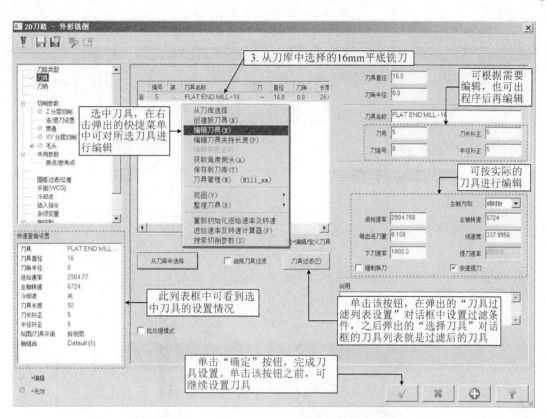

图 1-37　使用"从刀库中选择"工具按钮选择刀具操作图解（续）

（2）创建新刀具　从刀库中选择刀具基本可满足大部分的编程需要，否则，可以自行创建新刀具。图 1-38 所示为创建新刀具（一把刻字雕铣刀）操作图解。已知条件为：刀尖直径 0.2mm，刀柄直径 6mm，刀具锥角 30°，刀具长度 40mm，主轴转速 12000r/min，进给量 800mm/min 刀具。

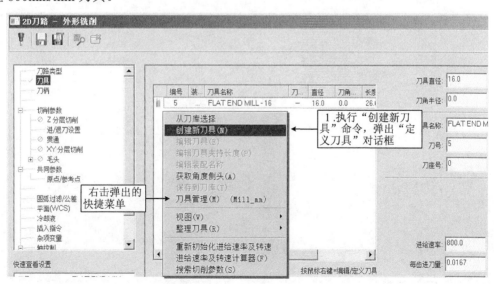

图 1-38　创建新刀具操作图解

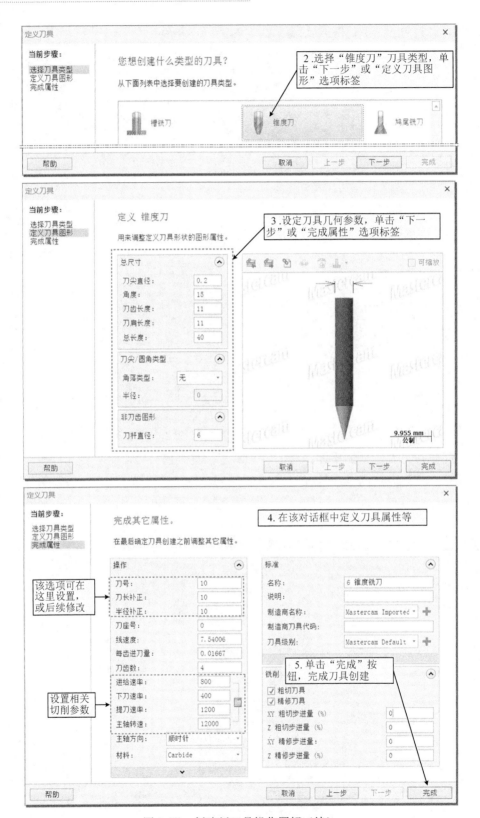

图 1-38　创建新刀具操作图解（续）

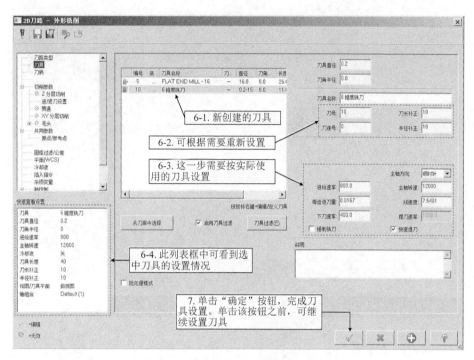

图 1-38　创建新刀具操作图解（续）

（3）创建新的刀库　从刀库中选择刀具的方法基本可满足大部分的编程需要，但是对于实际用户，常年使用某一刀具厂商的刀具，其刀具规格、切削参数等基本不变，若每次编程都重复一遍刀具设置就会略显繁琐。如何提高刀具选择效率？显然，创建自己的刀具库，可加快刀具选择效率。图 1-39 所示为创建新刀库（一个名称为 Own 平底铣刀刀库）操作图解。平底铣刀参数见表 1-1。创建新刀具时的下刀速度一般取进给速度的一半，提刀速度设置为进给速度的两倍，未尽参数自定。注意：数控铣削加工中常用的立式铣刀主要用三种，即平底铣刀、圆角铣刀和球头铣刀。本书默认名称用"字母+参数"的形式表示，如表 1-1 中 D10 表示直径为 10mm 的平底铣刀，D16R3 表示直径为 16mm、圆角为 R3mm 的圆角铣刀，而 BD12 表示直径为 12mm 的球头铣刀。

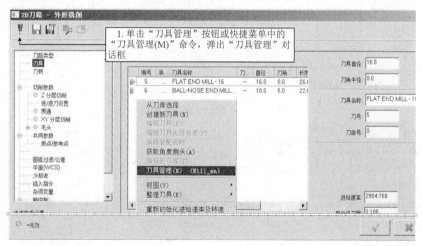

图 1-39　创建新刀库操作图解

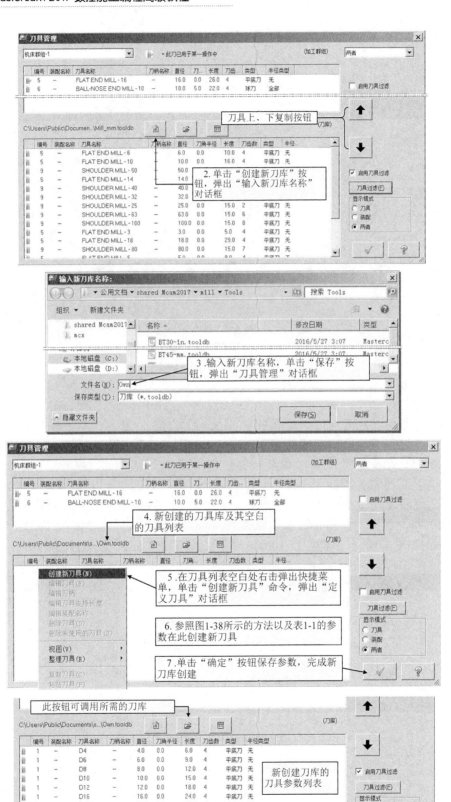

图 1-39　创建新刀库操作图解（续）

表 1-1　平底铣刀参数

刀号刀补号	名称	刀具几何参数/mm						齿数 Z	转速/(r/min)	进给速度/(mm/min)
		刀齿直径	总长度	刀齿长度	刀肩长度	刀肩直径	刀杆直径			
1	D4	4	50	6	11	4	4	4	8600	500
1	D6	6	50	9	16	6	6	4	5600	500
1	D8	8	60	12	20	8	8	4	4000	500
1	D10	10	75	15	25	10	10	4	3200	500
1	D12	12	75	18	30	12	12	4	2800	500
1	D16	16	100	24	45	16	16	4	2000	480
1	D20	20	100	30	45	20	20	4	1600	480

　　创建新刀库入口也有两处——快捷菜单或工具按钮，即快捷菜单中的"刀具管理（M）"命令或对话框左上角的"刀具管理"按钮 。

　　图 1-39 所示为基于创建新刀具的方法创建新刀库中的刀具。其实，利用"刀具管理"对话框右侧的刀具上/下复制按钮 ↑/↓ 可提高刀库中刀具的创建速度，具体为先从已有的刀库中创建一把类型相同的新刀具（如图 1-39 中已创建的直径为 10mm 的球头铣刀"BALL-NOSE END Mill-10"），然后选中该刀具，单击向下复制按钮 ↓ 将其复制到新刀库中，接着选中新复制的刀具，右击，在弹出的快捷菜单中单击"编辑刀具（E）"命令进行修改。读者若有兴趣，可按表 1-2 中的参数在刚创建的新刀库中继续增加部分球头铣刀。

表 1-2　球头铣刀参数

刀号刀补号	名称	刀具几何参数/mm						齿数 Z	转速/(r/min)	进给速度/(mm/min)
		刀齿直径	总长度	刀齿长度	刀肩长度	刀肩直径	刀杆直径			
2	BD3	3	50	6	11	4.5	6	2	8000	1200
2	BD4	4	50	8	11	5	6	2	6000	1500
2	BD5	5	50	10	10	5	6	2	4800	1400
2	BD6	6	50	12	12	6	6	2	4000	1300
2	BD8	8	60	16	16	8	8	2	3000	1200
2	BD10	10	75	20	20	10	10	2	2400	1100

　　基于自创的刀库调用刀具与创建新刀具不同，其调用刀具的同时，可连同刀具属性等同时调用（如主轴转速和进给速度等），可显著提高刀具选择的效率。

1.4.5　进/退刀设置与应用

　　"进/退刀"刀具路径是 2D 铣削加工刀具切入/切出工件轮廓的加工策略。图 1-40 所示为"进/退刀设置"选项，各参数从文字及图解上基本可以理解，图中参数传递按钮可快速实现进刀/退刀参数相同设置。

　　图 1-41 所示为进/退刀设置示例图解。该图为左补偿功能加工刀路，虚线为刀心轨迹，实线为编程轨迹，其中轮廓轨迹与编程轨迹重合，大写字母为编程轨迹描述，小写字母为刀心轨迹描述，"S（s）"和"E（e）"为起始点和结束点，S→A 为进刀直线段，s→a 为启动刀补轨迹，D→E 为退刀直线段，d→e 为取消刀补轨迹，应用刀补功能时必须要有这一段直线段，且移动长度建议大于刀具半径，进/退刀圆弧切入/切出可有效提高切入点加工质量，若从直线端点切入/切出，也可直接延伸进刀/退刀段直线轮廓。

　　图 1-41 中几种进/退刀设置说明：

　　1）I 号设置为系统默认的典型设置，切入/切出点在线段中点，切线切入/切出，进/

退刀直线与圆弧相切。

2）Ⅱ号设置在Ⅰ号设置的基础上增加了 2mm 的重叠量，切入/切出点质量进一步得到提高。

3）Ⅲ号设置为直线垂直切入/切出，切入/切出点质量稍差，若增加重叠量（Ⅳ号设置）则可改善切入/切出点质量。这种进/退刀设置多用于手工编程，自动编程应用不多。

4）Ⅴ号设置为直线与凸圆弧端点的进/退刀示例，结束段退刀无圆弧段（扫描角度设置为0），直线延伸一段距离（CD 段），仍可认为是切线切出。

5）Ⅵ号设置为两线段交点切入/切出，进刀与退刀直线均延伸一段距离，可认为是直线切入/切出。

6）Ⅶ号设置为倒角处进/退刀设置，原理类似于Ⅵ号设置。

7）Ⅷ号设置为直线与凹圆弧交点设置，原理与Ⅴ号设置类似，但注意刀具半径必须小于轮廓圆弧半径。

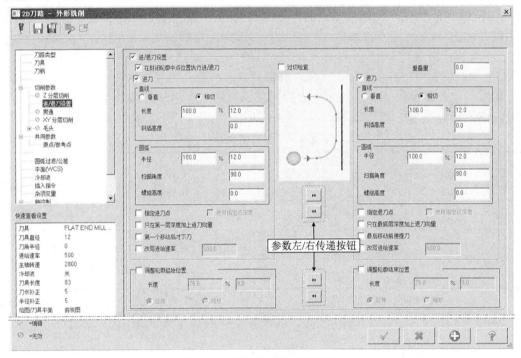

图 1-40 "进/退刀设置"选项

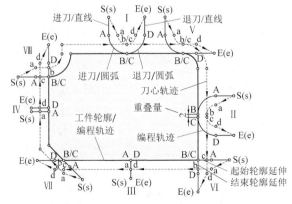

图 1-41 进/退刀设置示例图解

1.4.6　下刀设置与应用

下刀设置指刀具轴向切入材料内部的切削方法（软件中称进刀方式设置）。由于很多铣刀端面切削刃并未延伸至铣刀中心，立式铣刀轴向直插下刀的应用受到限制。即使现代数控刀具有端面延伸至中心的切削刃，由于各点的切削速度不相等，切削性能远不如圆周切削刃，因此，经典的下刀切削方式是斜坡切削，演变到下刀方式中，则成为典型的 Z 字形"斜插"下刀与圆弧形"螺旋"下刀。图 1-42 所示为"进刀设置"选项中下刀刀路与参数设置示例。在对话框中若选择单选按钮"关"（图中未示出），则为直插下刀，其无参数需要设置。选中"斜插"及其设置的参数与右侧图解如图 1-42b 所示。螺旋下刀的参数设置与图解如图 1-42c 所示。对话框中某些参数的设置会触发右侧图解的变化与提示。

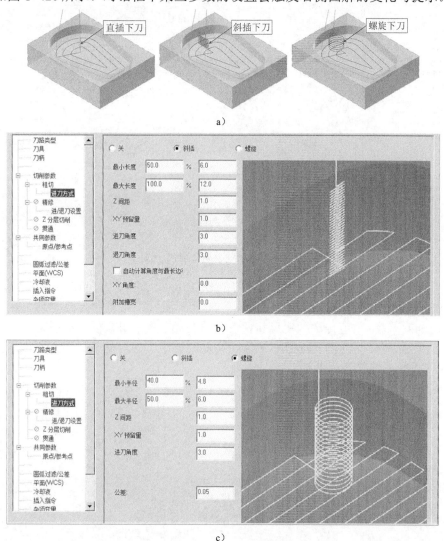

图 1-42　"进刀设置"选项中下刀刀路与参数设置示例

a）三种下刀方式刀路示例　b）斜插下刀参数设置　c）螺旋下刀参数设置

从应用角度来看，直插下刀用得不多，其只适用于深度较浅的下刀以及已预钻孔等刀心部位无切削的下刀加工。斜插下刀适用于空间较小处的下刀，但不断的往复移动使加工变得不够平稳。螺旋下刀虽然占用的空间稍大，但其加工平稳，应用较多。

1.4.7 共同参数、参考点的设置

"共同参数"是每一种加工刀路均必须设置的参数。图 1-43 所示为 2D 铣削加工"共同参数"设置示例。图中各参数均配有图解，设置过程中若遇到不甚清楚的参数，可通过观察刀路变化结合专业知识理解。3D 铣削和车削加工等的"公共参数"对话框略有差异，但基本也配有图解提示。"共同参数"设置要充分考虑加工效率、避让和碰撞等概念。

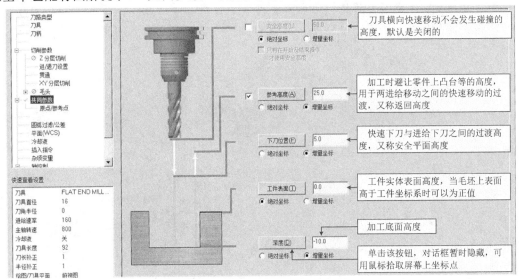

图 1-43 "共同参数"设置示例

"参考点"是加工程序的起始点/结束点（软件中称为进入/退出点）。加工完成后返回的结束点必须确保工件的装夹、测量等操作的方便，实际中常见起始点与结束点重合，其设置如图 1-44 所示。数值传送按钮可将两者数值互相复制。用鼠标抓取按钮可进入屏幕捕抓进入/退出点。要说明的是，本书中 Z 值往往取得较小，为的是使插图不要太高大，实际中可根据机床行程设置得稍大些。

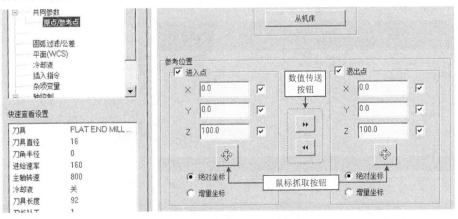

图 1-44 "参考点"设置

1.4.8　平面（WCS）选项及其设置

图 1-45 所示为"外形铣削"对话框"平面（WCS）"选项设置。工作坐标系及其原点参数设置实际上是在刀具平面中设置，但系统均是以工作坐标系（WCS）进行管理，故必须确保"刀具平面"的平面视图（图中的俯视图-1）及其原点坐标（50，40，30）与左侧的工作坐标系（WCS）相同。同样，"绘图平面"必须与刀具平面相同，否则无法读取有效坐标，系统会报警。在该选项设置画面中，可快速地将某项原点参数左/右传递，也可重新在列表中选取平面坐标系或重新捕抓工件上的点设定原点参数。

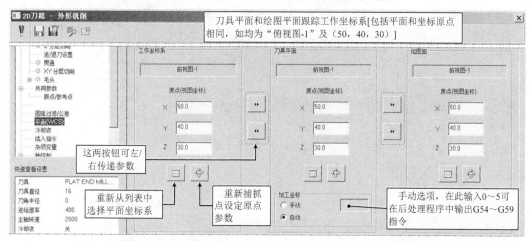

图 1-45　"外形铣削"对话框"平面（WCS）"选项设置

另外，"刀具平面"区域下部的"加工坐标"区域的"手动"设置可使后处理程序输出 G54～G59 指令。读者可试一下在"手动"选项处输入 1～5 和 6～53 并按照例 1-1 后处理输出 NC 程序，观察其建立工作坐标系的指令变化。注意：默认的"自动"选项输出的是 G54，"手动"选项输入 1～5 对应输出的是 G55～G59，而"手动"选项输入 6～53 对应输出的是附加工作坐标系 G54.1 P1～G54.1P48。

利用该选项设置，可在同一个机床群组中通过设置不同的"工作坐标系平面"（即工作坐标系），并利用向右传递按钮 ▸▸ 使"刀具平面"和"绘图平面设置"的参数与工作坐标系平面相同，然后手动对需要单独设置工作坐标系的"操作"设置相应的工作坐标系指令，可实现同一机床群组中的不同操作具有不同的工作坐标系。

1.4.9　冷却液⊖选项设置

图 1-46 所示为冷却液选项设置，默认提供三个选项——Flood、Mist 和 Thru-tool，含义分别为冷却液、冷却雾和来自刀具的冷却（即内冷却刀具的冷却方式）。每一选项右侧有一个下拉列表，可设置为"On"或"Off"，若用默认的后处理程序"MPFAN.pst"输出 NC 代码，会发现其输出的冷却液控制指令均为"M8"和"M9"。显然，原因出在后处理程序上。读者可尝试修改，加深理解。

"MPFAN.pst"后处理程序冷却液指令输出修改方法：①在本地机上找到"MPFAN.pst"后处理文件；②用记事本文件打开该文件，用关键词 M8 搜索到图 1-46 下部箭头左侧的语句，

⊖ 冷却液即切削液。

可以看到 Flood、Mist 和 Thru-tool 三选项均是输出 M8 指令；③将其中第三行 "sm08_1: "M8" #Coolant Mist" 中的 "M8" 改为 "M7" 并保存；④再次对同一编程文件后处理输出 NC 代码，可见到原先输出 M8 的位置现在为 M7 了。

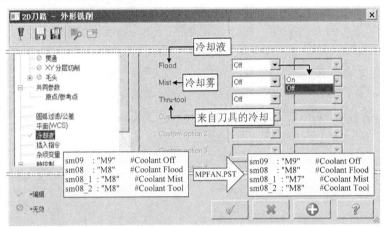

图 1-46 "冷却液" 选项及其设置与后处理

1.4.10 杂项变量设置

"杂项变量" 选项如图 1-47 所示。前面三项参数设置可分别控制后处理生成的程序为 G92/G54 指令建立工作坐标系、绝对坐标/增量坐标编程、G28/G30 指令返回机床参考点等。默认为勾选 "当执行后处理时自动设为此值" 复选框，这时的变量参数均为默认不可选的灰色状态。取消勾选该复选框，才能设置变量并确定生效。

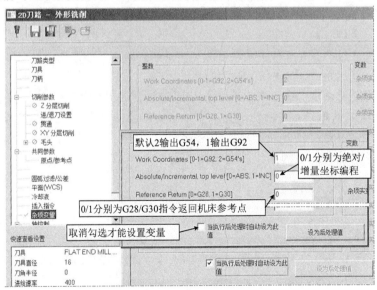

图 1-47 "外形铣削" 对话框 "杂项变量" 选项设置

1.4.11 刀路操作管理器及其应用

"刀路" 操作管理器是编程模块操作常用的操作管理器，如图 1-48a 所示。该操作管理器上部有较多的工具按钮，各按钮说明参见图1-48b。该操作管理器列表中的每一个"机床群组"记录了一个加工工序，向下展开包括毛坯"属性"与"刀具群组"两项。毛坯的"属性"用于加工毛坯的设置，"刀具群组"记录了若干"操作"（文件夹符号 📁 或 📁，带√的符号表示选中状态，这里的"操作"相当于工步），每一个"操作"记录了加工的相关参数设置，如"参数"选项 参数 记录了操作加工的主要参数，"刀具"选项 🔧 记录了该操作刀具的参数，"图形"选项 图形 记录了该操作所指定加工的图线、曲面等几何参数，"刀路"选项 刀路 记录了刀路相关信息。单击这些选项可激活相应的对话框重新进行编辑，生成的刀路可"锁定 🔒"或"关闭 🚫"而不能重新计算更新且不能进行后处理输出。

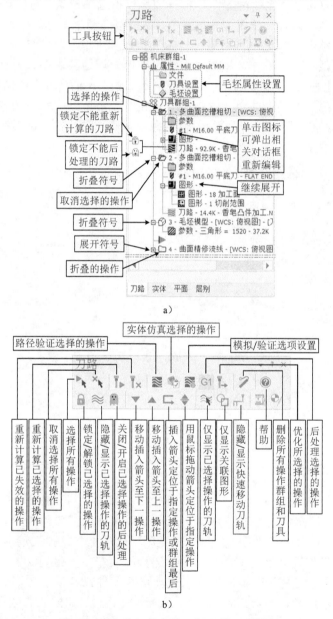

图 1-48 "刀路"操作管理器及其工具按钮

a) "刀路"操作管理器　b) 操作管理器工具按钮说明

1.5　刀路模拟与实体仿真操作

"刀路模拟▧"与"实体仿真▧"是系统提供的动态观察刀具轨迹与加工效果的功能，在加工编程中应用广泛，几乎成为所有编程软件的标准配置。

1.5.1　刀路模拟操作

"刀路模拟"又称"路径模拟"，如图 1-49 所示，主要用于 2D 加工刀路的观察与分析。有关刀路模拟的设置可在"系统配置对话框→刀路模拟选项设置"进行，单击"路径模拟"对话框中的"模拟选项设置"按钮▧，弹出"刀路模拟选项"对话框。常见的"刀路模拟"入口有"机床"选项卡模拟选项区"路径模拟"按钮▧或"刀路"操作管理器上部的"模拟已选择的操作"按钮▧。另外，单击"刀路"操作管理器列表中某操作的"刀路"选项图标▧刀路也能快速进入。刀路模拟启动后会在操作窗口上部弹出路径模拟播放器操作栏，同时弹出"路径模拟"对话框。单击"展开"按钮，还可展开"路径模拟"对话框，显示更多的信息，如右侧的"路径模拟"对话框。"路径模拟"对话框中的按钮可对模拟路径等进行不同显示的设置。

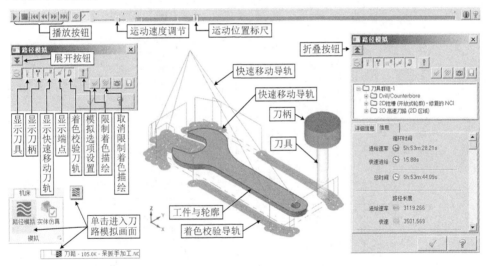

图 1-49　刀具"路径模拟"

1.5.2　实体仿真操作

对于较为复杂的 3D 加工，由于刀路重叠较多，刀路模拟观察不便，这时多采用"实体仿真"。刀具加工的实体仿真又称加工仿真，是以实体形式模拟加工过程，如图 1-50a 所示。"实体仿真"的入口有两处，分别在"机床"选项卡"模拟"选项区的"实体仿真"按钮▧或"刀路"操作管理器上部的"模拟已选择的操作"按钮▧。

"实体仿真"实际上是一款专用的加工实体仿真软件，其功能较多，限于篇幅，这里不展开介绍，但提示读者，图 1-50a、b 所示工具选项卡上虚线框处的这些工具按钮的功能应多尝试练习。例如，图 1-50b 中的"显示边界"按钮▧显示边界，可使毛坯的边界得到显示（图 1-50a 中的毛坯显示）。又如"比较"按钮▧的功能可将加工后的毛坯与工件模型比较，并以不用的颜色显示剩余材料的厚度，即判断加工精度，如图 1-50c 所示，类似于 UG 刀轨可视化中的按颜色显示厚度功能。

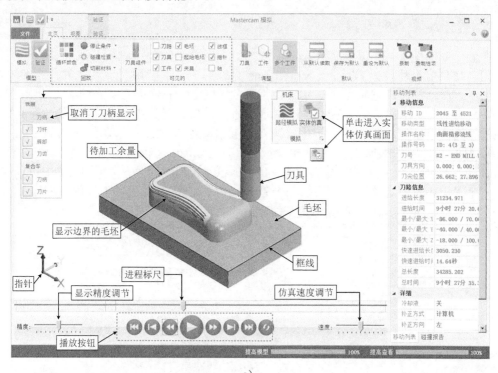

a）

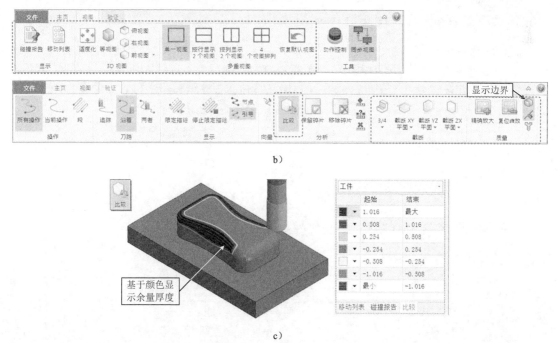

b）

c）

图 1-50　实体仿真操作画面及其他功能

a）实体仿真画面　b）视图与验证选项卡　c）比较功能示例

1.6 后处理与 NC 程序的输出

1.6.1 程序编辑器的设置

在例 1-1 的图 1-8 中显示了 Mastercam 后处理时默认的程序编辑器画面，但其不具有刀轨图形动态仿真功能。实际上，Mastercam 允许用户设置使用其他款式的程序编辑器，作为后处理激活的程序编辑器，如实际中常见的 CIMCO Edit 程序编辑器。若事前在本地机上安装有 CIMCO Edit，则按图 1-51 所示的方法设置即可。图 1-51 所示的"系统配置"对话框"启动/退出"选项中有一个"编辑器"下拉列表选项，默认选项是"MASTERCAM"，该选项后处理时用的编辑器为图 1-8 所示的 Mastercam Code Expert 编辑器，若选用"CIMCO"选项，则后处理时激活的是 CIMCO Edit 程序编辑器。从图 1-51 中可以看出，还有一个"记事本"选项，其激活的是 Windows 系统自带的"记事本"阅读程序。

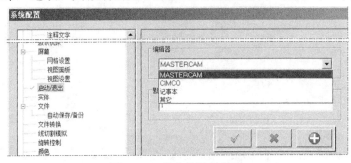

图 1-51 程序编辑器设置

1.6.2 Mastercam 后处理与程序输出操作

后处理是将系统的刀路文件*.NCI 转换成数控加工程序文件*.NC。后处理首先必须有一款适合加工机床数控系统的后处理程序，此处以系统默认的后处理程序 MPFAN.pst 为例，其后处理操作图解如图 1-52 所示。在第 5 步激活的 CIMCO Edit 程序编辑器中可看到输出的 NC 程序，进一步操作可进行程序的动态刀路仿真，并可方便地对 NC 程序进行编辑。

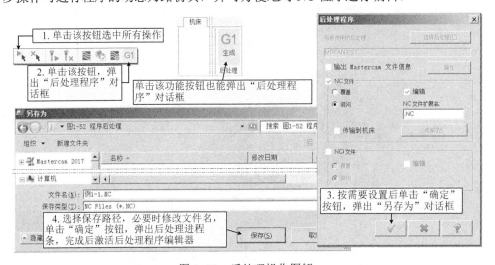

图 1-52 后处理操作图解

注：若第1步未选择全部操作，则在第3、4步之间会弹出该对话框，若选择"是"则会自动选择全部操作，若选择"否"则仅对选中的操作进行后处理

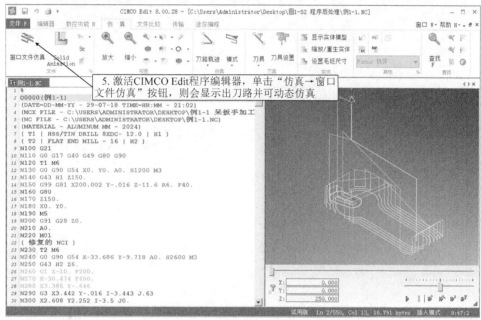

5. 激活CIMCO Edit程序编辑器，单击"仿真→窗口文件仿真"按钮，则会显示出刀路并可动态仿真

图 1-52　后处理操作图解（续）

1.6.3　Mastercam 输出程序的阅读与修改

Mastercam输出程序在CIMCO Edit程序编辑器中配合右侧的刀轨动态仿真阅读与修改是一种不错的环境。以下就对例 1-1 后处理程序阅读与修改进行说明。

原程序	修改说明
%	程序开始符，一般保留
O0000(例 1-1)	程序号，按自己需要修改，如 O0101
(DATE=DD-MM-YY - 29-07-18 TIME=HH:MM - 21:02)	括号中的注释可删除
(MCX FILE - C:\USERS\ADMINISTRATOR\DESKTOP\例 1-1 呆扳手加工.MCAM)	
(NC FILE - C:\USERS\ADMINISTRATOR\DESKTOP\例 1-1.NC)	
(MATERIAL - ALUMINUM MM - 2024)	
(T1 | HSS/TIN DRILL 8XDC- 12.0 | H1)	
(T2 | FLAT END MILL - 16 | H2)	
N100 G21	N100 的 G21 为开机默认，可删除
N110 G0 G17 G40 G49 G80 G90	N110 中指令为开机默认，可删除
N120 T1 M6	N120 的 T1 可修改或删除
N130 G0 G90 G54 X0. Y0. A0. S1200 M3	N130 中删除 A 轴尺寸字（A0）
N140 G43 H1 Z150.	N140 的 Z150.可考虑提至 N130 行
N150 G99 G81 X200.002 Y-.016 Z-11.6 R6. F40.	N150 注意进给量是否合适
N160 G80	X200.002 改为 X200.（绘图误差）
N170 Z150.	N170~N180 为返回起始点，可看一下
N180 X0. Y0.	
N190 M5	

N200 G91 G28 Z0.
~~N210 A0.~~
N220 M01
~~（修复的 NCI）~~
N230 T2 M6
N240 G0 G90 G54 X-33.686 Y-9.718 A0. S2600 M3
N250 G43 H2 Z6.
N260 G1 Z-10. F200.
N270 X-30.474 F400.
N280 X3.385 Y-.646
　……
N410 Z6.
N420 S3000 M3
N430 X-49.686 Y4.412
N440 G1 Z-10. F200.
N450 G41 D2 Y-11.588
N460 G3 X-33.686 Y-27.588 I16. J0.
　……
N730 G0 Z6.
N740 Z150.
N750 X0. Y0.
N760 S3500 M3
N770 X202.311 Y-52.405
　……
N5420 G0 Z35.
N5430 Z150.
N5440 X0. Y0.
N5450 M5
N5460 G91 G28 Z0.
N5470 G28 X0. Y0. A0.
N5480 M30
%

N190 的 M5 可删除
N200 的 G28 是否改为 G30 返回换刀点指令
N210 中删除 A 轴尺寸字（A0）
N220 的 M01 可删除
括号中的注释可删除
N230 的 T2 可修改或删除
N240 中删除 A 轴尺寸字（A0）
N260～N270 注意一下进给量是否合适
N280～N410 为刀具移动指令，可以不看
N420 提高转速精铣开口轮廓
N440 注意一下进给量是否合适
N450 注意刀补控制开口尺寸
N460～N730 为刀具移动指令，可以不看

N740～N750 为返回起始点，可看一下
N760 提高转速，高速铣削外轮廓
N770～N5420 为刀具移动指令，可以不看
N5430～N5440 为返回起始点，可看一下
N5450 的 M5 可省略
N5460～N5470 的 G28 是否改为 G30 返回换刀点指令

总结以上说明可知，修改程序主要注意以下几点：

1）程序名按自己的要求进行修改，如本例可改为 O0101。

2）括号中的注释一般不需保留，因为进入机床 CNC 系统后会乱码。

3）程序开始出现的指令 G21 G0 G17 G40 G49 G80 G90 一般为开机默认，保留与否对程序加工影响不大，取决于个人习惯。

4）换刀指令 T1 M6 对于数控铣床无意义，可以删除。对于加工中心，要注意其前面的返回换刀点指令是否符合自己机床的要求，如有的机床用 G30 返回换刀点。

5）后处理输出的程序一般按每个"操作"为一个小单元，若刀具没有变换，则过渡更为简单。对于每一个小单元要注意其开始与结束部分，中间部分的刀具移动一般可以不看。开始部分包括建立工作坐标系指令是否需要修改，主轴转速与进给速度是否正确，刀具半径补偿与长度补偿指令要记住存储器编号（可根据需要修改），这些在机床加工时需要设置。结束部分常常出现返回 G28 指令，若其为返回换刀点指令，则注意是否修改为 G30，是否需要 X 和 Y 轴返回参考点。最后的 M5 指令则根据需要取舍，因为 M30 一般具有 M5 指令的功能。

6）注意本示例采用的后处理程序 MPFAN.pst 是一个带 A 轴的 4 轴后处理程序，可用于普通 3 轴数控铣床增加数控转台实现 4 轴加工，由于本例为 3 轴加工，因此所有 A 轴的尺寸字均可删除（若想不输出 A 轴的尺寸字，则需修改后处理程序 MPFAN.pst，参见 1.6.4 节中的内容）。

总而言之，要想修改好 NC 程序，必须熟悉机床 CNC 指令集及其加工设置等，否则很难修改好。

1.6.4　Mastercam 后处理程序输出 NC 程序代码的其他问题

1．G 指令和 M 指令代码前 "0" 是否省略问题

Mastercam 2017 安装完成后，默认后处理程序 MPFAN.pst 输出的 NC 程序默认是省略 G 指令和 M 指令代码的前 "0"，即 G00\G01\G02\G03\G04 均输出 G0\G1\G2\G3\G4，M03\M04\M05\M06\M08\M09 等均输出 M3\M4\M5\M6\M8\M9 等。虽然这种输出不影响系统读取与执行程序，但 FACUC 系统编程学习时这些指令的前 "0" 一般是不省略的。为阅读方便，可自行对默认的后处理程序 MPFAN.pst 进行修改。

首先，单击 "机床→机床设置→控制定义" 按钮■，弹出 "控制定义" 对话框，在 "后处理" 按钮右侧的下拉列表框中可看到后处理程序的系统中的位置，找到相应的文件并用 "记事本" 软件打开该文件，如图 1-53 所示，可见其是一个适用于 FANUC CNC 系统的 4 轴后处理软件。

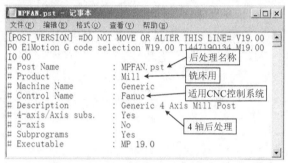

图 1-53　打开的 MPFAN.pst 后处理文档

在打开的后处理文件中找到下列程序部分：

```
# -------------------------------------------------------------------------
# General G and M Code String select tables
# -------------------------------------------------------------------------
# Motion G code selection
sg00    : "G0"        #Rapid
sg01    : "G1"        #Linear feed
sg02    : "G2"        #Circular interpolation CW
sg03    : "G3"        #Circular interpolation CCW
sg04    : "G4"        #Dwell
sgcode  : ""          #Target string
```

将上述代码中的 G0、G1、G2、G3、G4 修改为 G00、G01、G02、G03、G04。

继续在后处理文件中找到有关 M 指令部分，将其的前 "0" 补上。主要在以下几部分：

```
# Generate string for spindle
sm04    : "M4"        #Spindle reverse
sm05    : "M5"        #Spindle off
sm03    : "M3"        #Spindle forward
......
sm06    : "M6"   #Toolchange
......
#     Output of V9 style coolant commands in this post is controlled by scoolant
sm09    : "M9"        #Coolant Off
sm08    : "M8"        #Coolant Flood
sm08_1  : "M8"        #Coolant Mist
sm08_2  : "M8"        #Coolant Tool
......
```

修改完成后将文件保存即可生效。其中"sm08_1: "M8" #Coolant Mist"中的 M8 还可改为 M7 输出，用于第 2 冷却液开关的控制，参见图 1-46 中的相关内容。

2．圆弧插补指令 G02/G03 的 IJK 与 R 输出

圆弧插补指令 G02/G03 的程序格式有圆心坐标（IJK）编程和圆弧半径（R）编程两种，简称为 IJK 编程和 R 编程。前者的通用性较好（如西门子系统和 FANUC 系统的 IJK 编程格式均相同），而后者的可读性较好。后处理程序 MPFAN.pst 后处理默认输出的是 IJK 编程，若读者想要输出 R 编程格式，则需自行设置。设置图解如图 1-54 所示。设置方法如下：

1）单击"机床→机床设置→机床定义"按钮⚡，弹出"机床定义文件警告"对话框，单击"确定"按钮，弹出"机床定义管理"对话框。注意，进入的加工模块不同（如铣床或车床加工模块），弹出的对话框的设置不同，若未进入铣削系统，则还会多一个"CNC 机床类型"对话框选择进入的系统。这里假设已进入铣床系统模块。

2）单击"编辑控制定义"按钮📝，弹出"控制定义"对话框。

3）在"控制定义"对话框中，单击"圆弧"标签，进入圆弧设置画面，在"圆心形式"选项区域的"XY 平面"下拉列表框中选择"半径"选项。注意，默认设置"开始至中心间距"选项为圆心坐标（IJK）编程格式设置。

4）单击"确定"按钮，接着按提示多次确认即可完成修改。

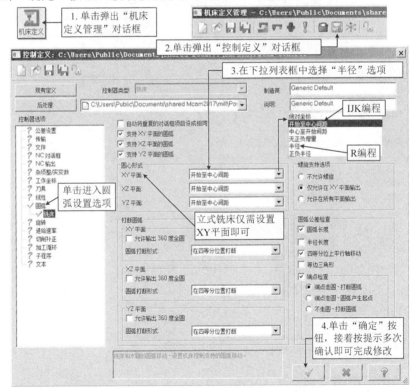

图 1-54　G02/G03 后处理输出 R 编程格式圆弧指令设置图解

在图 1-54 所示的对话框中，除了"圆心形式"选项设置外，其他选项设置按文字提示配合后处理输出 NC 程序观察即可理解相关设置。

3．去除默认后处理程序的 A 轴输出

在图 1-53 中可见，MPFAN.pst 后处理程序是一个 4 轴后处理程序。3 轴编程时，默认输出的 NC 程序刀具初始定位以及 G28 指令返回参考点时均会出现绕 X 轴旋转的 A 轴尺寸字"A0.",虽然该尺寸字的存在对程序执行无影响,但觉得碍眼。可修改 MPFAN.pst 后处理程序,关闭 A 轴输出,具体方法是打开 MPFAN.pst 后处理程序,找到下列程序部分,其中"rot_on_x"选项默认设置为"1",若将其设置为"0",则表示关闭,修改后将文件保存即可生效。

```
#region Rotary axis settings
# --------------------------------------------------------------------
# Rotary Axis Settings
# --------------------------------------------------------------------
read_md          : no$    #Set rotary axis switches by reading Machine Definition?
vmc              : 1      #SET_BY_MD 0 = Horizontal Machine, 1 = Vertical Mill
rot_on_x         : 1      #SET_BY_MD Default Rotary Axis Orientation
                           #0 = Off, 1 = About X, 2 = About Y, 3 = About Z
rot_ccw_pos      : 0      #SET_BY_MD Axis signed dir, 0 = CW positive, 1 = CCW positive
index            : 0      #SET_BY_MD Use index positioning, 0 = Full Rotary, 1 = Index only
ctable           : 5      #SET_BY_MD Degrees for each index step with indexing spindle
use_frinv        : no$    #SET_BY_CD Use Inverse Time Feedrates in 4 Axis, (0 = no, 1 = yes)
```

4. 如何使默认的后处理输出程序段添加程序段结束符";"

在图 1-52 中可见,MPFAN.pst 后处理程序默认输出的 NC 程序的程序段中没有程序段结束符";"(英文分号),实际上这个结束符表示 CNC 系统执行程序时,分号后面的注释等被忽略。显然,在没有注释的情况下没有分号是不影响程序执行的。当然,若想后处理输出程序时的程序段带有这个分号,也是可以进行设置的。

参照图 1-54 所示的方法进入"控制定义"对话框,单击"NC 输出"标签,进入 NC 输出设置画面,如图 1-55 所示,在下面勾选"每行结尾附加的字符"并在"第一个附加字符(相对于 ASCII 字符表 0~255)"后面的文本框中输入"59",单击"确定"按钮即可完成设置。注意:59 是分号符";"在 ASCII 字符表中的十进制编码。

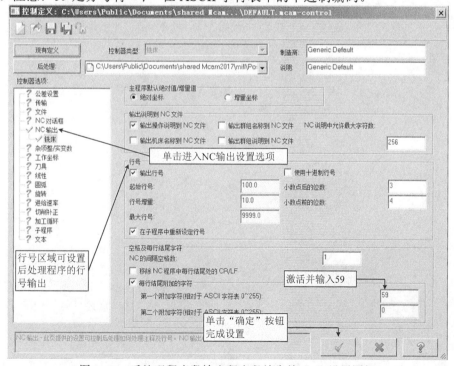

图 1-55　后处理程序段输出程序段结束符";"设置图解

图 1-55 除了上述的设置外，还可以看到其他系统默认的设置并可修改，如在"行号"区域可见到"起始行号"为"100.0"，"行号增量"为"10.0"，"最大行号"为"9999.0"，"NC 的间隔空格数"为"1"等。当然，这些设置在 CIMCO Edit 程序编辑器设置更方便且其设置更丰富，特别是常用的"重排行号"功能。

本 章 小 结

本章在介绍 Mastercam 2017 编程流程的基础上，讨论了 Mastercam 编程中一些典型、基础和常用的功能，旨在帮助读者快速进入编程模块的学习，如 Mastercam 如何导入其他格式的数模文档，视图、主页、操作管理器等基础操作，Mastercam 编程的通用基础工作（如建立工作坐标系、设置加工毛坯、定义与创建刀具、进/退刀设置、下刀位置设置、共同参数与参考点设置等），并讨论了刀路模拟与实体仿真问题。最后，讨论了后处理问题及其后处理程序修改的几个问题。

第❷章 2D 数控铣削加工编程 >>>

Mastercam 编程软件的 2D 铣削加工又称二维铣削加工,其是以工作平面内两轴联动加工为主,配合不联动的第 3 轴,可实现 2.5 轴加工,加工的侧壁一般垂直于底面。Mastercam 2017 中的 2D 铣削加工功能集中在"铣床→刀路"选项卡的"2D"选项列表中,归结起来可分为普通 2D 铣削、动态 2D 铣削(即高速 2D 铣削)、钻孔与铣削孔和线架铣削加工,其中线架铣削加工现在已不多用。

2.1 2D 铣削加工特点与加工策略

2D 铣削加工以工作平面内两轴联动加工为主,其加工侧壁与底面垂直,即与主轴平行。以立式铣床加工为例,其加工的主运动为主轴旋转运动,进给运动为 X、Y 轴联动合成运动移动,Z 轴移动与 X、Y 轴不联动,可实现 2.5 轴加工。这样一种加工特点决定了其加工以平面曲线运动为主,对于封闭曲线,有外轮廓铣削与内轮廓挖槽加工以及沿曲线轨迹移动的截面取决于刀具外形的沟槽铣削。另一种加工思路是以 X、Y 轴定位,Z 轴轴向进给移动进行加工,如插铣加工。以钻孔为代表的定尺寸孔加工刀具的加工也采用的是 X、Y 轴定位,Z 轴轴向进给进行加工的方法。对于孔径较大的圆孔,由于刀具等原因,一般以铣削代替钻孔进行圆孔加工。根据长径比的不同,圆孔铣削工艺有水平运动为主的全圆铣削和螺旋运动为主的螺旋铣孔加工方法。大尺寸螺纹加工常常采用螺纹铣削加工,其属于指定导程(或螺距)的螺旋铣削加工。

线架加工是基于线架生成曲面的原理生成刀具路径,其与相应线架生成曲面后再选择曲面生成刀具路径进行加工相比,仅是省略了曲面生成的过程,且线架加工仅适用于特定线架的加工,因此,其加工范围远不如曲面铣削加工广泛,故近年来使用的人逐渐减少。

2D 铣削加工策略集成在"铣床→刀路"选项卡的"2D"选项列表中,如图 2-1 所示。默认为折叠状态,需要时可上、下滚动或展开使用。

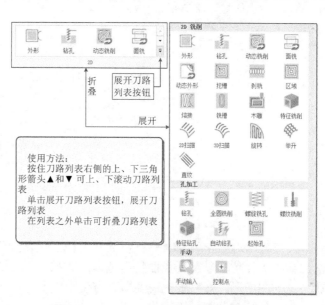

图 2-1 2D 刀路列表的展开与折叠

2.2 普通 2D 铣削加工编程及其应用分析

2.2.1 外形铣削加工与分析

外形铣削加工是 2D 加工策略中经典的加工刀路之一，其基础是 2D 曲线的轮廓加工，可控制刀具沿加工串连曲线铣削沟槽，或控制刀具沿着串连曲线的左侧、右侧精铣外、内轮廓。另外，可控制刀具轨迹水平或垂直方向分层铣削，实现 2D 粗铣加工。外形铣削加工功能的拓展还可进行 2D 轮廓倒角、斜坡铣削、2D 内拐角残料加工等。

1. 外形铣削精加工——轮廓铣削

（1）外形铣削精加工分析（见图 2-2） 外形铣削经典刀路是轮廓精铣加工，刀具可沿着所选定的轮廓框线（串连曲线）的左、右侧或中间进行加工，对于封闭的串连曲线则常称作外形（外轮廓）铣削和内侧（内轮廓）铣削，沿着串连曲线正中铣削则属于沟槽加工。常规的外形铣削刀具路径（刀心轨迹）是偏离轮廓框线刀具半径的偏置轨迹，其偏置方法可以是"电脑"控制或"控制器"控制。"控制器"控制偏置时的编程轨迹可不考虑刀具半径的问题，直接为轮廓框线，程序输出时有刀具半径补偿指令 G41 或 G42，实际刀具偏置后的运动轨迹取决于输入数控机床刀具半径补偿存储器的补偿值。这种方法可以精确地控制二维铣削加工件的轮廓精度，从而用于 2D 轮廓的精铣加工。

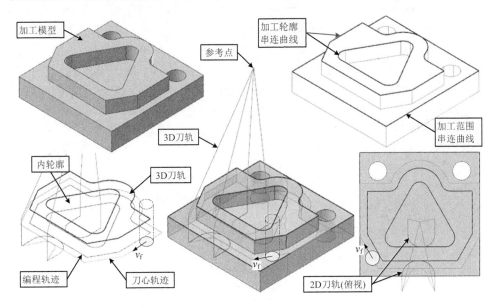

图 2-2 外形铣削精加工分析

外形铣削编程作为 2D 编程，其几何模型仅需加工模型的加工轮廓串连曲线即可，但从后续的实体仿真以及可视性角度考虑，有加工模型更好，具体可将加工模型等单独放置在某一个图层上，然后根据需要即可方便控制其显示与否。

（2）外形铣削精加工编程 以图 2-2 所示加工模型的外、内轮廓精加工编程为例，图中最小圆弧半径为 6mm，加工深度为 10mm。光盘中给出了练习和结果文档"图 2-2_加工模型.stp、图 2-2_加工模型.mcam 和图 2-2_加工.mcam"，加工编程操作步骤如下：

1）打开几何模型（图 2-2_加工模型.stp 或图 2-2_加工模型.mcam），观察模型在世界坐标系的位置（如上表面是否在世界坐标系 Z 轴原点），必要时移动工件或在指定点建立工作坐标系。按个人编程习惯准备加工轮廓串连曲线，必要时可通过"草图→曲线→单一边界线⬜/所有曲线边界线⬜"功能提取几何模型上的边线获得。另外，利用标注尺寸功能、"边界盒⬜"功能或"主页→图形分析⬜"等功能查询模型的总体尺寸、最小圆弧半径、加工深度和坐标系原点在几何模型中的尺寸，这些参数是后续编程以及对刀需要的参数。具体步骤略。

2）执行"机床→机床类型→铣床▼→默认（D）"命令，进入铣床加工模块，并加载"铣床→刀路"选项卡。同时在"刀路"操作管理器中产生"机床群组-1"和"刀具群组-1"。

3）单击"属性"节点⊞，展开"属性"子目录，单击"毛坯设置"选项标签◈毛坯设置，创建边界盒毛坯。

4）单击"铣床→刀路→2D→2D 铣削→外形"按钮⬜，由于是第一次操作，因此会弹出"输入新 NC 名称"对话框（是否改名称不影响最终的 NC 代码），单击"确定"按钮，弹出"串连选项"对话框和"选择外形串连 1"操作提示，同时在操作管理器中创建一个空白的加工操作，如图 2-3 中的"1-外形铣削（2D）"操作，这时的刀具和刀路均有"×"符号，表示还未创建。

5）确认"串连选项"对话框中"线框⬜"模式"串连⬚⬚⬚"选择方式有效，在加工模型上拾取 AB 段靠近 A 点获得加工串连曲线。注意：拾取的曲线是串连开始曲线，拾取点靠近的端点是串连的起点，串连方向从起点朝着开始曲线方向，一个绿色箭头显示串连的起点与方向。这个选择对最终 NC 程序的加工起点有很大的影响。另外，若加工模型上没有加工几何曲线且为实体模型，则可用"实体"模式⬜下的"串连"选择方式⬜选择实体边线为加工串连曲线。选择加工串连后，单击"确定"按钮，弹出"2D 刀路–外形铣削"对话框。

以上操作步骤图解如图 2-3 所示。

6）"2D 刀路–外形铣削"对话框设置。各选项设置及说明如下：

① 刀具类型：默认的"外形铣削"可以改为其他加工策略。加工串连也可重新编辑。

② 刀具：从刀库中选择一把 D10 平底铣刀，并设置相关切削参数。

③ 刀柄：采用默认。该选项设置刀柄是为了检测碰撞，3 轴加工一般不设置。

④ 切削参数：设置参数较多，介绍如下：

★　补正方式。补正在数控加工中称之为补偿或偏置。系统提供 5 种补正方式。

电脑：由计算机按所选刀具直径理论值直接计算出补正后刀具轨迹，程序输出时无 G41/G42 指令。

控制器：在 CNC 系统上设置半径补偿值，程序轨迹按零件轮廓编程，程序输出时有 G41/G42 指令与补偿号等。这种方法特别适用于 2D 轮廓精铣加工。该选项在 CNC 系统设置时，几何补偿设置为刀具半径值，磨损补偿设置为刀具磨损值。

磨损：刀具轨迹同电脑补正，但程序输出时与控制器补正一样有 G41/G42 指令与补偿号等。其应用时在 CNC 系统上仅需设置磨损补偿值。该选项在 CNC 系统设置时，几何补偿设置为 0，磨损补偿设置为刀具磨损值。

反向磨损：与磨损补正基本相同，仅输出程序时的 G41/G42 指令相反。

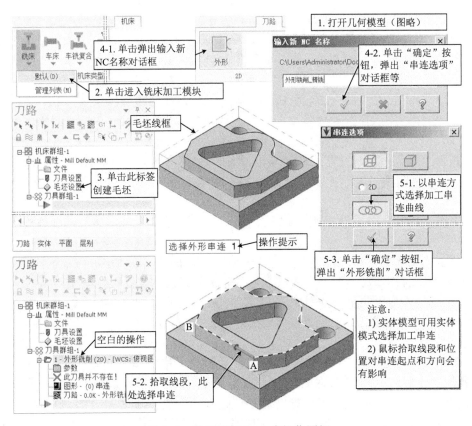

图 2-3　外形铣削 1～5 步操作图解

关：无刀具半径补偿的刀具轨迹，且程序输出时无 G41/G42 指令等。适用于刀具沿串连曲线的沟槽加工。

★　补正方向。指刀具沿编程轨迹的左侧或右侧偏置移动，即"左"与"右"两选项，程序输出时对应 G41 与 G42 指令。若补正方式选择"关"，则刀具沿编程轨迹移动。

★　校正位置。这里的校正位置指刀具上的刀位点，即刀具上描述刀具轨迹的位置点，有"中心"与"刀尖"两选项，选择时右侧的图解会发生变化提示，默认且常用设置为"刀尖"。

★　外形铣削方式。下拉列表中显示有 5 个选项，对应的图解会发生相应变化，说明如下：

2D：是默认选项，常规的 2D 铣削加工。

2D 倒角：是利用倒角铣刀对轮廓进行倒角加工。

斜插：即以斜插方式进行外形铣削加工。斜插方式有按"角度"斜插、按"深度"斜插和"垂直进刀"3 项，对应有不同的斜插参数。

残料：主要用于对之前的单个或所有操作或指定粗加工刀具直径加工所剩余的拐角残料进行加工。

摆线式：在外形铣削的同时伴随有刀具的轴向移动，有利于提高表面加工质量。

★　"壁边"与"底面"预留量。为后续工序预留加工余量，精加工一般设置为 0。

本例为外形铣削设置：补正方式为"控制器"，补正方向为"左"，校正位置为"刀尖"，外形铣削方式为"2D"。

⑤ Z 分层切削：适用于切削深度较大时的分层加工，多用于本加工策略的粗加工。精铣加工一般不分层。

⑥ 进/退刀设置：该选项的设置对 2D 铣削的切入/切出刀轨设计非常有益，直接影响加工质量，如"重叠量"是精铣轮廓的常见选项。同时注意，当选用了"控制器"补正方式时，进/退刀段的直线长度不得为 0，一般取刀具直径的 0.5～1 倍以上。读者可以图 2-4 所示的进/退刀方式为例，学习与体会本选项参数的设置。

⑦ 贯通：该参数主要用于无底面加工的纯 2D 外形铣削，该参数也可直接写入"共同参数"选项中的"深度"参数中。本例选用默认的无"贯通"值设置。

⑧ XY 分层切削：适用于水平加工余量较大时的分层加工，多用于本加工策略的粗加工。本例精铣加工一般不分层。

⑨ 毛头：关于"毛头"的概念与应用参见图 2-24 及其相关说明。本例不设置。

⑩ 共同参数：下刀位置 6mm，工件表面 0，深度-10mm。

⑪ 参考点：进入/退出点均为（0，0，150）。

⑫ 平面（WCS）：3 轴立式铣床的工作坐标系与世界坐标系重合时，工作坐标系、刀具平面和绘图平面均设置为"俯视图"。

⑬ "冷却液"和"杂项"变量：采用默认设置。

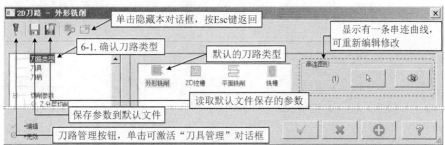

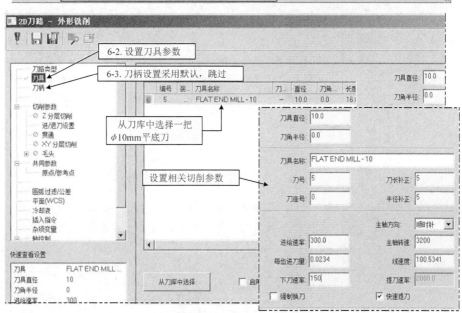

图 2-4　"2D 刀路 - 外形铣削"对话框主要参数设置

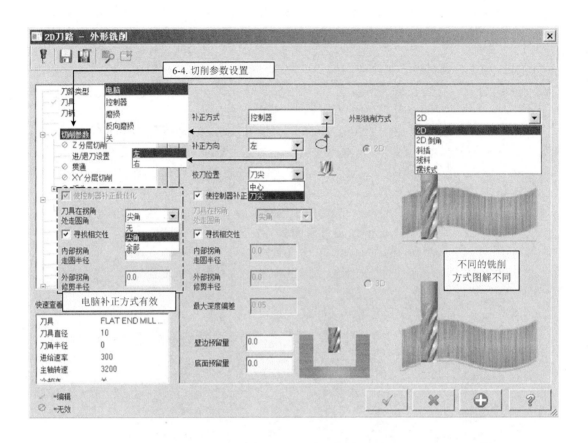

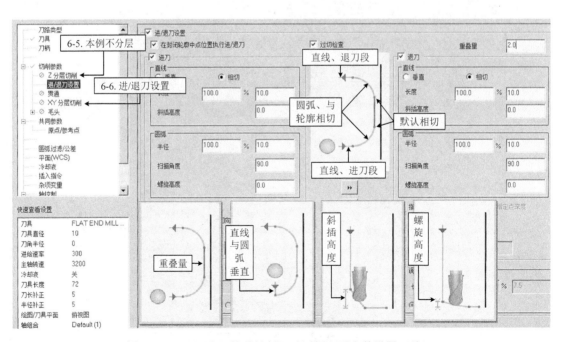

图 2-4 "2D 刀路－外形铣削"对话框主要参数设置（续）

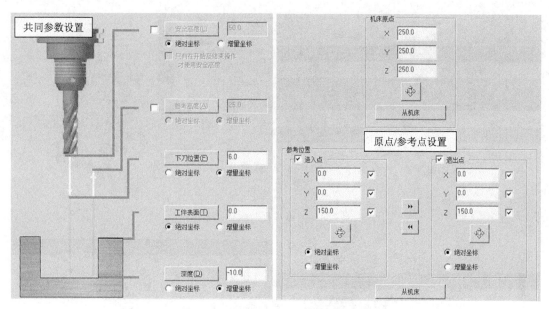

图 2-4 "2D 刀路-外形铣削"对话框主要参数设置（续）

7）"2D 刀路-外形铣削"对话框设置完成后，单击"确定"按钮，系统将自动计算并生成刀具轨迹，如图 2-5 所示。

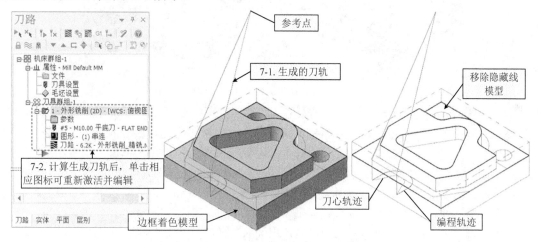

图 2-5 刀具轨迹与外形铣削（2D）操作

8）刀路模拟与实体仿真如图 2-6 所示，结果文件参见光盘文档"图 2-6_外廓精铣（边界盒毛坯）.mcam"。

9）后处理，输出 NC 代码。操作略。

（3）仿真效果分析与改进 从图 2-6 所示的实体仿真可以看出，采用立方体毛坯加工留下了较多的余料。若要想仿真更接近实际，可单独设置一个实体毛坯，如图 2-7 所示。这里省略了操作过程，读者可参照 1.4.3 节中介绍的方法尝试练习。图 2-7 中，以"合并"方式导入的毛坯实体与加工实体之间相差 1mm 的精加工余量。仿真加工时开启了"工件"和"毛坯"选项，可清晰地仿真出外形铣削精加工的效果。光盘中给出了练习和结果文档"图 2-7_实体毛坯.stp 和图 2-7_外廓精铣（实体毛坯）.mcam"，供学习参考。

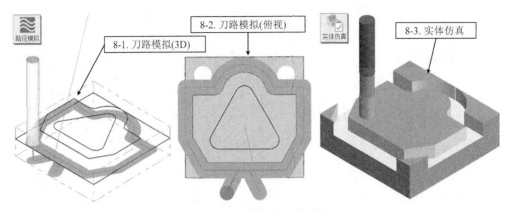

图 2-6　刀路模拟与实体仿真

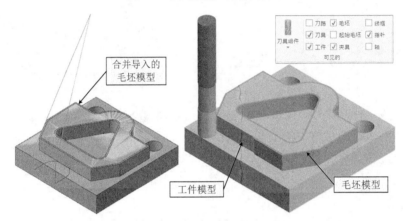

图 2-7　实体毛坯精铣仿真示例

（4）内轮廓精铣加工　仍然可用外形铣削加工策略实现，内轮廓精铣加工编程的操作过程与其基本相同。图 2-8 所示为内轮廓精铣加工不同点的说明。首先，编程前单击"刀路"操作管理器上部的"选择全部操作"按钮，选中外轮廓精铣加工操作，再单击"切换显示已选择的刀路操作"按钮，隐藏轮廓精铣加工刀轨。第 5 步选择串连时选择线段 ab 段靠近 b 点的位置获得串连。第 6 步的进/退刀设置中将圆弧扫描角度设置为 120°，以避免下刀与提刀时切削到内轮廓。图 2-8 所示的实体仿真分别显示了立方体毛坯和粗加工实体毛坯的仿真效果，前者操作简单，后者效果逼真，但都不影响最后输出的 NC 代码。结果文件参见光盘文档"图 2-8_内廓精铣（边界盒毛坯）.mcam 和图 2-8_内廓精铣（实体毛坯）.mcam"。

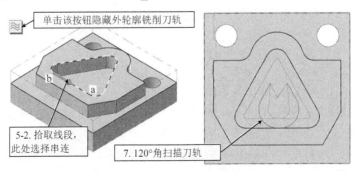

图 2-8　内轮廓精铣加工不同点的说明

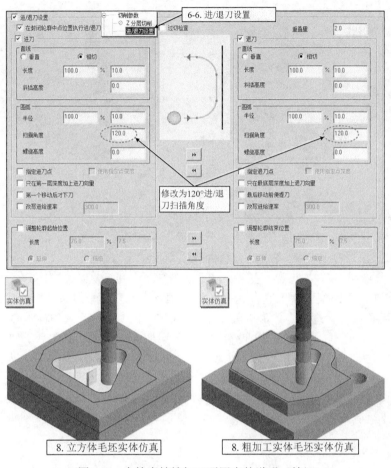

图 2-8　内轮廓精铣加工不同点的说明（续）

（5）外、内轮廓精铣加工仿真　外、内轮廓精铣加工仿真效果如图 2-9 所示。操作过程为：首先，单击"刀路"操作管理器上部的"选择全部操作"按钮，选中外轮廓精铣加工操作，再单击"切换显示已选择的刀路操作"按钮，显示外、内轮廓精铣加工刀轨。然后，单击"实体仿真"按钮，激活"Mastercam 模拟"画面，按图 2-9 所示设置"可见性"选项，单击"播放"按钮，开始实体仿真加工。结果文件参见光盘文档"图 2-9 内廓精铣（边界盒毛坯）.mcam 和图 2-9 内廓精铣（实体毛坯）.mcam"。

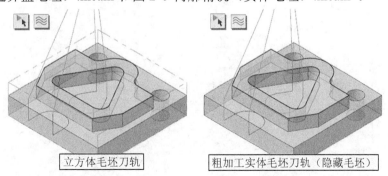

图 2-9　外、内轮廓精铣加工仿真效果

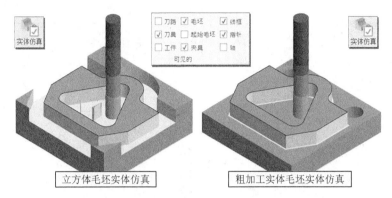

立方体毛坯实体仿真 | 粗加工实体毛坯实体仿真

图 2-9　外、内轮廓精铣加工仿真效果（续）

2．外形铣削粗加工——XY 分层与 Z 分层铣削

外形铣削加工可以通过 XY 分层和 Z 分层等组合实现粗铣加工。仍以图 2-2 所示加工模型为例，以外形铣削加工策略通过分层加工实现粗、精铣加工，精加工余量为 1mm。

（1）XY 分层粗、精铣加工　适用于水平面内加工余量较大工件的 2D 铣削加工。这里以图 2-5 完成的外形铣削精加工文件为基础进行编程，操作过程如图 2-10 所示。打开该文件，单击"刀路"操作管理器"外形铣削（2D）"操作下的"参数"选项标签📄参数，激活"2D刀路-外形铣削"对话框，按图 2-10 设置"XY 分层切削"选项中的参数。单击"确定"按钮后重新计算刀轨，在刀路模拟俯视图观察第 1 刀，其最大侧吃刀量不宜太大；然后在模拟完成后观察与加工模型的吻合程度；最后再实体仿真观察加工效果。注意：在"XY 分层切削"选项中的参数设置可看到，最后 1 刀精修的进给速度和主轴转速可以改写，因此 XY 分层切削可同时完成粗、精铣加工。结果文件参见光盘文档"图 2-10_外形铣削_XY 分层.mcam"。

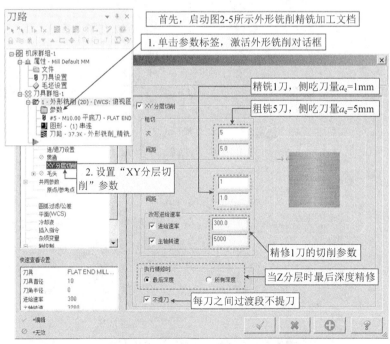

图 2-10　XY 分层粗、精铣加工操作图解

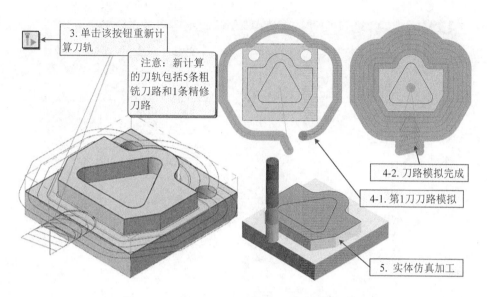

图 2-10　XY 分层粗、精铣加工操作图解（续）

（2）Z 分层粗铣加工　适用于深度方向加工余量较大工件的 2D 铣削加工。Z 分层只能在深度方向进行精修，因此对于水平面内的 2D 铣削只能够做粗铣，这里留 1mm 精加工余量。以下仍以图 2-5 完成的外形铣削精加工文档为基础进行编程，但创建了一把 D25 机夹式平底铣刀，铣刀总长度 100mm，刀齿长度 10mm，刀肩长度 30mm，刀齿、刀肩和刀杆直径均为 25mm；切削用量推荐主轴转速为 2500r/min，进给速度为 400mm/min，背吃刀量为 1～4mm，刀具创建过程略。Z 分层粗铣加工操作图解如图 2-11 所示。结果文件参见光盘文档"图 2-11_外形铣削_Z 分层.mcam"。

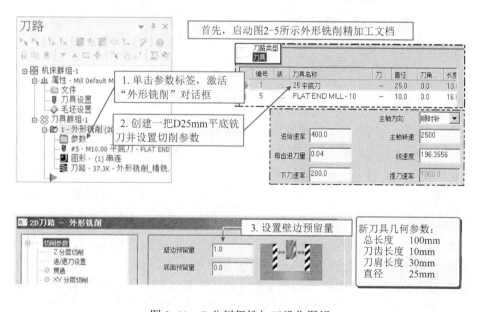

图 2-11　Z 分层粗铣加工操作图解

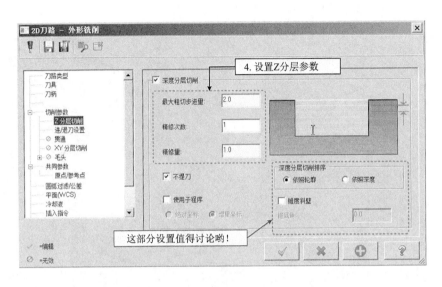

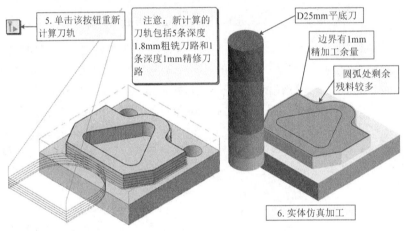

图 2-11　Z 分层粗铣加工操作图解（续）

注意

　　Z 分层加工设置的粗切深度被系统认定为允许的最大深度，实际切削次数为总深度除以设定深度的值往上圆整，因此实际切削深度为总深度除以圆整以后的刀数。例如，本例中工件切削深度为 10mm，去除精修深度为 1mm，实际粗切总深度为 9mm，除以设定深度 2mm，计算切削次数为 4.5 刀，往上圆整为 5 刀，实际切削深度为 9mm 除以 5 刀，每刀实际切削深度为 1.8mm。

　　在"2D 刀路-外形铣削"对话框"Z 分层切削"选项参数设置中，有一项"锥度斜壁"选项的应用值得讨论。以图 2-11 完成的 Z 分层粗铣加工为例，勾选"锥度斜壁"选项，设置"锥底角"为 4°，同时将"切削参数"选项中的"壁边预留量"设置为 0.6mm，重新计算与实体仿真的结果如图 2-12 所示。结果文件参见光盘文档"图 2-12_外形铣削_Z 分层_锥度.mcam"。

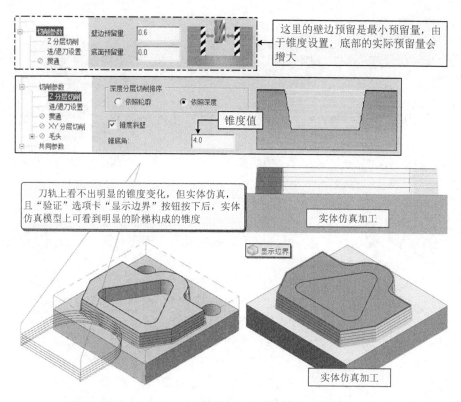

图 2-12　Z 分层锥度粗铣加工操作说明与实体仿真结果

　　Z 分层"锥度斜壁"的应用可归结为两点：一是深度分层多刀加工时，被切削过的面不会重复刮擦，可有效地改善已加工表面的质量，减少刀具的磨损；二是可利用该功能，用 2D 外形铣削刀路切削等锥度侧壁。图 2-13 所示为一个外形铣削→Z 分层切削→锥度斜壁加工应用的示例。图 2-13a 所示的毛坯底座为 50mm×30mm×15mm 的立方体，中部为一个长 40mm、宽 20mm 和高 10mm 的平键形，上部为编程串连锥角 10°拉伸 15mm 的锥体，工件上表面几何中心位于世界坐标系原点。结果文件参见光盘文档"图 2-13 外形铣削_Z 分层_锥度斜壁应用示例.mcam"。

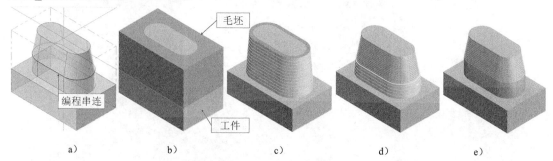

图 2-13　外形铣削→Z 分层切削→锥度斜壁加工应用示例

a）加工模型　b）仿真加工前　c）操作 1：锥度粗铣　d）操作 2：锥度精铣　e）2D 外形精铣

加工编程操作说明如下：

1）毛坯："边界盒"立方体，如图 2-13b 所示。

2）刀路类型：外形铣削。

3）刀具：刀库中调用的 D16 平底铣刀。

4）切削参数：补正方式"控制器"，外形铣削方式"2D"，壁边预留量"操作 1 取 0.6，操作 2 和操作 3 均为 0"。

5）Z 分层切削：

操作 1：最大粗切步进量"2.0"，精修次数"0"，勾选"不提刀"，勾选"锥度斜壁"，锥底角"4.0"。

操作 2：最大粗切步进量"1.0"，精修次数"0"，勾选"不提刀"，勾选"锥度斜壁"，锥底角"10.0"。

操作 3：取消"深度分层切削"复选框勾选，即不采用 Z 分层切削。

6）进/退刀设置：均采用默认的设置。

7）贯通、XY 分层切削、毛头：均采用默认的设置，即不贯通、不分层、无毛头。

8）共同参数：未说明项不勾选。

操作 1：下刀位置"6.0"，工件表面"0.0"，深度"–25.0"。

操作 2：下刀位置"6.0"，工件表面"0.0"，深度"–16.0"（延伸了 1mm）。

操作 3：下刀位置"6.0"，工件表面"0.0"，深度"–25.0"。

9）原点/参考点：参考位置的切入点/退出点均设置为（0，0，150）。

其余参数均采用系统默认设置，实体仿真显示了工件和毛坯。以上加工操作 2 的锥度精铣加工精度与分层多少和刀具选择有关，减小"最大粗切步进量"可以提高加工精度，同等条件下选用球头刀或圆角铣刀均会提高加工精度。本例虽然选用平底铣刀加工，但经过实体仿真软件"Mastercam 模拟"环境中的"验证"选项卡"分析"选项区的"比较 "功能分析，残料厚度在 0.2～0.3mm 之间，加工精度尚可。

（3）XY 与 Z 分层同时铣削加工　当加工余量较大时，可在一个操作中同时运用 XY与 Z 分层加工。以下是在图 2-10 所示的 XY 分层铣削基础上增加 Z 分层铣削加工的示例，图 2-14 所示为其加工主要设置与实体仿真效果。本示例因为考虑最小圆角半径而选择 D10 平底刀，因此 XY 必须分层铣削，同时，考虑切削深度等于刀具直径，深度方向也分层铣削。结果文件参见光盘文档"图 2-14_外形铣削_精铣_XY+Z 分层"。

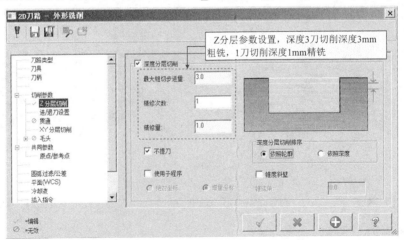

图 2-14　XY+Z 分层铣削加工主要设置与实体仿真效果

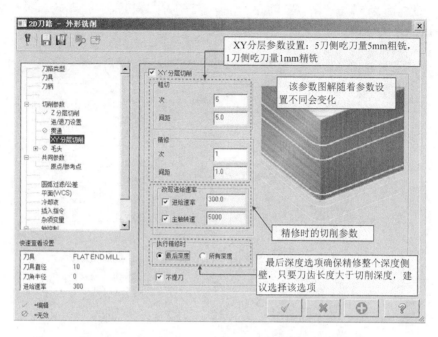

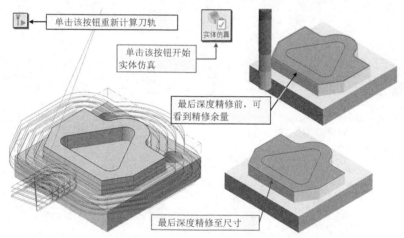

图 2-14　XY+Z 分层铣削加工主要设置与实体仿真效果（续）

3. 斜插式外形铣削加工

在"2D 刀路–外形铣削"对话框"切削参数"选项的"外形铣削方式"下拉列表中有一项"斜插"选项（参见图 2-4），该选项可控制刀具按照斜插的方式沿轮廓铣削加工。这种切削方式可有效避开立式铣刀端面切削刃的劣势，充分发挥圆周切削刃的切削优势，达到扬长避短的效果，使用得当效果极佳。

图 2-15 所示为将图 2-11 所示的 Z 分层粗铣加工改为"斜插"铣削方式的示例。按图 2-15 设定即可获得结果，结果文件参见光盘文档"图 2-15_外形铣削_斜插切削.mcam"。从图 2-15 可见，其刀轨的连续性更好，几乎没有多余的空刀，加工效率极高。本示例因为刀具半径大于工件上最小内拐角半径，无法精铣至尺寸，因此按粗铣处理。实际上，在补正方

式选项中可设置为"控制器"补正，因此"斜插"铣削方式是可直接用于轮廓的精铣加工的，参见图 2-16 所示的示例。

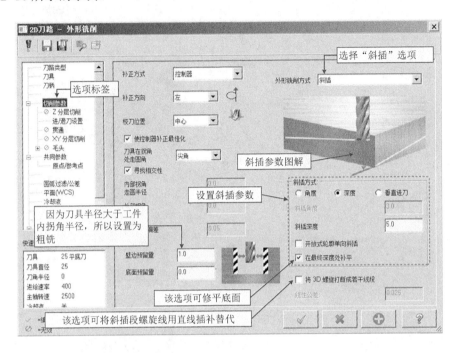

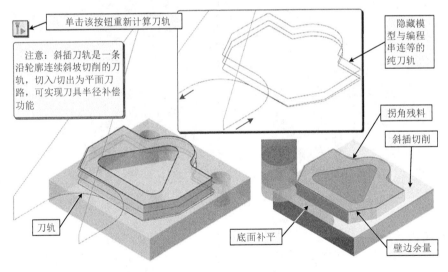

图 2-15 "斜插"铣削方式示例

图 2-16 所示为将图 2-5 所示的外形铣削精加工更改为"斜插"铣削方式并增加"XY 分层铣削"实现粗、精加工的示例，结果文件参见光盘文档"图 2-16_外形铣削_斜插粗、精铣.mcam"。注意：该示例的刀具直径为 10mm，工件上最小半径为 6mm，可以实现精铣至尺寸的加工。操作图解如图 2-16 所示。

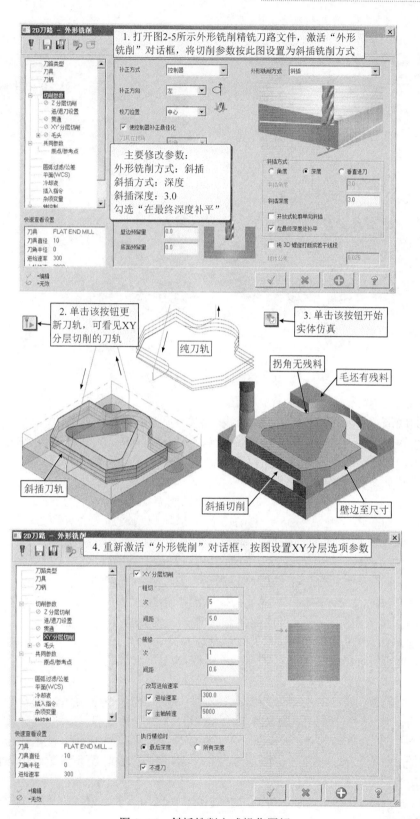

图 2-16　斜插铣削方式操作图解

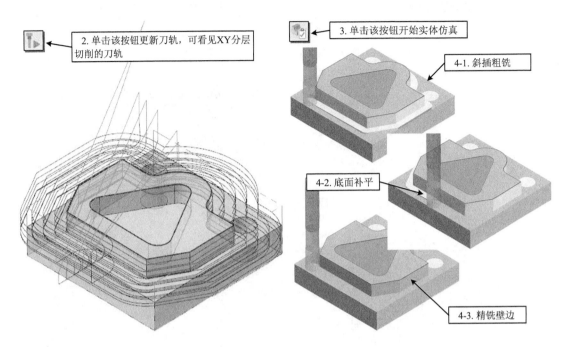

图 2-16　斜插铣削方式操作图解（续）

4．曲线轮廓倒角加工

轮廓曲线倒角功能可方便地对 2D 曲线轮廓线均匀倒角。下面假设图 2-2 所示加工模型外轮廓倒角为 C2mm，内轮廓倒角为 C1.5mm，已完成"外轮廓粗铣→内轮廓粗、精铣→外轮廓精铣"加工，接着编程完成两个倒角加工。

操作步骤如下：

1）倒角加工前已完成 3 个操作，操作 1 为轮廓斜插粗铣加工（见图 2-15），操作 2 为挖槽粗、精铣内轮廓（见图 2-35），操作 3 为外形轮廓精铣加工（见图 2-5）。

由于"倒角"加工属于"外形"铣削刀路下的一种"外形铣削方式"，为简化编程，将操作 3 复制为操作 4 开始编程（当然也可以按上述的编程曲线按外形铣削精加工编程）。单击操作 4 的"参数"标签 参数，激活"2D 刀路-外形铣削"对话框，默认为"刀具类型"选项画面，单击右上角的"选择串连"按钮 ，弹出"串连管理"对话框，右击已有的"串连"标签，弹出快捷菜单，单击"全部重新串连"命令，弹出"串连选项"对话框，按图 2-17 所示的位置和方向选择外轮廓串连曲线，单击"确定"按钮两次，完成串连曲线的更新。注意，原外形铣削的串连为顺铣加工，这里改为了逆铣加工，但不改对于倒角也影响不大。

2）创建倒角刀具。单击"刀具"标签，进入刀具选项设置画面，从刀库中创建一把 D10/90°的倒角刀"CHAMFERMILL 10/90DEG"，切削参数自定。

3）单击"参数"标签 参数，进入"切削参数"选项设置画面，设置补正方式为"电脑"，补正方向为"右"，外形铣削方式为"2D 倒角"，C2mm 倒角参数设置按图解提示设置，壁边预留量为"0"。

4）单击"共同参数"选项，进入"共同参数"选项页面，修改深度值为"0"，其余设置与前面相同。

　　以上未提及的参数设置基本为外形铣削的默认设置或之前外形铣削的设置，如参考点设置仍然为（0，0，150）。以上操作过程如图 2-17 所示。

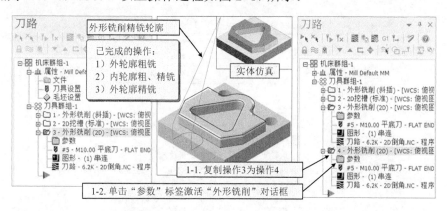

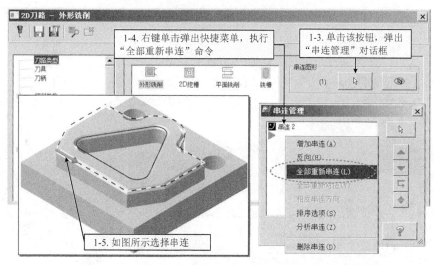

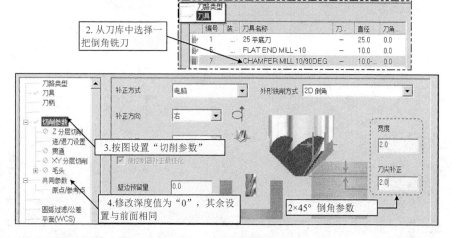

图 2-17　复制操作、更新串连曲线并修改参数设置

　　5）更新刀路，实体仿真加工。"2D 刀路-外形铣削"对话框设置完成后，单击"确定"

按钮完成设置修改。单击"刀路"管理器上的"重新计算已失效的操作"按钮更新刀轨，然后选中全部操作，进行实体仿真观察，如图 2-18 所示。

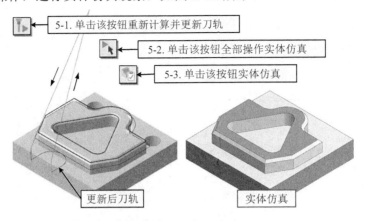

图 2-18　更新刀轨与实体仿真

6）内轮廓倒角加工操作。复制倒角操作 4 为操作 5，单击"图形"标签图形激活"串连管理"对话框，按图 2-19 所示的位置和方向更新串连曲线。单击"参数"标签参数激活"2D 刀路-外形铣削"对话框，在"切削参数"选项中修改倒角参数 C1.5mm，在"进/退刀设置"参数中按图 2-19 所示修改。参数修改完成后，更新刀轨，实体仿真观察结果，操作过程图解如图 2-19 所示。

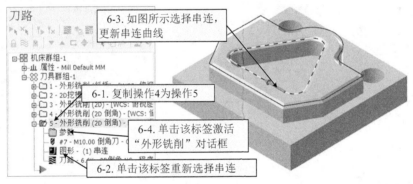

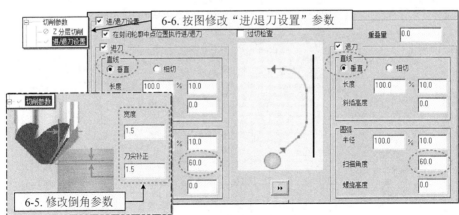

图 2-19　内轮廓倒角设置与实体仿真

7）再次更新操作 5 的内轮廓倒角刀路，选择全部操作，执行实体仿真，如图 2-20 所示。图 2-20 所示倒角的结果文件参见光盘文档"图 2-20_外形铣削_2D 倒角（边界盒毛坯）.mcam"。光盘中还给出了一个实体毛坯的 2D 倒角练习文件"图 2-20_外形铣削_2D 倒角（实体毛坯）.mcam"，可省略外、内轮廓铣削操作，快速用于 2D 倒角练习加工编程练习。

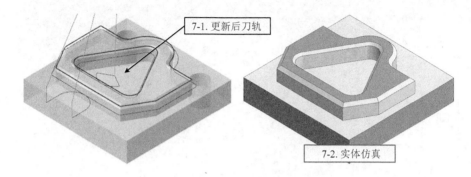

图 2-20　刀路更新与实体仿真

5. 2D 轮廓残料加工

2D 轮廓残料指前述工序由于刀具直径较大出现的某些工件直径偏小的内拐角部位无法加工而残留下的余量。2D 轮廓"残料"加工是专门针对这些残料加工而设计的加工策略。在图 2-15 所示的加工中，刀具直径为 25mm，而工件半径仅为 6mm，显然加工后必然留下拐角残料。以下拟采用一把 D10 的平底刀对这些残料进行加工，操作过程如下（操作图解参见图 2-21 和图 2-22）：

1）首先打开图 2-15 所示加工的文件"图 2-15_外形铣削_斜插切削.mcam"，在"刀路"操作管理器中将其"外形铣削（斜插）"操作复制一个作为新残料的操作，然后单击"参数"标签 参数，激活"2D 刀路-外形铣削"对话框。注意：若之前不是"外形"铣削加工刀路，则必须单击"外形 "铣削按钮创建加工策略。

2）单击"刀具"选项。从刀具库中选择创建一把 D10 平底铣刀，切削参数自定。

3）单击"切削参数"选项，设置"外形铣削方式"为"残料"，再单击选取"粗切刀具直径"单选项，设置"粗切刀具直径"为"25.0"、"壁边预留量"为"0.6"等参数，如图 2-21 所示。单击"确定"按钮并重新计算更新刀路，此时为一条单刀的残料加工刀轨，但由于残料加工的刀具直径一般不大，为减小切削力，常常还需增加 Z 和 XY 分层切削加工。注意：此处的"壁边预留量"设定得偏小是考虑后续轮廓精铣加工至拐角时切削力会增大的原因。

4）单击"Z 分层切削"选项，勾选"深度分层切削"复选框，设置"最大粗切步进量"为"3.0"、"精修次数"为"1"、"精修量"为"1.0"等参数，勾选"不提刀"复选框。

5）单击"XY 分层切削"选项，勾选"深度分层切削"复选框，设置"粗切"为"1 次，1.0 的间距"、"精修"为"1 次，0.8 的间距"，单击执行精修时"最后深度"单选按钮，勾选"不提刀"复选框等。因为仍属于粗铣，因此不另外改写进给速率和主轴转速。单击"确定"按钮并重新计算更新刀轨，得到的刀轨如图 2-22 所示。进行刀路模拟和实体仿真加工，观察加工刀路，观察第 1 刀的侧吃刀量是否太大，满意后保存文件。

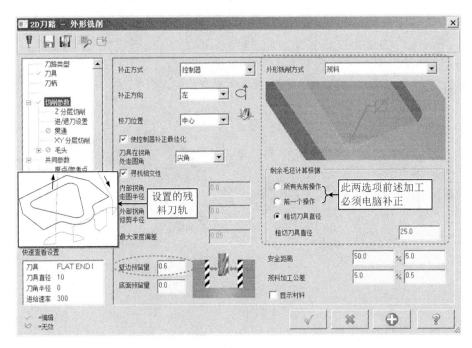

图 2-21 "残料"选项设置

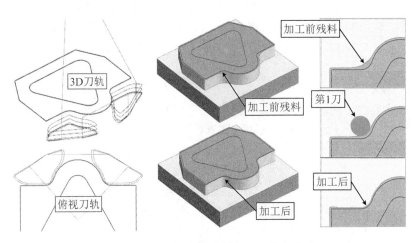

图 2-22 分层切削的残料加工刀轨与仿真

图 2-22 所示的刀轨对进/退刀参数做了修改，似乎更为实用漂亮（这里进/退刀参数是否修改不影响加工结果）。"进/退刀设置"参数修改参考为：重叠量为"0"，直线选项区单击选中"垂直"单选选项，圆弧扫描区设置扫描角度为"60°"，进、退刀参数相同。图 2-22 所示的残料加工结果文件参见光盘文档"图 2-22 外形铣削_残料加工.mcam"。

6. 摆线式外形铣削加工

摆线式外形铣削加工从其设置的参数和图解提示配合相应的刀轨就能看出其含义，如图 2-23 所示。摆线设置是在刀具轮廓铣削的基础上增加了 Z 轴移动，若从金属切削原理的角度分析，其实质是增大了工作刃倾角，结果是使切削更加平稳，切削刃更显锋利，表面加工质量更好。"直线"式摆线刀路的运动为上下折线运动，适用于普通切削加工，而

"高速"式摆线刀路的运动为圆弧运动（系统选择了"高速"单选项，则图解提示会变化显示），切削更加平稳，显然更适合高速切削加工。摆线式外形铣削加工的结果文件参见光盘文档"图 2-23_外形铣削_摆线加工.mcam"。

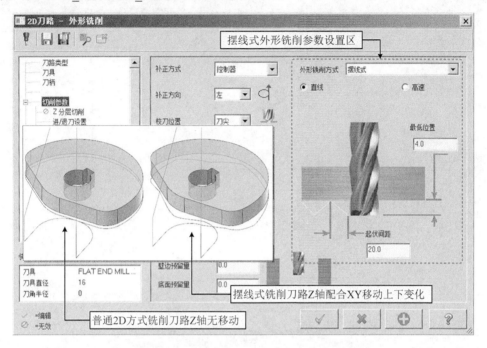

图 2-23　摆线式外形铣削加工的参数设置

7. 关于毛头选项与应用

毛头实际上是压板夹紧的延伸载体，当然，也可作为 2D 外形铣削时压板的避让。以图 1-10 所示的餐盘实体工件为例，其平面尺寸较大，无法用平口钳装夹，加工时一般采用轮廓外延伸适当距离的毛坯，采用"螺钉-压板"装夹方案。那么，外形轮廓如何铣削呢？毛头的应用便是常用的装夹方案。图 2-24 所示为基于毛头装夹方案进行加工的应用图解，结果文件参见光盘文档"图 2-24_外形铣削_毛头应用"。

说明：

1）对于这种扁平型稍大工件，采用压板装夹较为常见，一般将 XY 平面的毛坯余量设置稍大，以利于工件装夹。

2）曲面加工不受装夹的影响，且装夹方案较为简单可靠。

3）轮廓加工时必须确保刀具不与压板相互干涉。由于在 4 个压板处设置了毛头，故封闭的轮廓加工轨迹并不会使工件松脱。

4）外形铣削轮廓刀轨可看出毛头处有让刀。将毛头的高度设置得高于压板，可认为是对压板的避让。

5）图示的薄毛头一般在加工后由钳工去除并修锉。当然，也可以数控铣削去除，系统具有同时生成去除毛头刀路的功能。

6）为保险起见，去除毛头时可考虑增加辅助压板固定中间的工件，否则可能出现打刀现象。

7）注意：应用毛头功能时，加工串连曲线必须是"线框 ▣ "模式下的串连曲线，不能应用"实体"模式选择模型边界的串连。"毛头"选项设置按其设置画面及操作提示可方便掌握，依照笔者的体会，手动设置毛头位置较为实用。另外，在"毛头终止"选项画面，若去除"避让处的精修选项"复选框勾选，则不会生成去除毛头的刀路。

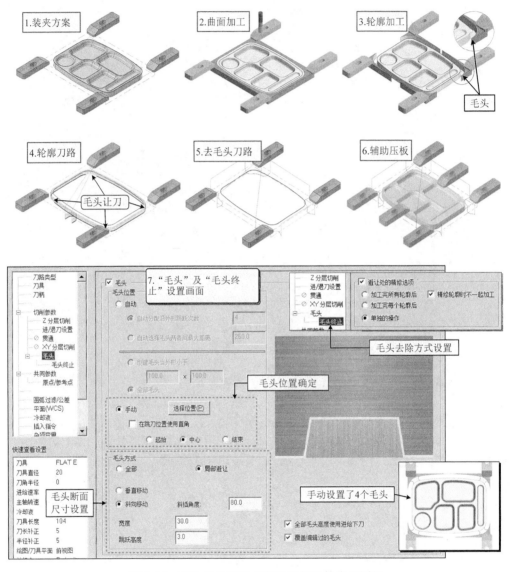

图 2-24　基于毛头装夹方案进行加工的应用图解

8．外形铣削加工实例

例 2-1　已知图 2-25 所示的 STP 数字模型，要求完成外形轮廓与两个弧形槽加工，加工模型与结果文件参见光盘文档"例 2-1_模型.stp 和例 2-1_加工.mcam"，光盘中同时给出了该示例的工程图供参考。

加工编程过程如下：

步骤 1：启动 Mastercam 软件，打开待加工的 STP 数字模型"例 2-1_模型.stp"。观察工件与世界坐标系的关系，符合编程要求。应用"草图→曲线→所有曲线边界⬚"功能创建上表面边界串连曲线，再用"转换→补正→单体补正⬚"功能获得弧形槽中心线，完成编程串连曲线提取。另外，利用"主页→分析→图形分析⬚"功能等查询几何体的圆角半径、侧壁和凹槽深度等几何参数。

工艺分析，拟定加工过程为"D12 平底刀粗铣外轮廓→D12 平底刀斜插铣削弧形槽→D10 平底刀精铣外轮廓"。装夹方式为平口钳。

步骤 2：进入"铣床"编程模块，创建边界盒立方体毛坯（100mm×80mm×25mm），如图 2-26 所示。

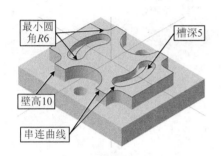

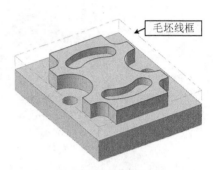

图 2-25　STP 数字模型　　　　　　　图 2-26　创建立方体毛坯

步骤 3：创建粗铣外轮廓的操作 1 "1-外形铣削（斜插）"。具体步骤为：

1）单击"铣床→刀路→2D→2D 铣削→外形"按钮⬚，弹出"串连选项"对话框，以"线框⬚"模式"串连 ⬚"方式选择线段 AB 段靠近 A 端，起点与方向如图 2-27 所示（拟实现逆铣加工），单击"确定"按钮，弹出"2D 刀路-外形铣削"对话框。

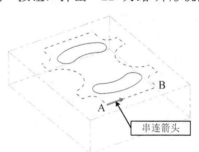

图 2-27　选择串连

2）设置"2D 刀路-外形铣削"对话框各选项，未尽参数一般按默认设置。

① 刀路类型：默认的"外形铣削"刀路。

② 刀具：从刀具库中创建一把 D12 平底铣刀，主轴转速为 3500r/min，进给速率为 400mm/min，下刀速率为 200mm/min。

③ 切削参数：补正方式为"控制器"，补正方向为"右"，壁边预留量为"0.8"，底边预留量为"0"，外形铣削方式为"斜插"，斜插方式为"深度"，斜插深度为"4.0"，勾选"在最终深度处补平"。

④ 进/退刀设置：勾选"进/退刀设置"复选框，参数全部采用默认设置。

⑤ XY 分层切削：勾选"XY 分层切削"复选框，粗切选取"4 次，间距 5.0"，精修为

"0 次"（即不精修）。

⑥ 共同参数：去除"安全高度"和"参考高度"复选框勾选，下刀位置为"8.0"，工件表面为"0"，深度为"-10.0"

⑦ 参考点：进入点/退出点（0，0，150）。实际中根据需要可能还需提高。

3）单击"确定"按钮，获得刀具轨迹（必要时需重新计算更新刀轨），并进行仿真加工，如图 2-28 所示。

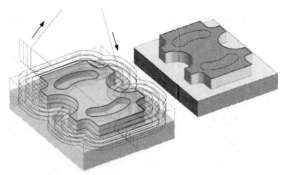

图 2-28　外形斜插粗铣削刀路与仿真

步骤 4：创建弧形槽铣削的"外形铣削（斜插）"操作。具体步骤为：

1）单击"铣床→刀路→2D→2D 铣削→外形铣削"按钮，弹出"串连选项"对话框，"线框"模式"串连"方式选择左侧弧形槽中心线 AB 段靠近 A 端，则选中部分串连，A 点为起点（箭头为绿色），B 点为终点（箭头为红色），如图 2-29 所示。单击"确定"按钮，弹出"2D 刀路-外形铣削"对话框，并创建操作 2"外形铣削（斜插）"。

2）设置"2D 刀路-外形铣削"对话框各选项，未尽参数一般按默认设置。

① 刀路类型：默认的"外形铣削"刀路。

② 刀具：仍然用上述创建的 D12 平底铣刀。

③ 切削参数：补正方式为"关"，壁边预留量为"0"，底边预留量为"0"，外形铣削方式为"斜插"，斜插方式为"深度"，斜插深度为"2.0"，勾选"在最终深度粗补平"复选框。

④ 进/退刀设置：取消勾选"进/退刀设置"复选框。

⑤ XY 分层切削：取消勾选"XY 分层切削"复选框。

⑥ 共同参数与参考点：设置同步骤 3。

3）单击"确定"按钮，获得刀具轨迹（必要时需重新计算更新刀轨），并进行实体仿真加工，如图 2-30 所示。

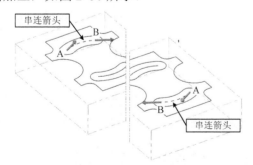

图 2-29　选择串连

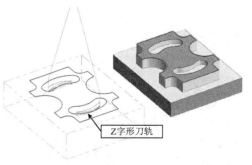

图 2-30　弧形槽斜插铣削刀轨与仿真加工

4）复制一个圆弧槽"外形铣削（斜插）"操作，创建操作 3，重新选择右侧弧形槽中心线，如图 2-29 所示，不用修改各选项参数设置，重新计算更新刀轨即可。弧形槽刀轨与仿真加工如图 2-30 所示。

步骤 5：创建精铣外轮廓的"外形铣削（2D）"操作。具体步骤为：

1）单击"铣床→刀路→2D→2D 铣削→外形铣削"按钮■，弹出"串连选项"对话框，"线框▣"模式"串连⚬⚬⚬"方式选择线段 AB 段靠近 B 端，起点与方向如图 2-31 所示（拟实现顺铣加工）。单击"确定"按钮，弹出"2D 刀路-外形铣削"对话框。

2）设置"2D 刀路-外形铣削"对话框各选项，未尽参数一般按默认设置。

① 刀路类型：默认的"外形铣削"刀路。

② 刀具：从刀具库中创建一把 D10 平底铣刀，主轴转速为 4200r/min，进给速率为 400mm/min，下刀速率为 200mm/min。

③ 切削参数：补正方式为"控制器"，补正方向为"左"，壁边预留量为"0"，底边预留量为"0"，外形铣削方式为"2D"。

④ Z 和 XY 不分层切削。

⑤ 进/退刀设置：勾选"进/退刀设置"复选框，去除"在封闭轮廓中点执行进/退刀"复选框勾选，在"进刀"选项区设置圆弧扫描角度为"0"。单击"传递"按钮■，将设置参数传递给"退刀"选项区。勾选"调整轮廓起始位置"复选框，采用默认的长度"75%"，确认"延伸"单选项有效。单击"传递"按钮■，将设置参数传递给"调整轮廓结束位置"参数设置区。注意：设置的刀路是从 B 点按逆时针方向直线切入/切出切削。

⑥ 共同参数与参考点：设置同上。

3）单击"确定"按钮，获得刀具轨迹（必要时需重新计算更新刀轨），并进行实体仿真加工，如图 2-32 所示。

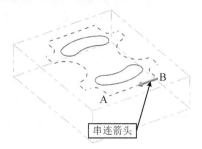

图 2-31　选择串连

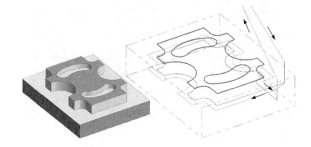

图 2-32　外形精铣刀轨与仿真加工

9. 小结

外形铣削加工策略是 Mastercam 软件中经典的加工刀路之一，其能满足大部分 2D 轮廓铣削的加工要求，应用广泛，但也存在某些不足，现小结如下：

1）外形铣削加工刀路的基础是沿轮廓串连曲线移动加工的刀路，可实现外、内轮廓精铣，借助刀具补正功能，可精确控制尺寸。若关闭补正功能，沿串连曲线移动，可实现断面尺寸等于刀具形状与尺寸的沟槽加工。这里"补正"即数控加工中的刀具半径补偿功能，应用补正功能必须熟练掌握刀具半径补偿原理、指令格式与加工应用知识。

2）外形铣削加工策略虽然经过多年发展，但它的经典特性依旧保存。该加工策略在智能化方面仍显不足，对数控加工原理与工艺知识有所要求，如选择串连曲线的位置决定了起刀/退刀刀路的位置和方向。这里涉及工艺知识，包括"顺铣"与"逆铣"的概念与应用。

3）外形铣削方式选项（斜插、残料、倒角等）是 2D 外形铣削的特殊应用，应逐渐理解掌握。

4）"进/退刀设置"选项是常用的选项，特别是选择"控制器"补正时，其直线段是建立补正的必需，而切线切入/切出的圆弧段是切入点平滑的保证。

5）"XY 分层切削"选项是外形铣削横向粗铣加工的选项，但其往往存在较多的空刀切削，大批量生产时必须考虑，如利用"铣床→刀路→工具→刀路修剪 ✔"功能修剪空刀刀路（参见 3.4.4 节的介绍）。XY 分层切削配合 Z 分层切削可较好地实现粗铣甚至精铣加工。

6）对于平口钳无法装夹的中大型平板类工件，应用螺钉-压板装夹时，"毛头"功能是外形封闭轮廓铣削常用的功能。实际中，毛头余料的清除多采用后续钳工修锉方式完成。

2.2.2 2D 挖槽加工与分析

2D 挖槽加工可控制刀具在指定串连曲线范围内挖除材料（挖槽），非常适合指定串连曲线范围的粗加工甚至配套的轮廓精加工。当指定一条封闭串连曲线时，其可按指定深度去除曲线范围内的材料。当指定两条嵌套的封闭串连曲线时，其除可对两曲线之间的材料进行挖槽加工外，若指定内串连曲线为"岛屿"，则可对"岛屿"部分按指定的深度铣削顶面；或指定外串连曲线为开放形式，允许刀具铣削范围超出外串连曲线，进行开放式挖槽加工。当然，其也配有铣削内拐角残料的功能。

1．标准挖槽加工

标准挖槽是 2D 挖槽加工策略中典型的刀路。这里以图 2-2 所示加工模型的内轮廓柱形 2D 挖槽加工为例，介绍 2D 挖槽加工操作过程。图 2-2 所示加工模型的内拐角圆角半径为 6mm，深度为 10mm，假设外形加工已完成。

（1）编程环境的准备　这里假设已具有"加工模型"和已加工外形的"毛坯模型"的 STP 格式数模。首先启动 Mastercam 软件，打开 STP 格式的加工模型，以"合并"方式导入毛坯模型，其中，可依照个人习惯提取外槽加工串连曲线，如图 2-33 所示。光盘中给出了这三个练习和结果文档"图 2-33_加工模型.stp、图 2-33_毛坯模型.stp和图 2-33_编程模型.mcam"。

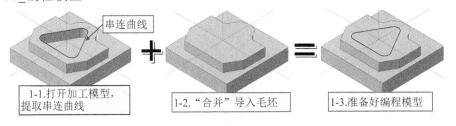

图 2-33　编程环境的准备

（2）加工模块的进入与毛坯设置　单击"机床→机床类型→铣床"按钮下拉列表中的"默认"命令，进入铣床加工模块，画面上多出了一个"刀路"选项卡，刀路操作管理器中创建了一个"机床群组-1"和其下的"刀具群组-1"展开机床群组的属性选项。单击"毛坯设置"标签◇毛坯设置，弹出"机床群组属性"对话框，在"毛坯设置"选项卡中基于实体形状毛坯，设定图 2-33 所示的毛坯模型为加工毛坯。由于实体毛坯显示不好看，因此建议将其设置为不显示，这不影响后续的编程与仿真。

（3）2D 标准挖槽加工　单击"铣床→刀路→2D→2D 铣削→挖槽"按钮▣，弹出"输入新 NC 名称"对话框，单击"确定"按钮，弹出"串连选项"对话框，按图 2-33 所示选择串连加工曲线。单击"确定"按钮后，弹出"2D 刀路-2D 挖槽"对话框，默认为"刀具类型"选项画面。

（4）"2D 刀路-2D 挖槽"对话框设置　主要设置如图 2-34 所示，各选项说明如下：

1）刀路类型：默认"2D 挖槽"有效。另外，下面的图解与外形铣削不同。

2）刀具：与前述画面基本相同，这里从图库创建一把 D10 的平底铣刀。该对话框出现了"RCTF"复选框，RCTF（Radical Chip Thinning Function）又称径向减薄技术，可在保持切削厚度恒定的情况下，进一步提高进给的速度和效率。勾选 RCTF 复选框后，可通过设置每齿进给量和线速度自动计算进给速度和主轴转速。注意，图 2-34 中设置每齿进给量和线速度时上面对应的进给速度和主轴转速会按刀具齿数和直径自动计算。

3）切削参数：根据需要按图 2-34 所示设置即可。这里选择"顺铣"是考虑要进行精铣加工，同时壁边预留量设置为"0"。该选项设置中的外槽加工方式下拉列表有多种选择，注意其用途，后面还会具体介绍。

① 标准：系统默认的挖槽方式，其仅需一根串连曲线，仅铣削曲线内部区域的材料。

② 平面铣：当选择一个串连曲线时，以曲线为加工范围，允许刀具超出边界曲线。当选择两个串连曲线时，仅允许刀具超出外边界曲线，即加工阶梯形柱体外轮廓形状。

③ 使用岛屿深度：需选择两根串连曲线，其中中间的封闭曲线可作为岛屿，加工出不同的切削深度。

④ 残料：可对前期挖槽加工内拐角处留下的残料进行加工。

⑤ 开放式挖槽：选择的串连曲线没有封闭，类似于开放的槽，开放部分允许刀具超出一定距离。

4）粗切：可选项，提供多种粗铣加工的铣削方式。注意，选择的铣削方式不同，刀轨不同，实际选择要充分考虑切削原理与制造工艺等方面的知识。

5）进刀方式：其实质为下刀方式，有"关""斜插"和"螺旋"3 种单选。本例采用"螺旋"下刀，最小半径为"30%"，最大半径为"50%"，设置画面参见图 1-42，本例图解略。

6）精修：2D 挖槽加工允许将精铣加工与粗铣加工设置在同一个操作中。本例精修 1次，采用"控制器"补正，提高了转速，不勾选"薄壁精修"。

7）进/退刀设置：设置画面同"外形铣削"。这里采用默认设置，本例图解略。

8）Z 分层设置：设置画面同"外形铣削"。若仅为观察外槽铣削刀路特点，则可用不分层加工，对于本例 ϕ10mm 的平底铣刀加工 10mm 深度的槽，建议分层加工。设置参数为最大粗切步进量"3.0"、精修次数"1"、精修量"1.0"，勾选"不提刀"。本例图解略。

9）贯通：不勾选。本例图解略。

10）共同参数：去除"安全高度"和"参考高度"复选框勾选，设置参数为下刀位置"8.0"、工件表面"0"、深度"-10.0"。本例图解略。

11）参考点：进入点/退出点（0，0，150）。本例图解略。

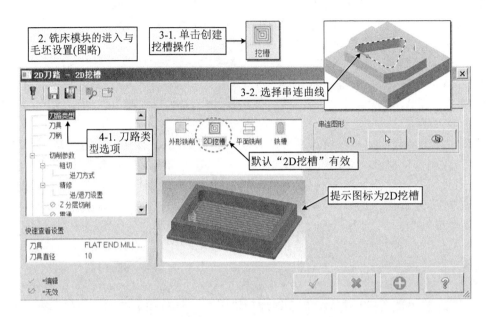

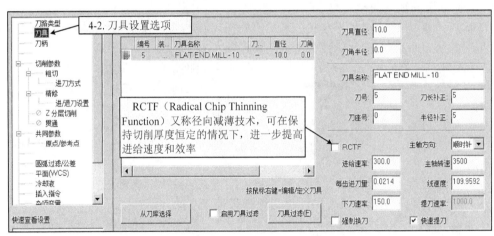

图 2-34 "2D 刀路-2D 挖槽"对话框"标准"铣削方式主要参数设置图解

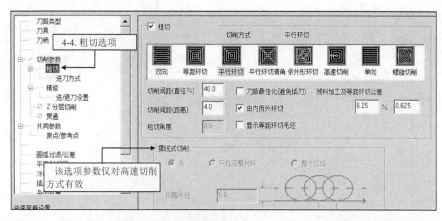

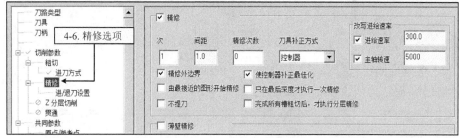

图 2-34 "2D 刀路-2D 挖槽"对话框"标准"铣削方式主要参数设置图解（续）

（5）生成刀路并实体仿真 单击"2D 刀路-2D 挖槽"对话框右下角的"确定"按钮，获得刀具轨迹（必要时需重新计算更新刀轨），如图 2-35 所示。标准挖槽的结果文件参见光盘文档"图 2-35_标准挖槽加工.mcam"。

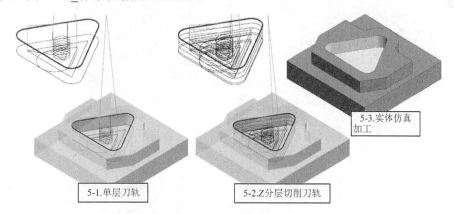

图 2-35 2D 标准挖槽刀具轨迹与实体仿真加工

2．2D 挖槽加工的平面铣方式

2D 挖槽加工的平面铣方式根据选择的串连曲线的数量不同，加工结果不同。以下仍以图 2-2 所示的加工模型为例，提取出的顶面外轮廓曲线和底面毛坯轮廓横截面曲线如图 2-36 所示，创建的立方体毛坯上表面留有 1mm 的加工余量。注意，2D 铣削加工的串连曲线无所谓是否在同一平面上，其设计加工深度取决于"共同参数"设置。

（1）单串连曲线平面铣削方式　操作过程与上述的标准挖槽基本相同，不同点如下：

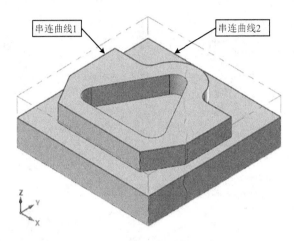

图 2-36　2D 挖槽平面铣削方式加工模型

1）加工串连曲线仅选择图 2-36 中的"串连曲线 1"。

2）"切削参数"选项设置如图 2-37 所示。

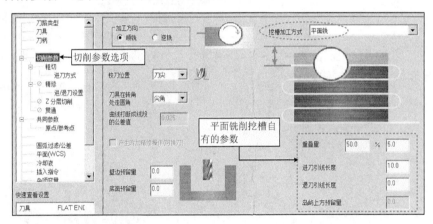

图 2-37　单串连曲线平面铣削方式挖槽切削参数设置图解

3）"粗切"选项设置中的切削方式，本例选择"等距环切"，切削间距（直径%）为"50"，取消勾选"由内而外环切"复选框（该选项导致下刀方式的设置均为直接下刀）。

4）取消"精修"复选框勾选。平面铣削不需要精修侧壁。

（2）两串连曲线平面铣削方式　操作过程与单串连曲线平面铣削方式基本相同，不同点如下：

1）加工串连曲线选择了图 2-36 中的"串连曲线 1"和"串连曲线 2"两根曲线。

2）"切削参数"选项设置如图 2-38 所示，其不同点如图中圈出部分。首先，若选择精修，则外轮廓也有一条精修刀路，没必要，同时集成在挖槽操作的精铣刀路不如另外单独安排一个外形铣削精加工刀路灵活，故这里仅粗铣加工，预留了壁边余量。其次，重叠量选择得稍大，目的是为了在毛坯侧壁余量较小处也能产生刀轨，实现切削加工。

3）"粗切"选项设置中的切削方式，本例选择"等距环切"，切削间距（直径%）减小

至 "40"，主要考虑本例背吃刀量较大的缘故。

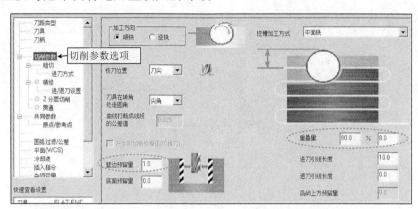

图 2-38　两串连曲线平面铣削方式挖槽切削参数设置图解

（3）刀具路径与实体仿真加工（见图 2-39）　从两串连曲线平面铣削方式挖槽加工刀路与实体仿真可见，其对外轮廓粗铣加工基本无空刀路，加工效果远好于外形铣削 XY 分层粗铣加工刀路。结果文件参见光盘文档 "图 2-39_挖槽_平面铣加工.mcam"。

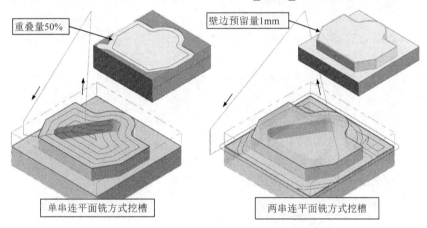

图 2-39　2D 挖槽平面铣削方式加工刀轨与实体仿真加工

3．含岛屿的挖槽加工

对于 2D 挖槽 "标准" 挖槽方式加工，若加工串连曲线同时选择了两根嵌套的串连曲线时，其铣削区域为两串连曲线之间的材料，这时中间的剩余材料可以认为是一个岛屿，但标准挖槽并不能对岛屿上表面按不同的深度进行加工。为此系统设置了 "使用岛屿深度" 挖槽方式，可在挖槽的同时将岛屿按顶面深度进行平面加工。

图 2-40 所示为某 2D 加工模型。外壁内轮廓为 "串连 1" 曲线，深度为 0，内方形岛屿外廓 "串连 2" 曲线深度为 4mm，内壁最小圆角 R8mm，高度为 10mm，另外，准备了 "串连 2" 上移 4mm 至深度 0 的 "串连 3"（虚线）。毛坯设置为边界盒立方体。现拟采用 D12 平底铣刀进行粗加工，壁边预留量为 0.8mm，槽底与岛屿顶面不预留加工余量。

"标准" 挖槽方式加工编程过程简述如下：

1）首先，按前述的 "标准" 挖槽方式步骤，按图 2-41 所示分别选择 "串连 1" 和

"串连 2",建立一个"2D 挖槽(标准)"的操作,"2D 刀路-2D 挖槽"对话框主要选项设置如下:

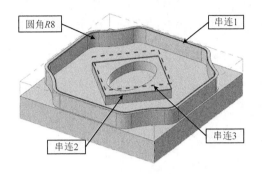

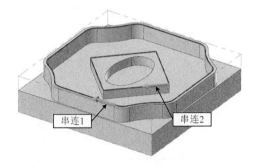

图 2-40   2D 挖槽使用岛屿深度方式加工模型   图 2-41   加工串连的选择

① 刀路类型:2D 挖槽。

② 刀具:D12 平底铣刀,切削参数自定。

③ 切削参数:加工方向为"顺铣",挖槽加工方式为"标准",壁边预留量为"1.0"。

④ 粗切:切削方式为"平行环切",切削间距(直径%)为"50.0",勾选"由内向外环切"。

⑤ 进刀方式:螺旋下刀,最小半径为"50%",最大半径为"100%"。

⑥ 精修:不勾选,即不精修,则其下的"进/退刀设置"无效。

⑦ Z 分层切削:这里主要观察挖槽刀轨,暂时按不分层处理,实际中根据需要设置。

⑧ 贯通:不勾选,即不贯通。

⑨ 共同参数:去除"安全高度"和"参考高度"复选框勾选,下刀位置为"6.0",工件表面为"0",深度为"−10.0"。

⑩ 参考点:进入点/退出点(0,0,150)。

2)按此设置后的刀轨及实体仿真如图 2-42 所示,岛屿顶面未生成刀轨,无加工。

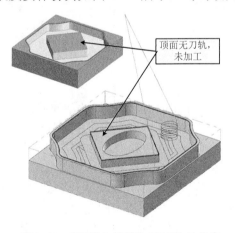

图 2-42   "标准"挖槽加工刀轨及仿真

"使用岛屿深度"挖槽加工方式编程过程简述如下:

在图 2-42 编程的基础上,单击"2D 刀路-2D 挖槽"对话框中的"切削参数"选项标签，按图 2-43 所示进行设置。注意，"岛屿上方预留量"是基于岛屿轮廓的 Z 坐标为基准的深度值，如本例直接选择了岛屿上方的"串连 2"，且不留余量，因此其参数值为 0（系统会自动判定，不用设置）。若加工串连未按图 2-41 所示选择串连，而是选择"串连 3"替代"串连 2"，则这里的设置值为"−4"时，生成的刀轨是完全相同的。按此方式设置的刀轨及实体仿真加工如图 2-44 所示。光盘中中给出了练习和结果文件"图 2-44_挖槽_含岛屿_加工模型.stp 和图 2-44 挖槽_含岛屿加工.mcam"供学习参考。

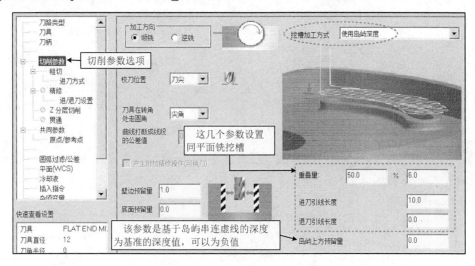

图 2-43　"使用岛屿深度"挖槽加工"切削参数"选项参数设置

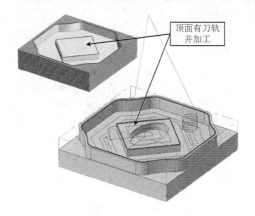

图 2-44　"使用岛屿深度"挖槽加工刀轨及实体仿真加工

4．开放式挖槽加工

开放式挖槽加工是标准挖槽加工方式的一种扩展，其串连曲线为开放式曲线（不封闭曲线），对开放部分类似于平面铣削适当延伸了一段距离。对于这种开放式串连曲线，外形铣削通过 XY 分层切削似乎也能实现，但刀具路径有较多的空刀路，且智能化程度略低，人工干预的程度较高。以下以例 1-1 所示呆扳手开口部分开放式串连曲线的铣削加工为例进行分析。

图 2-45 所示为开放式挖槽与外形铣削 XY 分层切削加工的刀路比较，清晰可见，外形铣削刀路每一层均包含进刀/退刀程序段，空刀较多，而开放式挖槽仅最后的精修有一刀，而且这一刀是用于建立刀补与切削切入/切出的刀轨，是必需的，此两刀路加

工效果基本相同。图 2-45 所示的结果参见光盘文档"图 2-45 挖槽_开放式加工.mcam"，打开该文档，可见到两个操作和一个模型，通过刀路显示/隐藏按钮▧等分别显示两种不同加工策略的刀轨。

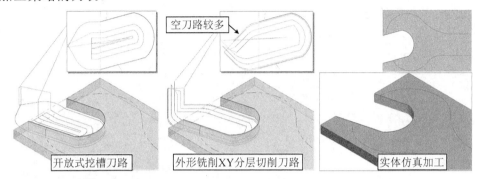

图 2-45　开放式挖槽刀路、外形铣削 XY 分层切削加工刀路与实体仿真加工

图 2-46 所示为图 2-45 所示的开放式挖槽加工的"切削参数"选项的参数设置项目及参数值。开放式挖槽加工的自身特有参数设置主要是"挖槽加工方式"的选择和开放部分刀轨延伸出的叠加量。

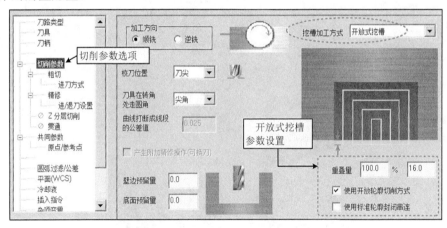

图 2-46　开放式挖槽加工"切削参数"选项设置

5. 挖槽加工残料铣削方式

粗加工时，为提高加工效率，常常采用直径较大的刀具，若刀具半径超过工件上内拐角圆角半径时，在这个内拐角处必然存在较多的未加工材料，这些材料称之为残料。对于这些残料，2D 挖槽加工方式中专门设置了这样一种加工策略，可快速地将其去除。

图 2-47 所示为 2D 挖槽残料铣削方式加工示例。结果文件参见光盘文档"图 2-47_挖槽_残料加工.mcam"。操作简述如下。

操作 1：选择 D16 平底铣刀、2D 标准挖槽加工（参照图 2-47）。切削参数设置为"标准挖槽加工方式，壁边预留量 0.8mm"；粗切选择"高速切削方式，切削间距为直径的 40%，由内而外环切"；进刀方式选择"斜插，最小长度 50%，最大长度 100%"；精修选择"1次，间距 1.0，刀具补正方式为电脑"；进/退刀设置选择"圆弧扫描角 120°，其余为默认"。实体仿真加工后可见圆角处有残料。

操作 2：执行"铣床→刀路→工具→毛坯模型▼→毛坯模型■"命令，创建操作 1 加工后的毛坯模型。图 2-47 中显示的毛坯模型与加工模型重叠，但可见圆角处有残料。

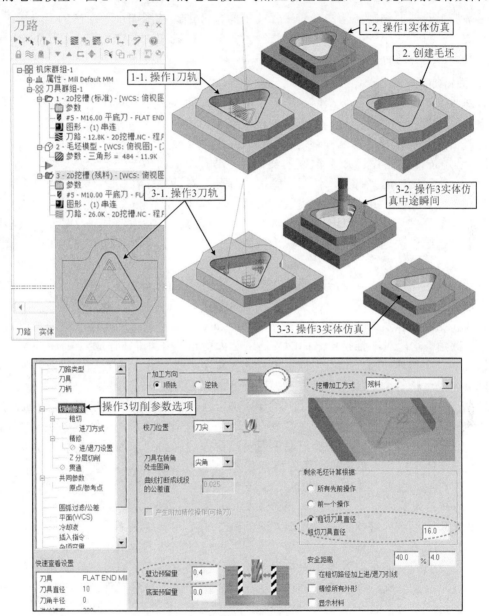

图 2-47　2D 挖槽残料铣削方式加工示例图解

操作 3：创建或复制操作 1，重新编辑。设置的参数有：刀具"D10 平底铣刀"；切削参数"剩余毛坯计算根据为粗切刀具直径，壁边预留量 0.4"；粗切"切削方式为平行环切，切削间距为刀具直径的 15%"；精修"1 次，间距 1.0，刀具补正方式为电脑"，勾选"精修外边界"复选框；Z 分层切削"最大粗切步进量 3.0，精修次数 1，精修量 1.0"。实体仿真加工时，中途瞬间可看到 Z 分层加工，仿真结束后可看到直边和圆角处的加工余量不同，主要考虑后续精铣加工时圆角处的切削力稍大的原因。

2.2.3 面铣加工与分析

面铣加工即平面铣削加工，是对工件的平面特征进行铣削加工。面铣加工一般采用专用的面铣刀，对于较小平面也可考虑用直径稍大的平底铣刀。面铣加工一般选择一个或多个封闭的外形边界进行加工。

1．面铣加工

面铣加工的设置并不复杂，但做出一个可视性好的 Mastercam 文档，向他人介绍自己的加工方案还是有一定难度的。以下以冲模下模座平面铣削为例进行讨论。

（1）已知条件以及基本编程环境的创建（见图 2-48）

1）已知条件。假设已知下模座的 STP 格式的加工模型"下模座_模型.stp"，启动 Mastercam 软件，单击"打开"按钮，弹出"打开"对话框，在文件类型下拉列表中选择"STEP 文件（*.stp;*.step）"文件类型，选择"下模座_模型.stp"文件，单击"打开"按钮，导入 STP 格式下模座模型，然后另存为"下模座_加工.mcam"加工文档。有兴趣的读者可基于"建模"选项卡中"颜色"选项区的相关按钮对工件加工面和非加工面设置不同的颜色，以增强可读性。

2）毛坯模型的准备。在打开的加工模型上，提取孔的边界曲线，基于"实体"选项卡中的"拉伸⬚"功能填补两个导柱孔；基于"建模"选项卡中的"推拉"功能，将上面的顶面（和底面）以及凸台面向上拉伸 3mm 的加工余量；基于"实体"选项卡中的"固定半径倒圆角"功能对新推拉出来面的周边倒圆 R3mm（相当于铸造圆角）；将模型另存为 STP 格式的"下模座_毛坯.stp"文件备用。这一步主要是创建一个类似于铸造件的毛坯。如有兴趣，也可将整个毛坯表面设置为相同的非加工面颜色。

3）基本加工环境的创建。在步骤 1）导入加工模型并另存为"下模座_加工.mcam"加工文档的基础上，基于"文件→合并"命令导入毛坯模型，基于"草图"选项卡"曲线"选项区的"所有曲线边界⬚"功能提取顶面及凸台面边界曲线作为后续编程的串连曲线。进入"铣床"加工模块，单击机床组件属性下的"毛坯设置"标签，弹出"机床组件属性"对话框，在"毛坯设置"选项卡"形状"区选中"实体"单选按钮，单击其右侧的"选择"按钮⬚，选择导入毛坯模型"下模座_毛坯.stp"，创建加工毛坯。默认的毛坯显示为"线框"显示，其屏幕上显示的栅格形式的模型（参见图 2-48）可视性较差，即使改为"实体"显示可读性也不太好，因此建议去除毛坯"显示"的勾选，即不显示毛坯模型，这不会影响后续"实体仿真⬚"加工的效果。为增强可读性，最后的编程环境是仅显示加工模型、串连曲线的显示状态，这其中可充分利用"图层"操作管理器，将工件、毛坯和串连曲线等设置在不同的图层上，便于显示与否的控制。

图 2-48　已知条件及基本编程环境的创建

（2）顶面"面铣"加工操作的创建（见图 2-49）

1）创建面铣操作。单击"铣床→刀路→2D→2D 铣削→面铣 4"按钮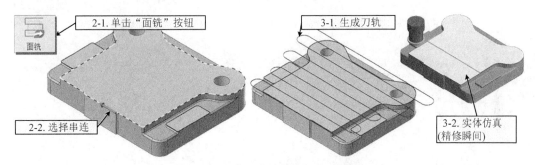，弹出"选择串连"对话框，选择顶面边界曲线为串连，单击"确定"按钮，弹出"2D 刀路-平面铣削"对话框。

2）"2D 刀路-平面铣削"对话框各选项设置如下：

① 刀路类型：默认为"面铣"。

② 刀具：从刀库中创建一把直径为 42.0mm 的面铣刀（FACE MILL–42/50），设置为主轴转速 1500、进给速率 300.0、下刀速率 150.0 等。

③ 切削参数：切削参数设置如图 2-49 所示。主要参数为：铣削类型"双向"，底面预留量"0.3"（后续工序的磨削余量），两切削间移动方式"高速回圈"。其余参数见图。

④ Z 分层切削：最大粗切步进量设置为"2.0"，精修次数设置为"1"，精修量设置为"1.0"，勾选"不提刀"。

⑤ 共同参数：去除"安全高度"和"参考高度"复选框勾选，下刀位置设置为"10.0"，工件表面设置为"3.0"，深度设置为"0.0"。

⑥ 参考点：进入点/退出点（0，0，200）。

3）生成刀路并实体仿真。单击"2D 刀路-平面铣削"对话框右下角的"确定"按钮，获得刀具轨迹（必要时需重新计算更新刀轨）。单击"实体仿真"按钮进行实体仿真。

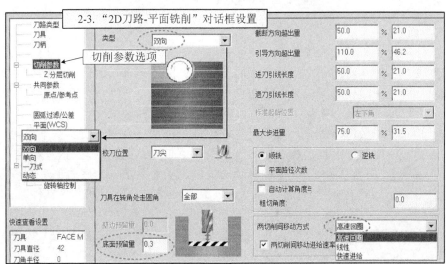

图 2-49　顶面"面铣"铣削操作图解

（3）凸台面"2D 挖槽（平面加工）"加工操作的创建（见图 2-50） 凸台面由于侧面空间太小，这里采用 2D 挖槽中的"平面铣"挖槽加工方式铣削加工，具体操作参见前述介绍。这里仅说明主要设置。

1）同时选择两凸台顶面的边界线为加工串连。

2）刀具：从刀库中选择一把 D16 平底铣刀。

3）切削参数：挖槽加工方式设置为"平面铣"，底面预留量设置为"0"。

4）粗切：切削方式设置为"等距环切"，切削间距（直径%）设置为"50.0"，取消"由内而外环切"勾选。

5）不精修，深度 Z 不分层，不贯通。

6）共同参数：去除"安全高度"和"参考高度"复选框勾选，下刀位置设置为"10.0"，工件表面设置为"-7.0"，深度设置为"-10.0"。

7）参考点：同步骤（2）。

光盘中给出了练习和结果文件"下模座_模型.stp、下模座_毛坯.stp 和下模座_加工.mcam"供学习参考。

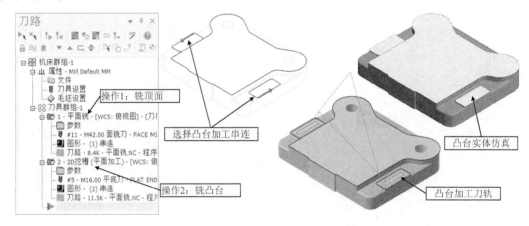

图 2-50　凸台顶面 2D 面铣加工说明

2．双面面铣加工

上述上模座的底面还未加工，其面铣编程与顶面的基本相似，差异主要在工作坐标系的位置和方位。另外，对同一个零件中不同坐标系上的加工部位，还需在同一个文档中编程。这里涉及"视图面板"的应用。下面仍以上模座为例，在同一个文档中完成底面和顶面的面铣加工，加工工艺为先加工底面，然后加工顶面及凸台。

（1）已知条件以及基本编程环境的创建　创建方法与图 2-48 所示基本相同，差异有两点：一是毛坯模型是一个顶面和底面均"推拉"了 3mm 加工余量的实体模型，做完后另存为"下模座_双面毛坯.stp"文件备用；二是加工文件多了一个底面加工的内容，因此假设其另存为文件"下模座_双面加工.mcam"。光盘中给出了练习和结果文件"下模座_模型.stp、下模座_双面毛坯.stp 和下模座_双面加工.mcam"供学习参考。

（2）底面"面铣"加工操作的创建　从上述另存盘的包含加工模型和毛坯模型的"下模座_双面加工.mcam"文件开始，具体如下所述。

1）工作坐标系（WCS）的创建（见图 2-51）。由图 2-48 可见，默认的工作坐标系是在工件顶面，方向离开顶面方向。而下表面加工，其坐标系 Z 方向正好相反，为此，拟建立一个 X、Y 坐标不变，Z 向零点位于底面上，方向远离底面方向的工作坐标系（WCS），具体步骤如图 2-51 所示。

① 单击操作管理器中的"平面"标签，切换至"平面"操作管理器，执行"创建平面▾→依照实体面"命令，弹出"选择实体面"操作提示。

② 调整模型底面至适当的视图位置，选择底面，显示坐标指针并弹出"选择平面"对话框，单击"下一个面"按钮 ▸，调整坐标指针至所需位置（注意 X 轴指向右侧）。

③ 在"新建平面"对话框中，修改名称为"底面"，修改原点坐标为（0，0，45.0）（注意：45.0 是底面在世界坐标系中的 Z 坐标）。

④ 单击"新建平面"对话框中的"确定"按钮，创建名称为"底面"的工作坐标系（WCS）（这也是后续编程的工作坐标系）。同时在"平面"操作管理器下部生成了一个"底面"名称的新建平面，这个"底面"平面即为加工底面的工作坐标系。

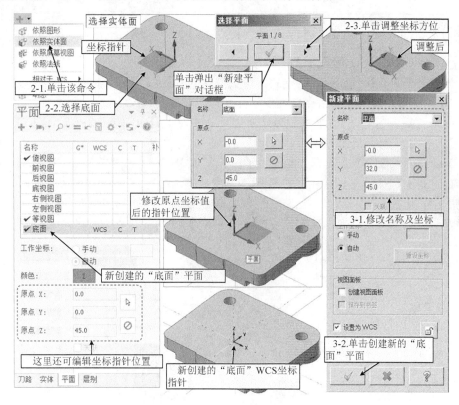

图 2-51　底面工作坐标系的创建

2）底面"面铣"加工操作的创建。如图 2-52 所示，操作过程参见顶面"面铣"加工操作的创建，这里以未提取底面边界曲线而采用"实体"模式"串连"方式选择底面边界为串连方式介绍。另外，在"2D 刀路-平面铣削"对话框中，建议查看"平面（WCS）"选项，必须确保工作坐标系为"底面"平面，同时刀具平面和绘图面也为"底面"。当然，若按图 2-51 中"平面"操作管理器列表中设置的当前"底面"为"WCS、C、T"，则这一步一般也不会错。具体操作过程略。

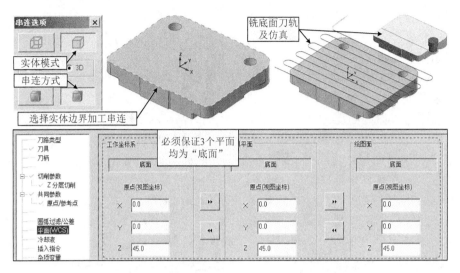

图 2-52 底面"面铣"加工操作的创建

（3）顶面"面铣"加工操作的创建

1）创建一个新的视图面板。创建新的"视图面板"是为了后续顶面"面铣"加工操作不影响已创建的底面"面铣"加工操作的观察。操作图解如图 2-53 所示。创建过程简述如下：

① 首先，将视窗右下角的"视图面板 1"更名为"底面加工"。然后，创建一个新的视图面板，并命名为"顶面加工"（确保其为当前视图面板）。

② 隐藏底面加工刀轨，设置当前的"俯视图"为"WCS"，同时"C"和"T"跟踪"WCS"。

③ 右击弹出快捷菜单，单击"等视图"命令；单击"视图→显示→显示指针"按钮，便于观察工作坐标系（WCS）、绘图平面和刀具平面指针等；观察可见"顶面加工"视图面板的视窗中显示顶面朝上，其工作坐标系（WCS）与前述顶面"面铣"加工操作相同。

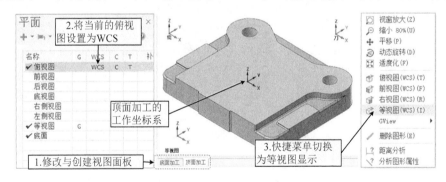

图 2-53 新建视图面板操作图解

2）在同一文档中继续创建顶面"面铣"机床群组与加工操作。图 2-53 所示的新创建的"顶面加工"视图面板可开始新的顶面"面铣"加工机床群组和加工操作的创建，创建过程基本重复前述顶面"面铣"加工，但机床群组属性下的"毛坯设置"应采用与底面加工相同的上、下面均"推拉"了加工余量的毛坯实体。整个操作过程略。

（4）底、顶面双面面铣加工文档的结构分析 图 2-54 所示为上述在同一文档中建立两个"机床群组"并建立不同的工作坐标系加工不同表面的示例。图中可看到"机床群组-铣底面"和"机床群组-铣顶面等"两个机床群组。其中,"机床群组-铣底面"下的"刀具群组-1"下有一个"1-平面铣"操作,其是铣削底面的;而"机床群组-铣顶面等"下"刀具群组-2"下有两个操作,"2-平面铣"是铣削顶面,"3-2D 挖槽(平面加工)"是铣削两个凸台的。

下面开始加工操作练习,试一试效果。

1)铣削底面操作练习(见图 2-54)的操作方法如下所述:

① 单击视窗左下角的"底面加工"视图面板标签,可看到视窗中显示的是"底面"平面工作坐标系的"等视角"视图。

② 单击刀路管理器中的"机床群组-铣底面"标签,激活其为当前状态,可看到"1-平面铣"被选中,此时,可对该操作进行相关操作,如刀具路径的"显示与隐藏","路径模拟"与"实体仿真"操作等,参见图 2-54。图中的实体仿真显示了仿真前、仿真中途和仿真完成三张图。

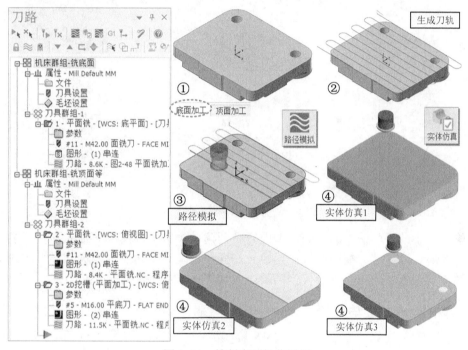

图 2-54　铣削底面操作图解

2)铣削顶面等操作练习(见图 2-55)与铣削底面操作基本相同,操作方法如下所述:

① 单击视窗左下角的"顶面加工"视图面板标签,可看到视窗中显示的是"俯视图"平面工作坐标系的"等视角"视图。

② 单击刀路管理器中的"机床群组-铣顶面等"标签,激活其为当前状态,可看到"2-平面铣"和"3-2D 挖槽(平面加工)"两操作均被选中,此时,可对这两个操作进行相关操作,如刀具路径的"显示与隐藏","路径模拟"与"实体仿真"操作等,参见图 2-55。图中显示了仿真前以及铣削顶面和凸台的仿真瞬间。

学习至此,读者可回顾一下该模型双面铣削加工编程的知识点。

1)演示了如何在工件上指定点建立工作坐标系。创建原理与方法可参见 1.4.1 小节中的介绍。

2)介绍了"视图面板"的创建与应用。

3）介绍了如何在一个文档中建立两个"机床群组"，分别用不同的工作坐标系加工平面的加工编程方法，并介绍了如何操作演示。

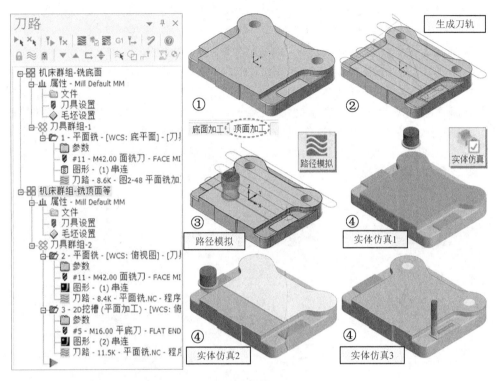

图 2-55　铣削顶面等操作图解

小结：本小节"面铣"加工的基本内容是创建单个平面的面铣加工编程。后续的工作坐标系（WCS）的创建、视图面板的创建和在同一个文档中建立两个机床群组的加工编程方法等属于知识拓展的应用，若仅为学习面铣加工操作可不学习这部分内容。

2.2.4　键槽铣削加工与分析

键槽铣削加工是专为加工平键槽而开发的加工策略，可认为是挖槽的特例。键槽加工操作较为简单，以下通过一个实例进行讨论。已知：轴径 ϕ40mm，键槽长度 52mm，宽度 12mm，深度 5mm，如图 2-56 所示。

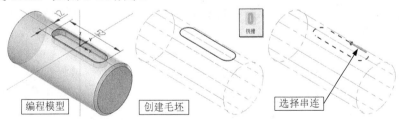

图 2-56　键槽加工实例

编程操作过程简述如下：

（1）前期工作（见图 2-56）　创建编程模型，并另存盘为"键槽铣削_模型.mcam"用作加工编程练习。同时，再另存盘一个文档"键槽铣削_加工.mcam"用作加工编程练习。
光盘中分别给出了这两个练习和结果文件供学习参考。建立空白的"键槽铣削_加工.mcam"
文件后，首先是进入铣削模块，创建圆柱体毛坯，单击"铣床→刀路→2D→铣槽"按钮，
进入键槽铣削加工策略，选取键槽边界串连（见图 2-56），再单击"确定"按钮，弹出"2D
刀路-铣槽"对话框。

（2）铣槽加工主要参数选项设置　在"2D 刀路-铣槽"对话框中按图 2-57 所示进行设置。

1）刀路类型：铣槽。

2）刀具：D8 平底刀（FLAT END MILL-8），切削用量等自定。

3）切削参数：补正方式设置为"控制器"，补正方向设置为"左"，进/退刀圆弧扫描
角设置为"45°"，重叠量设置为"1.0"，壁边与底面预留量设置为"0.0"。

4）粗/精修：勾选"斜插进刀"，进刀角度设置为"2.0"，粗切步进量取刀具直径的 50%
（即 4.0），精修 1 次，间距设置为"0.5"（即余量 0.5mm）。

5）共同参数：下刀位置设置为 5.0mm，工件表面设置为 0，深度设置为-5.0mm。

6）参考点：程序进入点与退出点重合，坐标（0，0，100）。

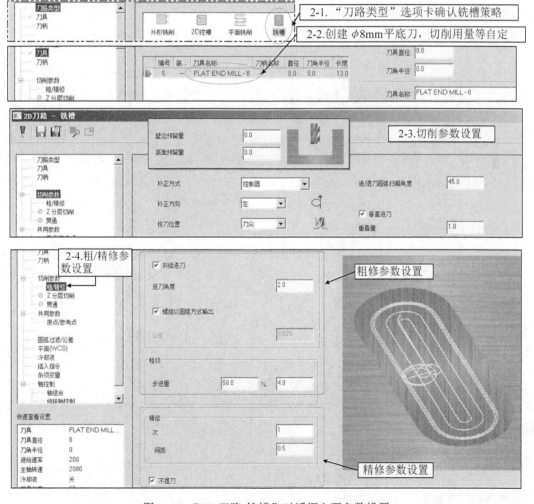

图 2-57　"2D 刀路-铣槽"对话框主要参数设置

（3）生成刀路，实体仿真 单击"2D 刀路-铣槽"对话框下的"确定"按钮，生成刀具轨迹，并可进行路径模拟与实体仿真。图 2-58 所示为刀具轨迹与实体仿真。

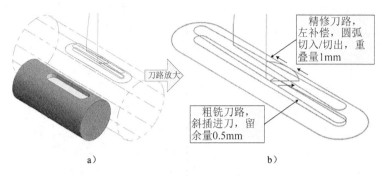

精修刀路，左补偿，圆弧切入/切出，重叠量1mm

粗铣刀路，斜插进刀，留余量0.5mm

a)   刀路放大   b)

图 2-58 刀具轨迹与实体仿真

铣槽刀路分析：如图 2-58b 的刀具轨迹放大图所示，其粗铣刀路是以斜插方式沿键槽边界斜坡进刀，且进刀角度可设，效果较好。精铣采用外形铣削刀路，一般设置为控制器补正，可较好的控制加工精度。

2.2.5 2D 雕铣加工与分析

2D 雕铣加工可用于阴、阳文字及图案的雕刻等。在参考文献[1]中介绍了文字的雕铣加工。现有大部分资料在介绍文字雕刻时均是直接利用"草图"选项卡"形状"选项区的"文字Ａ"功能创建系统自带的字体轮廓线进行编程，这种方法无新意，不能适合手写体文字的雕刻，实际上手写体的雕铣核心是将光栅图文档（如*.bmp、*.png、*.jpg 等）转化为矢量图文档，从而提取出字体的轮廓曲线。这里以 Mastercam 中 Art 模块的"栅格转矢量⬛"功能提取轮廓线，然后开始 2D 雕铣加工编程。注意，Art 模块必须是在软件安装时勾选的安装项目，安装汉化后会产生一个"浮雕"功能选项卡。

1. 手写字轮廓曲线的提取

（1）手写字体分析 手写字体数字化后常见为光栅图格式，属于点阵图，由无数个小点构造而成，其是无法用于数控编程的。为此，需要将其转化为矢量图，这个转化过程是系统自动识别边界而生成的，因此，手写字体文字图案的边界越清晰，提取效果越好，否则，后续的修改非常费事。

（2）手写体文字轮廓曲线的提取 如图 2-59 所示，操作过程简述如下。

1）首先，必须要有手写体的文字图案。读者可用自己单位的名称或 Logo 标志进行练习。光盘中给出了一个校名文档"校名手写字体图.bmp"供学习和练习。

2）启动 Mastercam 2017 软件，在"浮雕"选项卡"描线"选项区单击"栅格转矢量"按钮⬛，弹出"打开"对话框，找到欲转换的文字图案文档，单击"打开"按钮，弹出"黑色/转换成白色"对话框。

3）观察右侧图案的清晰度，必要时调整中间的刻度尺。单击"确定"按钮，弹出"Rast2Vec"对话框（Rast2Vec 意思是 raster graphic into a vector，光栅图转矢量图）。单击

"确定"按钮，弹出"调整图形"对话框，可进一步调整该图线质量。单击"确定"按钮，弹出操作提示"您确实要退出 Rast2Vec 吗？"，单击"是"按钮，系统自动根据光栅图计算转换为矢量图，在窗口可看到转化后的矢量图。将转换结果存盘为"校名轮廓矢量图.mcam"，与光盘中同名的结果文件进行比较。

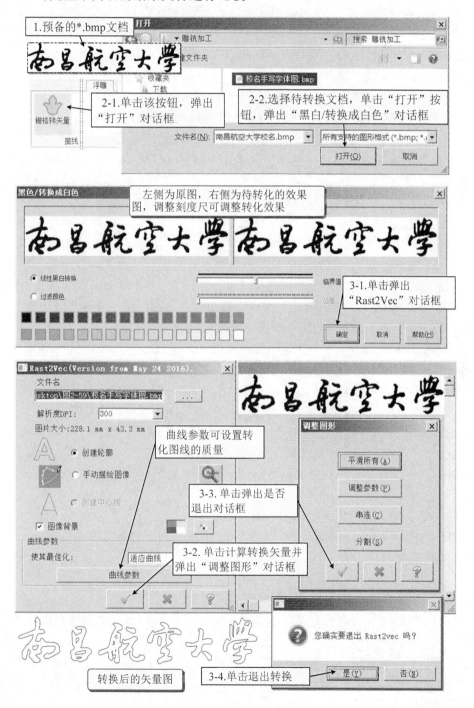

图 2-59 光栅图转矢量图操作过程图解

2. 2D 雕铣加工

（1）2D 雕铣加工与分析　以上转化矢量图的大小取决于原光栅图的大小，因此编程前应按所需尺寸大小缩放编程图线。2D 雕铣加工需要注意，雕铣虽然属于数控铣，但刀具与切削用量有特点，其刀具一般为锥度刀，刀尖直径很小，刀库中一般没有，需要自己创建（参见 1.4.4 小节的内容），在切削用量选择上，雕铣加工一般遵循高转速、小切深、大走刀的原则。

2D 雕铣编程加工主要有三种形式，即阴字、阳字与字轮廓雕铣，在串连选择上，一般采用"窗选"方式 □ 选择全部串连，然后按操作提示选择串连上的一个点即可。

（2）2D 雕铣加工编程　如图 2-60 所示，操作过程简述如下。

1）编程几何模型的准备。首先按所需尺寸绘制一个图框，然后利用"转换→比例→比例 □"功能，尝试以适当的缩放比例将文字缩放至合适大小并移动至适当位置。

2）编程环境的创建。执行"机床→铣床▾→默认（D）"命令，进入铣床编程模块。单击"刀路"操作管理器"机床群组"属性下的"毛坯设置"标签 ◇毛坯设置，在弹出的"机床群组属性"对话框"毛坯设置"选项卡中单击"选择对角"按钮 选择对角(E)，依据文字图形绘制适当大小的矩形并设置毛坯厚度为 1mm，创建加工毛坯。

3）阴字雕铣加工，如下所述。

① 单击"铣床→刀路→2D→2D 铣削→木雕"按钮 ▥，弹出"串连选项"对话框，利用"线框 ▱"模式"窗选 □"方式窗选图 2-60 中序号①处的所有文字（注意不要选择图框），按操作提示选择"南"字左侧某点为串连曲线起点并选中整个字体曲线串连，单击"串连选项"对话框下的"确定"按钮，弹出"木雕"对话框。

② 在"刀具参数"选项卡中创建一把锥度刀（刀尖直径 0.2mm，锥度半角 15°，刀柄直径 4mm），并设置相关参数。

③ 在"木雕参数"选项卡中，去除"安全高度"和"参考高度"复选框勾选，设置下刀位置为"3.0"、工件表面为"0.0"、深度为"-0.2"、XY 预留量为"0"等。

④ 在"粗切/精修参数"选项卡中，勾选"粗切"复选框，选择"环切并清角"加工策略，勾选"先粗切后精切"复选框，切削图形选择"在深度"单选项等。

⑤ 单击"确定"按钮，获得刀具轨迹（必要时需重新计算更新刀轨）。单击"实体仿真"按钮进行实体仿真。

4）阳字雕铣加工，与阴字雕刻的差异简述如下。

① 操作方法同阴字雕铣加工，窗选图 2-60 中序号②处的所有文字和框线（注意必须包含图框同时选中）。

②"刀具参数"选项卡设置同阴字雕铣加工。

③"木雕参数"选项卡设置同阴字雕铣加工。

④"粗切/精修参数"选项卡设置。加工策略设置为"双向"，切削图形选择"在顶部"单选项等。

5）字体轮廓雕铣加工，其实质是利用"外形"铣削加工策略，关闭刀具补正，关闭进/退刀设置等的铣削加工，具体操作略。光盘中给出了一个示例结果文件"图 2-60_雕铣加工.mcam"供学习参考。

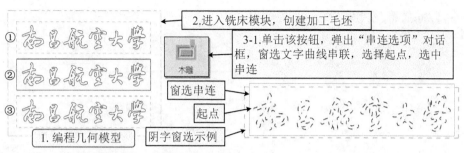

① 南昌航空大学
② 南昌航空大学
③ 南昌航空大学

1. 编程几何模型

2.进入铣床模块，创建加工毛坯

3-1.单击该按钮，弹出"串连选项"对话框，窗选文字曲线串联，选择起点，选中串连

木雕

窗选串连

起点

阴字窗选示例

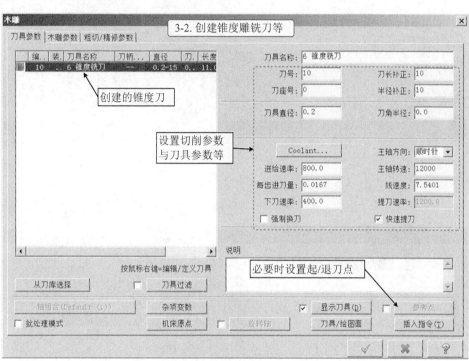

图解标注：
- 3-2. 创建锥度雕铣刀等
- 创建的锥度刀
- 设置切削参数与刀具参数等
- 必要时设置起/退刀点

图 2-60 2D 雕铣加工示例与操作图解

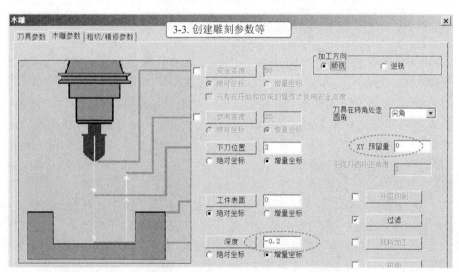

图解标注：
- 3-3. 创建雕刻参数等

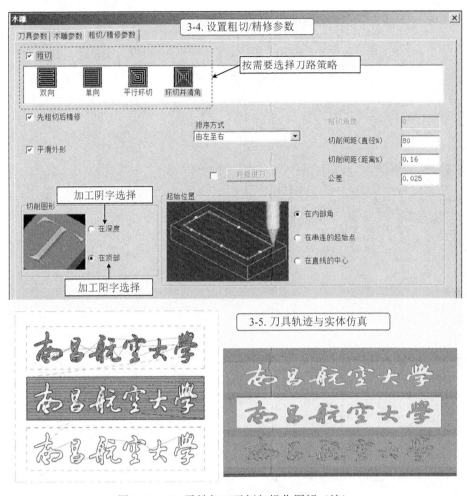

图 2-60 2D 雕铣加工示例与操作图解（续）

2.2.6 普通 2D 铣削综合示例与分析

以下给出某 2D 铣削加工实例，并给出加工过程及其截图，要求读者通过给出的步骤截图与简单提示完成其自动编程任务，最后对照光盘中相应文档，对比其吻合程度。

例 2-2 已知加工件的 STP 格式数模，其中 XY 平面内的轮廓参数均要求较高的加工精度，要求分析零件结构工艺性，制定加工工艺，完成零件自动编程工作。光盘中给出了文档"例 2-2_模型.stp、例 2-2_加工.mcam 和例 2-2_工程图.bmp"供学习参考。

（1）加工件工艺性分析（见图 2-61） 可利用"主页"选项卡"分析"选项区的相关功能按钮进行图形分析，具体操作略。

1）启动 Mastercam 2017 软件，打开 STP 格式加工数模"例 2-2_模型.stp"，并另存盘为文档"例 2-2_加工.mcam"，开始加工编程练习。导入的模型初步观察可见工件上表面高出世界坐标系 12mm，为简化编程，将加工模型下移 12mm，使工件上表面与世界坐标系重合。

2）利用图形分析功能查询加工模型的几何数据，如平面的 Z 坐标、相关圆角半径和锥孔锥角（查询两半径与高度计算或得）等。为练习编程，本例提取了槽内壁顶面的边界曲线和未倒角岛屿顶面的外廓边界曲线，其余拟采用实体边界为串连，主要是为了采用两种方法选取串连，具体可依个人习惯而定。

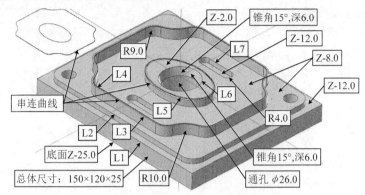

图 2-61　加工模型与几何参数分析

（2）加工工艺与分析　以下按加工过程展开说明，如图 2-62 所示。

1）进入铣床加工模块，以"边界盒"方式设置毛坯。

2）各加工操作设置：所有操作的起/退刀点相同（自定），共同参数中均取消"安全高度"和"参考高度"勾选。另外，要想提高孔的加工精度，必须将操作 9 的螺旋铣孔改为半精铣，留加工余量，再增加一道精镗孔加工。其余简述如下：

操作 1：外轮廓 Z-8.0 平面 L3 轮廓线粗铣加工。刀路类型"2D 挖槽，串连曲线 L1 和 L3"；刀具"D20 平底铣刀"；切削参数"挖槽加工方式为平面铣，壁边预留量 0.8"；粗切"平行环切清角，切削间距（直径%）40，由外部切入"；Z 分层切削"最大粗切步进量 4.0，精修 1 次，精修量 2.0，不提刀"；共同参数"下刀位置 6.0，工件表面 0.0，深度-8.0"。

操作 2：外轮廓 Z-12.0 平面 L2 轮廓线粗、精铣加工。刀路类型"外形铣削，串连曲线 L2"；刀具"D20 平底铣刀"；切削参数"补正方式为控制器，补正方向为左，外形铣削方式为 2D，壁边预留量 0"；进/退刀设置"重叠量 2.0，其余默认"；XY 分层切削"粗切 1 次，间距 5.0，精修 1 次，间距 0.8"；共同参数"下刀位置 6.0，工件表面 0.0，深度-12.0"。

操作 3：外轮廓 Z-8.0 平面 L3 轮廓线精铣加工。刀路类型"外形铣削，串连曲线 L3"；刀具"D16 平底铣刀"；切削参数"补正方式为控制器，补正方向为左，外形铣削方式为 2D，壁边预留量 0"；进/退刀设置"重叠量 2.0，其余默认"；取消 XY 分层切削；共同参数"下刀位置 6.0，工件表面 0.0，深度-8.0"。

操作 4：含岛屿的 Z-8.0 平面挖槽粗铣加工。刀路类型"2D 挖槽，串连曲线 L4 和 L5"；刀具"D16 平底铣刀"；切削参数"挖槽加工方式为使用岛屿深度，壁边预留量 0.8"；粗切"平行环切，切削间距（直径%）40，勾选由内而外环切"；进刀方式"螺旋下刀，最下半径 40%，最大半径 60%"；Z 分层切削"最大粗切步进量 3.0，精修 1 次，精修量 2.0，不提刀"；共同参数"下刀位置 6.0，工件表面 0.0，深度-8.0"。

操作 5：外轮廓 Z-8.0 平面 L4 内轮廓线精铣加工。刀路类型"外形铣削，串连曲线 L4"；刀具"D16 平底铣刀"；切削参数"补正方式为控制器，补正方向为左，外形铣削方式为 2D，壁边预留量 0"；进/退刀设置"重叠量 2.0，其余默认"；取消 XY 分层切削；共同参数"下刀位置 6.0，工件表面 0.0，深度-8.0"。

操作 6：岛屿外轮廓 Z-8.0 平面 L5 外轮廓线精铣加工。除串连曲线为 L5 外，其余同操作 5。

操作 7：岛屿底面轮廓倒角。刀路类型"外形铣削，串连曲线 L4"；刀具"锥角 90° D11 倒角铣刀"；切削参数"补正方式为控制器，补正方向为左，外形铣削方式为 2D 倒角，壁边预留量 0"；进/退刀设置"重叠量 2.0，其余默认"；取消 XY 分层切削；共同参数"下刀位置 6.0，工件表面 0.0，深度−2.0"。

操作 8：钻预孔。刀路类型"钻头/钻孔，圆中心位置"；刀具"ZD10 钻头（即麻花钻）"；切削参数"循环方式为深孔啄钻（G83）"；共同参数"下刀位置 10.0，工件表面−2.0，深度−28.0"。

操作 9：螺旋铣孔，参见 2.4.3 节的介绍。

操作 10：铣锥孔。刀路类型"外形铣削，串连曲线 L6"；刀具"D16 平底铣刀"；切削参数"补正方式为控制器，补正方向为左，外形铣削方式为 2D，壁边预留量 0"；Z 分层切削"最大粗切步进量 0.5，不精修，不提刀，勾选'锥度斜壁'，锥底角 15°"；进/退刀设置"重叠量 2.0，其余默认"；取消 XY 分层切削；共同参数"下刀位置 6.0，工件表面−2.0，深度−8.0"。

操作 11 和操作 12：铣槽。刀路类型"外形铣削，串连曲线 L7"；刀具"D6 平底铣刀"；切削参数"补正方式为控制器，补正方向为左，外形铣削方式为斜插，斜插方式为深度，斜插深度 1.0，勾选'在最终深度处补平'，壁边预留量 0"；进/退刀设置"重叠量 2.0，其余默认"；XY 分层切削"粗切 1 次，间距 5.0，精修 1 次，间距 0.5"；共同参数"下刀位置 6.0，工件表面−8.0，深度−12.0"。

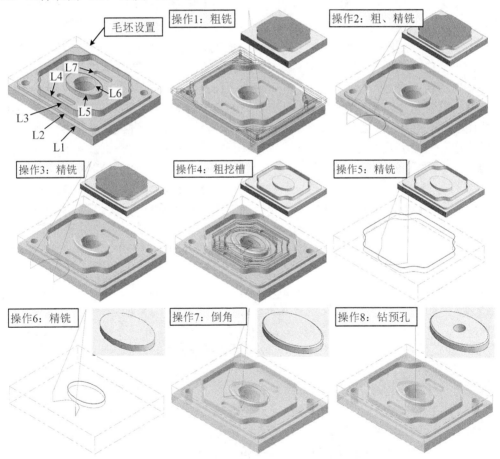

图 2-62　加工过程刀轨与实体仿真

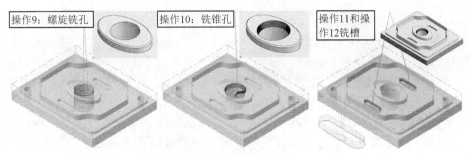

操作9：螺旋铣孔　　操作10：铣锥孔　　操作11和操作12铣槽

图 2-62　加工过程刀轨与实体仿真（续）

2.3　动态 2D 铣削加工编程及其应用分析

动态铣削是为适应高速铣削加工而开发出来的一种加工策略，其加工过程追求切削过程的稳定性，如切削刀轨均以圆顺过渡为主，避免产生加速度而造成切削力的变化，切削用量上追求切削力的稳定，主要表现为材料切除率的稳定，避免切削力的突变，表现为大量使用摆线刀路加工。动态铣削在粗铣加工时效果明显，精铣加工也有所应用。动态高速铣削加工切削用量选用的特点是高转速、小切深（包括背吃刀量 a_p 和侧吃刀量 a_e）、大进给，动态 2D 铣削加工更多的是采用小的侧吃刀量加工。动态铣削既然为高速铣削，显然非常适合高速加工机床，但对普通数控机床加工也是有好处的。

2.3.1　动态铣削加工与分析

动态铣削是常用的高速铣削加工策略之一，主要用于 2D 粗铣加工，其刀具轨迹中圆顺过渡，采用摆线刀路保持材料去除率的稳定。

图 2-63 所示为学习动态铣削加工时将要用到的加工模型（STP 格式）之一。启动 Mastercam 软件后，利用"主页"选项卡"分析"选项区的相关功能查询了几个主要参数，如图 2-63 所示。图中没有提取编程边界串连曲线，即主要以"实体"模式线的实体边界串连选择为主。光盘中给出了练习模型和结果文档"动态铣削_模型.stp 和动态铣削_加工.mcam"供学习参考。

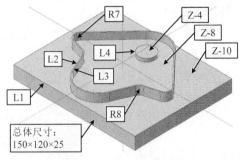

R7　Z-4　Z-8　Z-10
L2　L4
L3
L1
R8
总体尺寸：
150×120×25

图 2-63　动态铣削加工模型

1. 外形动态粗铣加工

动态铣削粗加工可用于外形铣削，以下以图 2-63 中的外轮廓粗铣（图中 L2 边界线）为例进行讨论。

（1）编程前的准备工作　这里以 STP 格式加工模型为例。

1）启动 Mastercam 2017，以 STP 文件类型打开图 2-63 所示的加工模型"动态铣削_

模型"，并进行相关几何参数的分析。

2）执行"机床→铣床▼→默认（D）"命令，进入铣床编程模块，单击机床群组属性下的"毛坯设置"选项标签◇毛坯设置，以"边界盒"方式设置毛坯。

（2）外形动态粗铣加工（操作 1） 以串连 L1 为加工范围，加串连 L2 为避让范围，生成刀轨，加工区域策略为开放，具体操作步骤如下所述。

1）单击"铣床→刀路→2D→2D 铣削→动态铣削"按钮，弹出加工"串连选项"对话框，单击"加工范围"的串连选择按钮，弹出"串连选项"对话框，"实体"模式下选择串连 L1，确定后返回加工"串连选项"对话框，继续单击"避让范围"的串连选择按钮，选择串连 L2，然后点选"加工区域策略"单选按钮，如图 2-64 所示。选择完成后单击"确定"按钮，弹出"2D 高速刀路-动态铣削"对话框。

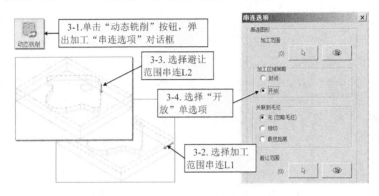

图 2-64　加工串连选择

2）"2D 高速刀路-动态铣削"对话框各选项设置说明如下，其中未提及的选项一般按默认设置或未设置。

刀路类型：如图 2-65 所示。刀路类型列表框中的 5 种加工策略属于同类型，大部分设置选项基本相同，可直接相互切换。

毛坯：因为这里的毛坯是默认的机床组件属性中设置的加工毛坯，也是默认选项，所以这里不用设置，后续残料加工可看到其设置与用途。

刀具：同前述的外形铣削设置。这里从刀具库中创建一把 D20 的平底铣刀。

切削参数：设置如图 2-66 所示，注意壁边预留量 1.0 即为后续的加工余量。对于不清楚选项设置的含义，可通过初步的理解，修改并观察刀轨的变化，逐渐积累自己的知识。

Z 分层切削：含义及设置取决于切削深度。这里为观察刀轨，一般不进行 Z 分层设置，实际中根据需要自定。

进刀方式：实质为下刀方式。系统提供了 6 种下刀方式，"单一螺旋下刀"单选项为常用选项，其"螺旋半径"参数一般设置得小于或等于刀具半径。

共同参数与原点/参考点：设置项目与前述基本相同。这里去除"安全高度"勾选，其余选项的设置为：参考高度"6.0"，下刀位置"3.0"，工件表面"0.0"，深度"-10.0"。实际中可充分利用设置参数左侧的按钮区模型中自动提取，参考点自定，但需所有操作相同。

3）生成刀具轨迹与仿真加工，如图 2-67 所示。注意观察理解本节重点"动态、高速"的含义。同时，放大仿真加工显示可看到内拐角处的余量更多一点。

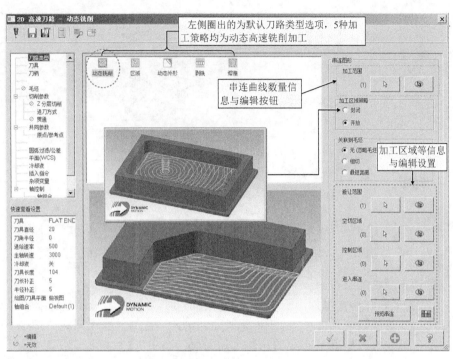

图 2-65　"刀路类型"选项设置

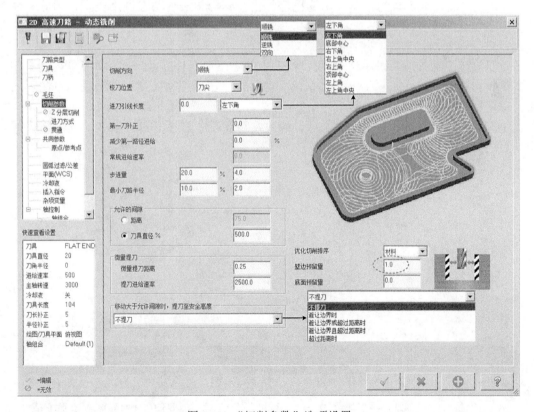

图 2-66　"切削参数"选项设置

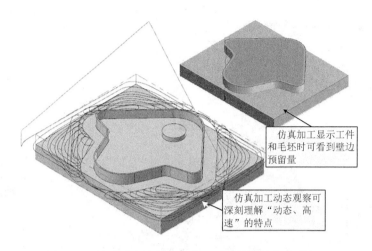

图 2-67　外形动态铣削（操作 1）刀具轨迹与仿真加工

2．挖槽动态粗铣加工

动态粗铣加工除外形铣削外，还可用于挖槽粗铣加工。现接上一步，铣削图 2-63 中的内轮廓（图中 L3 边界线内部区域）。分两种情况讨论，一是单一串连曲线内挖槽（图中 L3 部分），二是挖槽曲线内嵌套了一个封闭的串连曲线（图中 L3 内部嵌套了 L4）。

（1）单一串连曲线挖槽粗铣加工（操作 2）　注意到图 2-63 中的岛屿上表面深度为 Z-4，即该平面以上可认为是单一串连挖槽。由于其仍然属于动态铣削类型，因此，最快捷的方法是直接复制图 2-67 所示的外形动态粗铣操作（复制操作 1 为操作 2），修改加工串连，重新设置相关参数，并计算更新刀轨实现。

这里加工串连的编辑可单击复制操作 2 中的"图形"标签⊞ 图形 · ⑴ 串连或单击"参数"标签▤ 参数，激活"2D 高速刀路-动态铣削"对话框，在"刀路类型"选项画面右侧区域编辑。这里取消"避让范围"串连，"加工范围"串连修改为图 2-63 中的 L3 串连曲线，并将加工区域策略修改为"封闭"单选项，修改共同参数中的深度为"-4.0"。其串连选择与更新后的刀轨及仿真加工如图 2-68 所示。

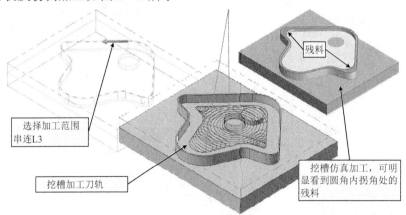

图 2-68　挖槽动态粗铣（操作 2）串连、刀轨与实体仿真

（2）嵌套串连曲线挖槽粗铣加工（操作 3）　这种加工类似于中间具有岛屿的 2D 挖槽，但不能使用岛屿高度加工岛屿上表面，这里中间岛屿是通过避让范围设定的，岛屿的

高度必须通过其他方法去除，如 2D 挖槽的"平面铣"加工方式。

这里接图 2-68 所示的动态外槽继续，首先复制一个新的挖槽动态粗铣（复制操作 2 为操作 3），加工范围串连不变，但增加一个避让范围 L4，然后重新设置共同参数中的深度为-8.0，更新刀轨，仿真加工如图 2-69 所示。

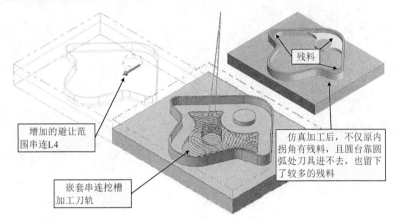

图 2-69　嵌套串连挖槽动态粗铣（操作 3）串连、刀轨与实体仿真

3. 动态铣削残料加工

在上述挖槽动态铣削加工时，由于刀具直径较大，在内拐角转角处有部分材料未加工，这是残料，如图 2-68 所示。另外，在岛屿距离边界较近处也会出现加工不到的残料，如图 2-69 所示。在"2D 高速刀路-动态铣削"对话框中有一项"毛坯"选项设置，激活后可进行残料加工。

（1）图 2-68 所示加工余料的动态铣削残料加工（操作 4）　复制图 2-68 所示的操作（复制操作 2 为操作 4），单击操作 4 中的"参数"标签 参数，激活"2D 高速刀路-动态铣削"对话框，在"刀具"选项设置中创建一把 D10 平底铣刀，用于残料加工；然后，单击"毛坯"，进入毛坯设置画面，勾选"剩余毛坯"复选框，对图 2-68 所示操作 2 的残料加工进行设置，如图 2-70 所示。更新刀轨并仿真加工可看到残料加工的结果，如图 2-71 所示。

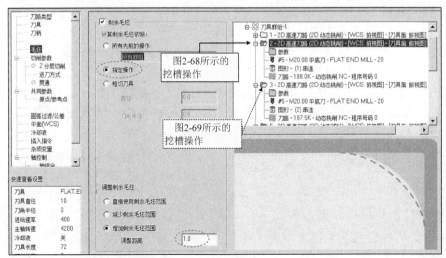

图 2-70　"2D 高速刀路-动态铣削"对话框"毛坯"选项设置画面（残料加工设置）

（2）图 2-69 所示加工余料的动态铣削残料加工（操作 5） 与上一步操作类似，复制图 2-69 所示的操作（复制操作 3 为操作 5），选择 D10 平底铣刀，在"毛坯"设置选项对图 2-69 所示操作 3 的残料进行加工。

（3）两次残料加工的刀轨及仿真 如图 2-71 所示，箭头所指为残料加工后的结果。

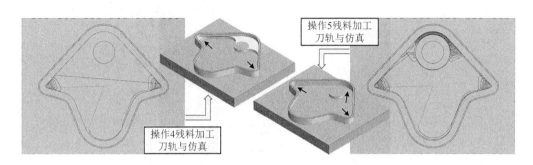

图 2-71　残料加工刀轨与仿真加工

2.3.2　动态外形铣削加工与分析

"2D 高速刀路-动态铣削"对话框"刀路类型"选项中（参见图 2-65）有一个"动态外形 " 加工策略，其是对应动态铣削粗铣加工设计的动态铣削精加工刀路，这个加工策略也可以像常规创建加工刀路的方法，单击"铣床→刀路→2D→2D 铣削→动态外形"按钮 进行。当然其仍属于动态铣削加工类型，这一点在刀路类型列表框中便可看出。对于这种情况，复制操作，重新修改编辑相关参数可能来得更快。以下仍然以复制修改的方式进行动态外形铣削编程。光盘中给出了结果文档"动态外形铣削_加工"供学习参考。

1．动态外形精铣加工

这里以图 2-67 所示的外形动态粗铣加工（操作 1）为例，对其进行进一步的精铣加工。

动态外形精铣加工（操作 6） 通过复制外形动态粗铣加工（复制操作 1 为操作 6）来进行。操作步骤为：

1）复制一个外形动态粗铣加工（复制操作 1 为操作 6）。

2）单击"参数"标签 ，激活"2D 高速刀路-动态铣削"对话框，在"刀路类型"选项中将原来的"动态铣削"改为"动态外形"刀路类型。

3）在"刀具"选项画面中创建一把 D12 的平底铣刀用于精铣加工。

4）"切削参数"选项设置如图 2-72 所示。"外形毛坯参数"选项设置采用默认值。"Z 分层切削"根据实际需要设置，这里暂不设置，便于观察刀轨。

5）"精修"选项设置如图 2-73 所示。精修刀路的"进/退刀设置"参照外形铣削常规设置即可。

6）"共同参数"与"原点/参考点"与粗铣设置相同，不用修改。

7）更新刀轨及仿真加工，如图 2-74 所示。该刀轨在精修之前，先用动态铣削沿外形精修，对于拐角余量稍多处用摆线加工多铣了几刀，确保最后精修刀路的加工余量均匀。

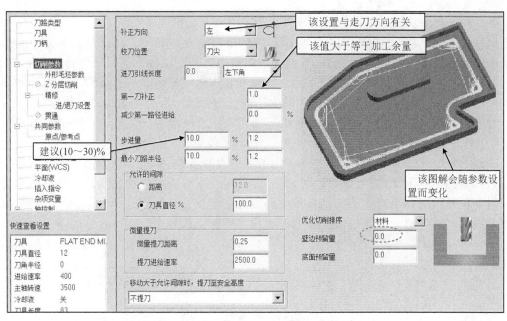

图 2-72　"切削参数"选项设置图解

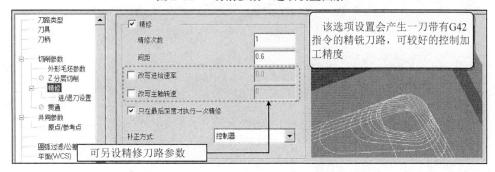

图 2-73　"精修"选项设置图解

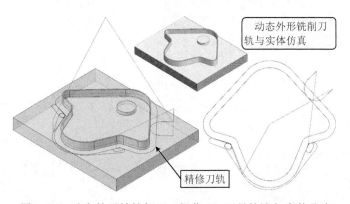

图 2-74　动态外形精铣加工（操作 6）刀具轨迹与实体仿真

2.　动态内轮廓精铣加工

　　动态内轮廓精铣加工是"动态外形"铣削加工应用于内轮廓铣削加工的应用。这里接着前述的挖槽动态粗铣加工（图 2-68 所示的操作 2），运用"动态外形"加工策略进行精铣加工。参照动态外形精铣加工操作的创建方法，将前述的挖槽动态粗铣加工（操作 2）复制出一个操作 7 作为动态内轮廓精铣加工的基础，选择 D10 平底铣刀，将深度修改为-8.0mm，其余参照动态外形精铣加工（操作 6）设置。更新刀轨时发现有一条刀路会通过圆岛屿，产生过切现象，为此，重新将图 2-72 所示"切削参数"选项最下面的"移动大于允许间隙时，提刀至安全高度"选项中的"不提刀"改为"避让边界时"后即不出现过切现象。

对于中间圆岛屿加工，由于串连曲线本身光顺且余量均匀，故直接用"外形"铣削（操作 8）进行最后的精铣加工即可，这里就不展开讨论。

在动态内廓精铣加工时，精铣刀轨的进/退刀设置要注意切入/切出刀轨不出现过切现象，否则必须调整切入/切出参数，如切入/切出段直线与圆弧相切或垂直、直线段长度和圆弧段半径或圆弧扫描角度等。在操作 8 编程时，默认的整圆串连曲线的点不符合要求，因此，重新在现有位置打断线段，作为串连曲线的起点编程。

上述提及的动态内轮廓精铣加工以及圆岛屿加工的刀轨与仿真加工如图 2-75 所示。

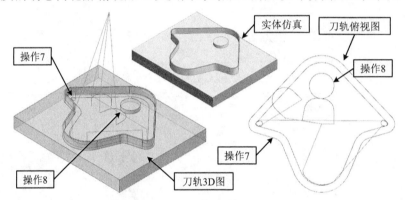

图 2-75　内轮廓精铣加工（操作 7、8）刀具轨迹与实体仿真

2.3.3　区域铣削加工与分析

区域铣削是一种粗铣为主的刀路，适用于挖槽与外形粗铣加工，其加工策略与 2D 挖槽相比主要是刀具移动至转折处可增加部分圆弧过渡，以提高机床切削的稳定性，同时，通过摆线刀路设置可进一步提高加工的稳定性。

以下以图 2-76 所示的加工模型为例展开介绍。已知模型为 STP 格式，拟基于顶面外、内轮廓进行区域铣削加工练习，导入模型后利用"分析"功能查询图中的深度、最小圆弧半径和挖槽加工的最小限制距离等。光盘中给出了练习模型"图 2-76_区域铣削_模型.stp"和图 2-81～图 2-83 的结果文档供学习参考。

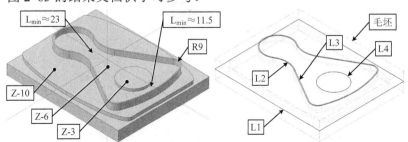

图 2-76　加工模型分析与处理

1. 区域铣削外形粗铣加工

（1）铣床模块的进入与毛坯设置　进入铣床加工模块，提取加工串连曲线（见图 2-76），创建加工毛坯。具体步骤略。

（2）区域铣削外形粗铣加工（操作 1）　必须要有两根嵌套的串连曲线，操作步骤如下：

1）单击"铣床→刀路→2D→2D 铣削→区域铣削"按钮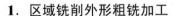，弹出"串连选项"对话框，单击"加工范围"串连选择按钮，选择串连曲线 L1，单击"避让范围"串连选择按钮，选择串连曲线 L2，如图 2-77 所示，"加工区域策略"选择"开放"单选选项。单击"确定"后，弹出"2D 高速刀路-区域"对话框，默认的刀路类型为"区域"选项。

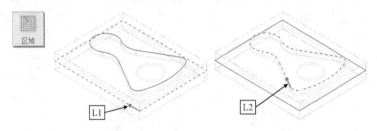

图 2-77　区域外形铣削加工串连的选择

2）"2D 高速刀路-区域"对话框设置如下：

① 刀路类型：默认为"区域"，右侧的串连图形区还可重新编辑修改串连等参数。

② 刀具：从刀具库中创建一把 D20 平底铣刀，其他参数自定。

③ 切削参数：如图 2-78 所示，其中高速切削的侧吃刀量（XY 步进量）不宜太大。

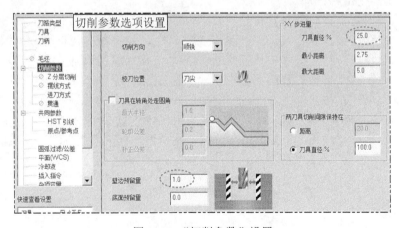

图 2-78　"切削参数"设置

④ 摆线方式：该选项若开启（见图 2-79），则刀路中会出现摆线加工刀轨，可保持切削力稳定，适合高速切削加工。

⑤ HST 引线：如图 2-80 所示，该选项是垂直下刀与水平切削转折处是否圆弧过渡的设置，也是为高速切削加工而设置的参数之一。

⑥ 共同参数与原点/参考点：与前述基本相同，去除"安全高度"勾选，其余的参数设置为参考高度"6.0"、下刀位置"3.0"、工件表面"0.0"、深度"-10.0"。实际中可充分利用设置参数文本框左侧的相关按钮拾取模型中相关图素自动提取。参考点参数自定，但

需所有操作相同。

（3）刀具轨迹与仿真加工　如图2-81所示。

图2-79　"摆线方式"选项设置

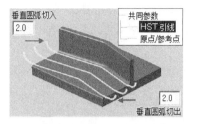

图2-80　"HST引线"选项设置

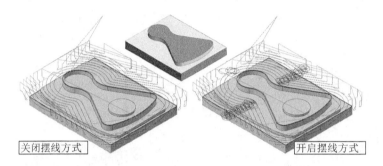

图2-81　区域铣削外形加工刀具轨迹与仿真加工

2. 区域铣削挖槽粗铣加工

分加工范围内是否有岛屿展开讨论。

（1）单一串连曲线挖槽粗铣加工（操作2）　接上一步。首先，将上一步的区域铣削外形加工复制一个操作（复制操作1为操作2）。然后，激活新复制操作的"2D高速刀路-区域"对话框，在"刀路类型"选项画面右侧"串连图形"区，单击"加工范围"和"避让范围"的"移除串连"按钮 ，删除原来的加工串连，再单击"选择加工串连"按钮 ，选择串连曲线L3，如图2-82所示。在"刀具"选项中创建一把D16的平底铣刀。在"共同参数"选项中修改深度为-3.0。最后，重新计算更新刀轨并仿真加工，如图2-82所示。

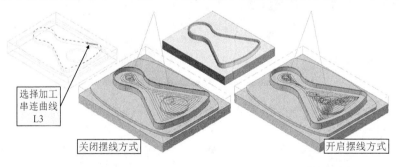

图2-82　区域铣削单一串连挖槽加工刀具轨迹与加工仿真

（2）嵌套串连曲线区域铣削挖槽铣加工（操作3）　接上一步。首先，将上一步的区域铣削挖槽加工复制一个操作（复制操作2为操作3）。然后，激活其"2D高速刀路-区域"对话框，在"刀路类型"选项画面右侧"串连图形"区，单击"避让范围"的"选择避让串连"

按钮 ，选择串连曲线 L4，如图 2-83 所示。创建一把 D10 平底铣刀。切削参数选项中的 "XY 步进量" 改小为刀具直径的 20%，壁边预留量改小为 0.6。在 "共同参数" 选项中修改工件表面为-3.0，深度为-6.0。最后，重新计算更新刀轨并仿真加工，如图 2-83 所示。

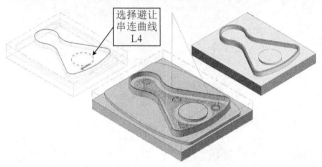

图 2-83　区域铣削嵌套串连挖槽加工刀轨与仿真加工

2.3.4　熔接铣削加工与分析

　　熔接铣削加工是基于熔接原理，在两条边界串连曲线之间按截断方向或引导方向生成均匀过渡的刀具轨迹加工。这种刀具轨迹加工过程中切削力过渡平缓，故亦适用于高速铣削加工。在熔接铣削 "切削参数" 选项设置画面图解上可见，熔接铣削最适合的加工形状是 2D 贯通的沟槽，编程时需要两条串连曲线。当槽宽变化不大时多采用 "引导" 方向切削，相反，则以 "截断" 方向切削为主。另外，熔接加工策略中可直接设置精铣刀路，是一种集粗、精加工成一体的加工策略。下面就其是否可用于常见的封闭串连轮廓的加工进行讨论，不讨论其刀路与其他刀路的优劣性。

　　加工模型是例 2-2 模型的简化版（光盘文档 "图 2-84_熔接铣削_模型.stp"），如图 2-84 所示。假设已进入铣床加工模块，并建立好了加工模型，提取出了后续编程串连曲线等，其中，曲线 L1、L2 和 L3 右侧边直线在中点处打断，作为加工串连的起点。光盘中给出了练习模型文档 "图 2-84_熔接铣削_模型.stp 和图 2-84_熔接铣削_模型.mcam" 供学习参考。

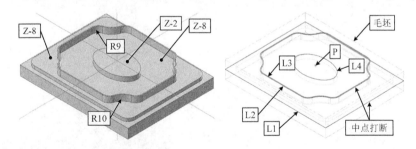

图 2-84　加工模型分析与处理

1. 熔接铣削外形加工（操作 1）

以图 2-84 所示的串连曲线 L1 和 L2 及深度 Z-8 区域的熔接铣削加工为例。

熔接铣削外形加工（操作 1）操作步骤如下。

1）单击 "铣床→刀路→2D→2D 铣削→熔接" 按钮 ，弹出 "串连选项" 对话框，以 "线框 " 模式 "串连 " 方式按图 2-84 所示位置与方向依次选择串连 L1 和 L2，如图 2-85

所示。单击"确定"按钮，弹出"2D 高速刀路-熔接"对话框，默认为"刀路类型"选线画面。注意，串连曲线选择先后次序、起点位置和串连方向等均对刀路的切削顺序、起点和方向有影响。

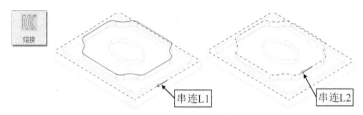

图 2-85　熔接外形铣削加工串连的选择

2）"2D 高速刀路-熔接"对话框设置如下：

① 刀路类型：默认为"熔接"，右侧的串连图形区还可重新编辑修改串连等参数。

② 刀具：从刀具库中创建一把 D16 平底铣刀，其他参数自定。

③ 切削参数：设置如图 2-86 所示，"螺旋"式切削方式切削更为平稳，"补正方向"的选择与串连的方向有关。

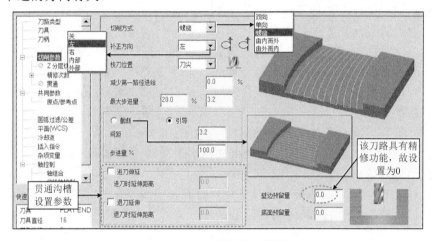

图 2-86　"切削参数"设置

④ 精修次数：勾选"精修"复选框，设置精修 1 次，"间距"设置为"0.6"，勾选"只在最后深度才执行一次精修"，如图 2-87 所示。

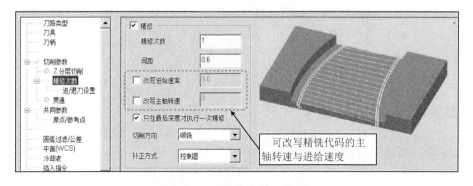

图 2-87　"精修参数"设置

⑤ 进/退刀设置：设置同外形铣削。

⑥ 共同参数与原点/参考点：与前述基本相同，去除"安全高度"勾选，其余的参数设置为参考高度"6.0"、下刀位置"3.0"、工件表面"0.0"、深度"-80"，参考点自定。

3）刀具轨迹与仿真加工如图 2-88 所示。从刀具轨迹看，引导方向的刀轨运动轨迹更为平稳，但上、下侧边的刀轨过于密集，原因是上下与左右侧的加工余量相差较大，结果是切削效率下降。而截断方向的刀轨间距较为均匀，加工效率是提高了，但反复换向导致切削平稳性下降，进给速度不宜太高。图 2-88 的结果文件参见光盘文档"图 2-88_熔接铣削（引导方向）.mcam 和图 2-88 熔接铣削外形（截断方向）.mcam"。

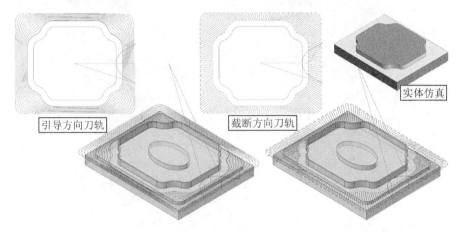

引导方向刀轨　　　截断方向刀轨　　　实体仿真

图 2-88　操作 1 刀具轨迹与实体仿真

2. 熔接铣削挖槽加工（操作 2）

熔接铣削挖槽加工（操作 2）的操作步骤接上一步。首先，将上一步的熔接铣削外形加工复制一个操作（复制操作 1 为操作 2）。然后，激活其"2D 高速刀路-熔接"对话框，在"刀路类型"选项画面右侧"串连图形"区，单击"加工范围"的"移除串连"按钮 ⊘，删除原来的加工串连，再单击"选择加工串连"按钮 ▷，依次选择串连曲线 L3 和 L4，如图 2-89 所示；在"刀具"选项中创建一把 D12 的平底铣刀；在 Z 分层参数中，勾选"深度分层切削"，设置"最大粗切步进量 2.0"；其他参数设置不变。最后，重新计算更新刀轨并仿真加工，如图 2-89 所示。从图中的刀轨可见，引导方向的刀轨基本均匀，可以选用。但熔接刀轨也有自身缺陷，即其下刀只能直插向下，因此对于深度较大的铣削，建议采用 Z 分层加工（图中为观察方便，未示出 Z 分层切削刀轨，即取消了勾选"深度分层切削"选项）。图 2-89 的结果文件参见光盘文档"图 2-89_熔接铣削挖槽（引导方向）.mcam 和图 2-89_熔接铣削挖槽（截断方向）.mcam"。

3. 熔接铣削铣平面加工（操作 3）

在图 2-89 所示的仿真加工图中可见，还差椭圆顶面没有铣削，注意到熔接铣削要求选择两条串连曲线，而点可以认为是长度等于零的曲线，因此这里依次选择串连 L4 和点 P 作为加工范围串连曲线即可。图 2-90 所示为将操作 1 复制为操作 3，重新选择加工串连曲线，增大最大步距为 30%，取消精修选项，修改深度为-2.0，更新刀轨后的结果。结果文件参见光盘文档"图 2-90_熔接铣削（引导方向）.mcam"。

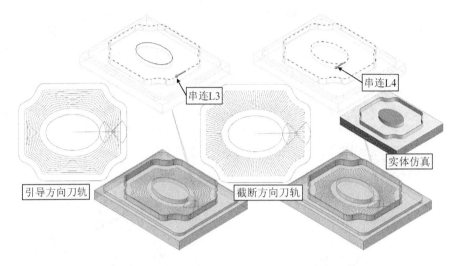

图 2-89　操作 2 串连选择、刀具轨迹与实体仿真

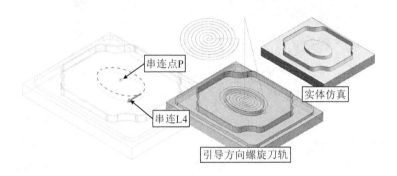

图 2-90　操作 3 串连选择、刀具轨迹与实体仿真

2.3.5　剥铣加工与分析

剥铣加工是以摆线刀路加工凹槽的一种专用高速加工刀轨，其还配有精修刀轨，可一次性完成粗、精铣加工。从剥铣加工的 "切削参数" 选项设置画面图解（见图 2-92）上可见，剥铣加工最适合的加工形状是 2D 贯通的沟槽，编程时需要两条串连曲线，刀具从开口外部逐渐剥铣进入，因此，加工形状必须是有一定的开口开放。剥铣加工策略同样集成有精铣刀路，可完成粗、精铣加工。

以下通过以例 1-1 的呆扳手模型中开口部分加工为对象，讨论和观察剥铣加工的创建过程与刀路特点。首先调用例 1-1 加工文档，删除原 2D 挖槽操作，将原编程轮廓圆弧中点处打断，构造出两根串连曲线 ac 和 bc，或直接调用光盘中处理好的文档 "图 2-93_剥铣前.mcam"，然后按以下步骤进行剥铣加工编程。光盘中给出了加工前和加工后的文档 "图 2-93_剥铣前.mcam 和图 2-93_剥铣.mcam"，供学习参考。

1）剥铣操作的创建。单击 "机床刀路→2D→剥铣" 按钮，弹出 "串连选项" 对话框，以 "线框" 模式 "部分串连" 方式按图示方向依次选择部分串连 ac 和 bc 曲线，如图 2-91 所示，单击 "确定" 按钮后弹出 "2D 高速刀路-剥铣" 对话框。

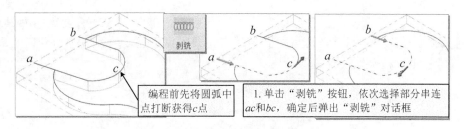

图 2-91 串连选择图解

2)"2D高速刀路-熔接"对话框设置如下:

① 刀路类型:默认为"剥铣"类型,右侧的串连图形区还可重新编辑修改串连等参数。

② 刀具:使用原文档中的D16平底铣刀,其他参数自定。

③ 切削参数:如图2-92所示,注意高速切削的步进量不宜太大,其余按图设置。

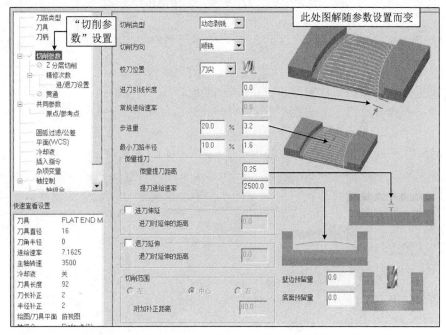

图 2-92 "切削参数"选项设置

④ Z分层切削:不勾选,一刀切出。

⑤ 精修次数:勾选"精修"复选框,设置精修1次,"间距"设置为"0.8",勾选"只在最后深度才执行一次精修",切削方向设置为"顺铣",补正方式设置为"控制器"。另是否改写进给速率和主轴转速自定。这些设置基本同前述。

⑥ 进/退刀设置:设置同外形铣削,注意调整相关参数避免出现过切问题,如直线长度和圆弧半径取刀具直径的70%。

⑦ 贯通:不勾选,将贯通值直接写入"共同参数"选项中的"深度"值中。

⑧ 共同参数与原点/参考点:与前述基本相同,去除"安全高度"勾选,其余的参数设置为参考高度"6.0"、下刀位置"3.0"、工件表面"0.0"、深度"-10.0"。参考点可自定,一般可与前述操作相同,如本例的(0, 0, 150)。

3)刀具轨迹与仿真加工如图2-93所示。图中中间部分为剥铣刀轨,动态观察时可看出其是基于摆线加工原理，加工过程中的侧吃刀量不超过图 2-92 所设置的刀具直径的 20%，且刀路过渡圆顺；另外还可以看到最后有两条精铣刀路，编程轨迹与开口轮廓重合，通过控制器补正可精确地控制加工精度。

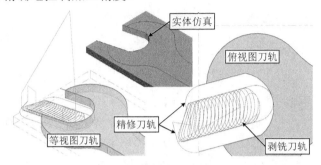

图 2-93　刀具轨迹与实体仿真

2.3.6　2D 动态铣削综合示例

这里以图 2-94 所示的一对凹、凸配对件加工为例，要求凸、凹件配对，加工间隙均匀可控。这里仅简单地介绍编程思路，读者尝试自己完成，必要时可以参考随书配套光盘中的文档研习，光盘中给出了练习模型文档"例 2-3_凸件模型.stp 和例 2-3_凹件模型.stp"和结果文档"例 2-3_凸件加工_熔接.mcam 和例 2-3_凹件加工_剥铣.mcam"供学习参考。

例 2-3　已知一对凸、凹件加工模型与尺寸（见图 2-94），并提供了加工模型的 STP 模型，要求加工后配合间隙均匀与可控。加工要求凸件用熔接铣削加工，凹件用剥铣加工。这里仅提供简单说明，要求读者按要求以及图 2-94 所示的刀轨完成其加工编程工作。

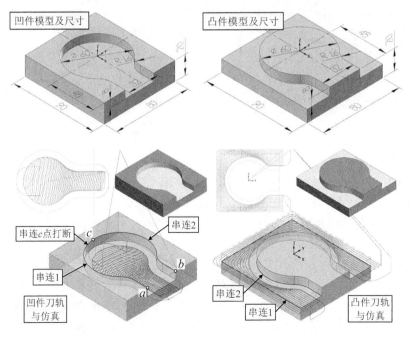

图 2-94　凹、凸配对件加工示例

说明：

1）已知加工模型与尺寸，并提供加工模型的 STP 模型，读者按自己的能力确定是自己造型还是直接读取 STP 模型。

2）加工类型与模型处理。加工类型：凹件用剥铣加工，凸件用熔接加工。因为剥铣加工要求两条加工串连，因此凹件是按照图 2-88 所示的方法提取出串连并在圆弧中点 c 处打断，得到两根串连曲线 ac 和 bc；而凸件则仅需提取出图中给的串连 1 和串连 2 即可。

3）加工刀具均采用 D12 平底铣刀。

4）主要参数设置如下：

① "切削参数"设置：凹件剥铣对话框，切削类型为"动态剥铣"，切削方向为"顺铣"，步进量为"20%"，最小刀路半径为"10%"，进/退刀延伸为"2"，壁边/底面底面预留量为"0"；凸件熔接对话框，切削方式为"双向"，最大步距量为"20%"，"引导"方向切削，间距为"步进量的 100%"，进/退刀延伸为"5.0"，壁边/底面底面预留量为"0"。

② "精修次数"设置：凸、凹件相同，均精修 1 次，间距为 0.6，勾选"只在最后深度才执行一次精修"，切削方向为"顺铣"，补正方式为"控制器"。其中，"顺铣"是精铣的常用选项，"控制器"补正可在输出的代码中具有刀具半径补偿功能，可实现加工间隙的均匀与可控。

③ 进/退刀设置：与外形铣削相同，采用系统默认的参数即可。

④ 共同参数与原点/参考点：与前述基本相同，去除"安全高度"勾选，其余的参数设置为参考高度"6.0"、下刀位置"3.0"、工件表面"0.0"、深度"-8.0"。参考点自定。

5）生成刀轨与实体仿真。生成刀轨并路径模拟和实体仿真，观察刀轨的运动与切削仿真，体会熔接与剥铣加工刀路的特点。

2.4　孔加工编程及其应用分析

孔是机械制造中常见的几何特征之一。根据实际中孔特征的不同，Mastercam 软件归结出了三种主要的孔加工策略："钻孔"加工策略主要用于定尺寸刀具的孔加工，包括钻、铰、锪、镗、攻螺纹等加工刀路，可对应数控系统常见的固定循环指令的刀路；"铣孔"加工策略主要包括"全圆铣削"和"螺旋铣削"加工策略，主要用于孔径较大的浅孔或深孔加工；"螺纹铣削"加工策略是基于螺旋指令的加工刀路，主要用于直径稍大、丝锥无法定尺寸，同时工件较大，不便于上车床车螺纹的工件加工。

要想学好孔加工编程，建议读者增加以下知识的学习。

1）熟悉 CNC 系统的孔加工固定循环指令，因为钻孔加工后处理输出的固定循环指令的格式可能与你使用数控机床的指令格式略有差异，可能要按机床数控系统固定的格式进行手工修改。

2）钻孔加工策略要熟悉孔加工典型工艺、各种定尺寸孔加工刀具结构与应用，便于自动编程时选择"循环方式"。

3）铣孔加工学习时要注意其与外形铣削铣孔加工的差异，了解铣孔加工策略与外形铣削铣孔加工的优缺点，以便有针对性地选择铣孔加工工艺。

4）螺纹铣孔的难度似乎要大一点，因为普通机床铣削加工螺纹孔用得不多，以至于人们对它了解得不多，但数控加工出现后，对前述攻螺纹与车削等无法加工的螺纹，采用铣削螺纹是一种不错的加工方案，但铣削螺纹首要的问题是要掌握螺纹铣刀与铣削方法，这是读者必须熟悉的基础知识，有兴趣的读者可参阅参考文献[3]。

2.4.1 钻孔加工与分析

"钻孔"加工策略属于定尺寸孔加工工艺，熟悉数控系统孔加工固定循环指令的读者都了解，其加工动作基本相同，具备 Mastercam 基础知识的读者也知道，其主要操作与设置在于孔位置的选择与循环方式的设置。以下通过图 2-95 所示的加工模型展开讨论。光盘中给出了练习模型"图 2-95.stp、图 2-95_毛坯.stp"和结果文档"图 2-99_钻孔加工.mcam"供学习参考。

1. 加工模型的导入与分析

首先，启动 Mastercam 2017，导入钻孔模型的 STP 格式文档"图 2-95_模型.stp"，导入的加工模型如图 2-95 所示。导入模型后，可利用"主页"选项卡"分析"选项区的相关功能按钮分析孔的大小与 Z 坐标、工作坐标系与位置坐标的关系（如本例工件上表面圆心与世界坐标系原点重合）等。图 2-95 中将这些数据做了整理并以标注尺寸的形式做了表达，实际编程时可不用表达，甚至加工时的深度值都不需事先查询而在编程时直接用鼠标捕捉。

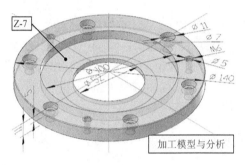

图 2-95　钻孔模型的导入与分析

2. 钻孔加工策略分析

首先以图 2-95 中的 6 个 φ7mm 孔为例介绍钻孔加工编程的基本操作。

（1）铣床模块的进入与加工毛坯的设置　铣床模块的进入操作略。毛坯模型的设置方法有两种，简单的毛坯设置为"φ140×11 的圆柱体"，若创建一个不含孔特征的模型，将其设置为"实体"毛坯则视觉效果更好。光盘中提供有毛坯文档"图 2-95_毛坯.stp"供练习使用。

（2）钻孔加工编程

1）单击"铣床→刀路→2D→孔加工→钻孔"按钮，弹出"选择钻孔位置"对话框和操作提示，默认为"手动选择"按钮　　　有效，用鼠标依次选取 6 个 φ7mm 孔的圆心，单击"确定"按钮后弹出"2D 刀路-钻孔/全圆铣削深孔钻-无啄孔"对话框。这里要说明的是：①"选择钻孔位置"对话框中各按钮的功能可参阅参考文献[1]；②孔选择顺序决定了孔加工的顺序，当然，还可重新排序修改；③"2D 刀路-钻孔/全圆铣削深孔钻-无啄孔"对话框标题后面的文字"深孔钻-无啄孔"可能会有所不同，取决于最近一次使用的循环方式。

2）"2D 刀路-钻孔/全圆铣削深孔钻-无啄孔"对话框设置如下：

① 刀路类型：默认为"钻头/钻孔"加工策略，因为前述单击的按钮是"钻孔"。

② 刀具：从刀具库中选择一把 φ7mm 的钻头（即麻花钻）。可利用"刀具过滤"功能

辅助快速选择。

③ 切削参数：是钻孔加工自有的设置选项，如图 2-96 所示。其"循环方式"下拉列表提供了 8 种预定义的钻孔循环指令和 11 种自定义的循环方式。其中 8 种预定义的钻孔循环指令选项是钻孔操作的关键，读者必须对照 FANUC 系统孔加工固定循环指令的格式学习。8 种预定义的钻孔循环指令选项对应的 G 指令如下所述：

Drill/Counterbore：默认暂停时间为 0，输出基本钻孔指令 G81，若设置孔底暂停时间则输出 G82。

深孔啄钻（G83）：排屑式深孔钻循环指令，可更好地排屑、断屑与冷却。

断屑式（G73）：断屑式深孔钻循环指令，可较好地实现断屑。

攻牙（G84）：默认主轴顺时针旋转输出指令 G84，设置主轴逆时针旋转输出指令 G74。

Bore#1（feed-out）：默认暂停时间为 0，输出指令 G85，设置时间后输出指令 G89。

Bore#2（stop spindle，rapid out）：镗孔指令 G86。

Fine Bore（shift）：镗孔指令 G76。

Rigid Tapping Cycle：输出带刚性攻螺纹 M29 的攻螺纹指令 G84/G74（主轴设置反转）。

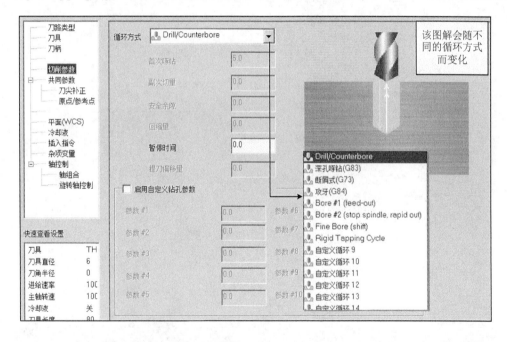

图 2-96　"2D 刀路-钻孔/全圆铣削深孔钻-无啄孔"对话框"切削参数"选项

④ 共同参数：设置如图 2-97 所示。其中"深度"文本框右侧有一个"深度计算"按钮，用于盲孔加工由于钻头锥角而增加的深度值，因为钻头的锥尖是刀位点。

⑤ 刀尖补正：如图 2-98 所示，通孔加工可激活并设置钻头的"贯通距离"（即补正），并自动计算孔加工钻头 Z 轴的实际深度值。

⑥ 原点/参考点：按实际需要设置，要求同前所述。

3）刀具轨迹与仿真加工，如图 2-99 所示。

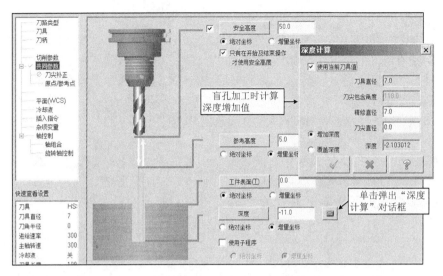

图 2-97　"2D 刀路-钻孔/全圆铣削深孔钻-无啄孔"对话框"共同参数"选项

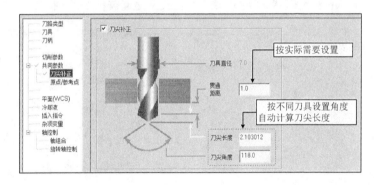

图 2-98　"2D 刀路-钻孔/全圆铣削深孔钻-无啄孔"对话框"刀尖补正"选项

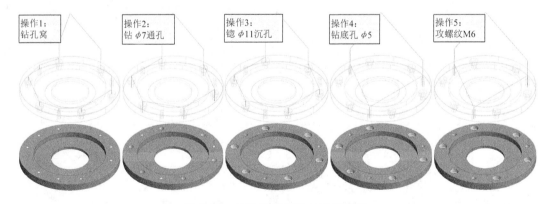

图 2-99　钻孔加工刀轨与实体仿真

3．钻孔加工示例

以下以图 2-95 所示模型的钻孔加工为例进行分析，该加工模型的钻孔加工包括 6 个 ϕ7mm 孔钻孔及其 ϕ11mm 深度 5mm 的沉孔锪孔、3 个 M6 螺纹底孔钻孔及攻螺纹。为提高孔加工位置精度，首先必须先对所有待钻孔钻定位孔窝。因此，该零件的钻孔加工工艺为：钻孔窝→

钻 ϕ7mm 通孔→锪 ϕ11mm 沉孔→钻底孔 ϕ5mm→攻螺纹 M6。以下按该工艺简述加工编程过程。

（1）钻孔窝（操作 1）　共 9 个孔，刀具选择"定位钻"（俗称定心钻，也可用中心钻代替），循环方式设置为"Drill/Counterbore（输出 G81），循环时间 0"，共同参数参照图 2-97 设置，其中深度值设置为-2 左右，刀尖补正设置为"不激活"。

（2）钻 ϕ7mm 通孔（操作 2）　可直接创建，但复制操作 1 更快，这里以复制操作 1 为例。共 6 个孔，刀具选择" ϕ7 钻头"（即普通高速钢麻花钻），循环方式与循环时间不变，共同参数设置为"深度值-11.0"，刀尖补正设置为"激活，贯通距离 1.0，刀尖角度 118.0"。

（3）锪 ϕ11mm 沉孔（复制操作 1 为操作 3）　共 6 个孔，刀具为"创建一把 ϕ11 的沉头钻"（也可用平底立铣刀代替），循环方式"Drill/Counterbore，循环时间 0.5（输出 G82）"，共同参数设置为"深度值-5.0"，刀尖补正设置为"不激活"。

（4）钻底孔 ϕ5mm（复制操作 2 为操作 4）　共 3 个孔，刀具选择" ϕ5 钻头"（整体硬质合金麻花钻，锥角 140°），循环方式设置为"断屑式（G73），Peck5.0"，共同参数设置为"深度值-11.0"，刀尖补正设置为"激活，贯通距离 1.0，刀尖角度 140.0"。

（5）攻螺纹 M6（复制操作 4 为操作 5）　共 3 个孔，刀具选择"M6 丝锥"，循环方式设置为"攻牙（G84）"，共同参数设置为"深度值-11.0"，刀尖补正设置为"激活，贯通距离 3.0，刀尖角度 180.0"。

（6）刀具路径与实体仿真　如图 2-99 所示。这些刀轨看起来非常相似，若要深刻理解，建议后处理输出加工程序，仔细研究程序结果、对应的固定循环指令以及手工编程的优劣。

2.4.2　全圆铣削加工与分析

"全圆铣削"是以圆弧插补指令铣削为主，将径向尺寸逐渐扩大至所需尺寸的整圆孔铣削策略。对于盲孔，可采用螺旋方式下刀；对于精度要求稍高的圆孔，可采用半精铣与精铣工步；对于深度稍大的圆孔，可采用深度分层铣削。全圆铣削加工是一种加工精度略逊于镗孔，但灵活性较大的孔加工工艺之一，适用于长径比不大的大圆孔加工。

全圆铣削设置并不复杂，这里以图 2-95 中间的 ϕ100mm 的圆形槽为例进行讨论。要说明的是，这里仅是用于全圆编程练习，实际中这个圆形槽车削加工更为合理。全圆铣削操作步骤如下。

1．编程前准备

包括铣床模块的进入与加工毛坯的设置。铣床模块的进入操作略。加工毛坯设置为 ϕ140mm×11mm 的圆柱体。

2．全圆铣削加工编程

全圆铣削加工编程步骤如下：

（1）创建全圆铣削操作　以图 2-95 中的 ϕ100mm 的圆形槽铣削为例。单击"铣床→刀路→2D→孔加工→全圆铣削"按钮，弹出"选择钻孔位置"对话框和操作提示，选择 ϕ100mm 的孔底面圆心（或选取图形等），单击"确定"按钮，弹出"2D 刀路-全圆铣削"对话框。

（2）"2D 刀路-全圆铣削"对话框设置

1）刀路类型：默认为"全圆铣削"加工策略。

2）刀具：从刀具库中选择一把 D20 平底铣刀。

3）切削参数：设置如图 2-100 所示，其中"圆柱直径"参数灰色显示捕抓圆的直径值，若在弹出"选择钻孔位置"对话框时仅仅捕抓了不含曲线圆的点，如"原点 ⊹ 原点"等，则该参数为可编辑状态的 0.0。

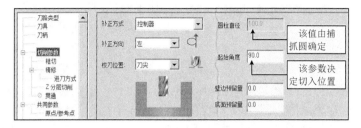

图 2-100　全圆铣削"切削参数"选项设置

4）粗切：如图 2-101 所示，主要设置粗铣加工参数，包括粗铣螺旋下刀参数的设置。

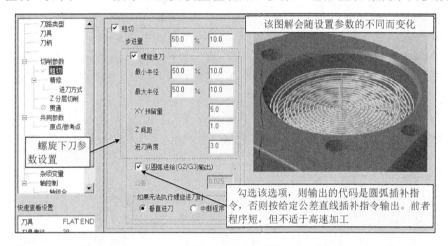

图 2-101　全圆铣削"粗切"选项设置

5）精修：如图 2-102 所示，可设置半精铣和精修加工及其参数。若设置半精铣后发现半精铣与精铣之间过渡刀路出错，可尝试关闭"进刀方式"选项中的"高速进刀"选项。

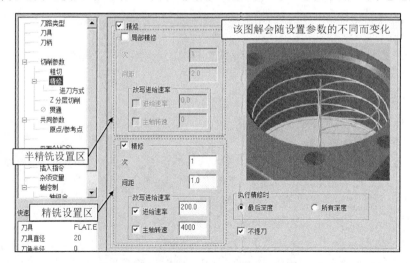

图 2-102　全圆铣削"精修"选项设置

6）进刀方式：设置如图 2-103 所示。

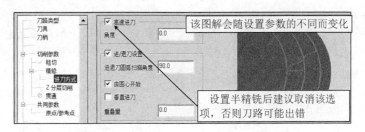

图 2-103　全圆铣削"进刀方式"选项设置

7）Z 分层切削：当切削深度较大时，可激活并设置 Z 分层切削功能，参数设置基本同前。

8）贯通：用于通孔加工切削深度延伸量的设置。

9）共同参数：与前述基本相同，去除"安全高度"与"参考高度"勾选，其余的参数设置为下刀位置"5.0"、工件表面"0.0"、深度"-7.0"。参考点设置自定。

（3）生成刀轨与实体仿真　如图 2-104a 所示。

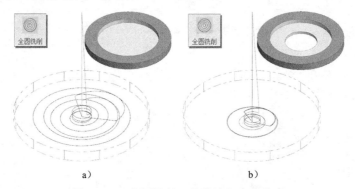

a)　　　　　　　　　　　　b)

图 2-104　全圆铣削刀具轨迹与实体仿真

3．全圆铣削通孔加工编程

下面以图 2-95 中的 ϕ52 圆通孔为例进行讨论。首先复制上一个操作，然后修改如下参数：

1）"刀路类型"选项中修改加工圆曲线圆心点。

2）"粗切"选项中修改螺旋进刀的最小半径"30%"。

3）"精修"选项中勾选"局部精修"，设置"精修 1 次，间距 2.0"。

4）"进刀方式"中取消勾选"高速进给"。

5）勾选"贯通"选项，设置贯通距离"2.0"。

6）"共同参数"选项修改工件表面为"-7.0"，深度为"-11.0"。

修改后更新刀轨并实体仿真，如图 2-104b 所示。

2.4.3　螺旋铣孔加工与分析

"螺旋铣孔"加工以螺旋插补指令轴向螺旋切削为主的圆孔铣削策略。其通过改变粗切次数、多次螺旋铣削扩大孔径。另外，还可启动精修加工，提高孔的加工精度。螺旋铣孔加工适用于长径比较大的大圆孔加工,但需要注意的是铣削孔的精度不如镗孔的精度高。

这里以例 2-2（见图 2-61）中的操作 9 螺旋铣孔（铣中间 ϕ26mm 孔）为例进行讨论。螺旋铣孔操作步骤如下：

（1）初始条件　假设当前文档已加工到例 2-2 的操作 8，接下来准备进行铣 ϕ26mm 孔的操作 9。光盘中给出了文档"图 2-108_螺旋铣孔前.mcam"，打开后可另存为"图 2-108_螺旋铣孔.mcam"，做完后可与光盘中给出的结果文档"图 2-108_螺旋铣孔.mcam"进行比较。

（2）螺旋铣孔加工编程

1）单击"铣床→刀路→2D→孔加工→螺旋铣孔"按钮，弹出"选择钻孔位置"对话框和操作提示，选择 ϕ26mm 的孔上边界圆心，如图 2-105 所示。单击"确定"按钮，弹出"2D 刀路-螺旋铣孔"对话框。

图 2-105　螺旋铣孔圆心捕抓

2）"2D 刀路-螺旋铣孔"对话框设置如下：

① 刀路类型：默认为"螺旋铣孔"加工策略。

② 刀具：在刀具列表中选中 D16 平底铣刀（前述挖槽使用的刀具）。

③ 切削参数：设置如图 2-106 所示。

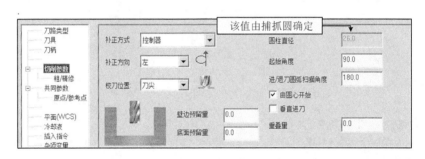

图 2-106　螺旋铣孔"切削参数"选项设置

④ 粗/精修：设置如图 2-107 所示。本例孔径不大，所以粗切次数设置为 1。当刀具的刀齿长度大于孔深度时可选择"圆形"精修方式，其输出的代码为圆弧插补指令，否则，选用螺旋插补选项。

⑤ 共同参数：去除"安全高度"与"参考高度"勾选，其余的参数设置为下刀位置"5.0"、工件表面"-2.0"、深度"-28.0"。参考点设置自定。

3）生成刀轨与实体仿真，如图 2-108 所示。

这里介绍的螺旋铣孔加工精度不如镗孔加工，这点仅从编程的角度是看不出来的，具体原因涉及金属切削原理与加工工艺的问题，该内容超出了本书范畴，因此不详细展开讨论。若要获得更高的加工精度，可将螺旋铣孔作为粗铣（不需设置精修刀路），留出 1mm 左右的加工余量，然后再增加一道镗孔工艺即可。

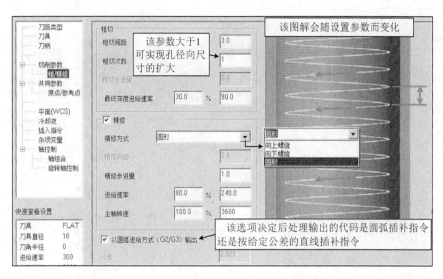

图 2-107 螺旋铣孔"粗/精修"选项设置

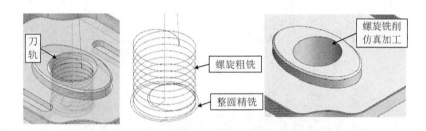

图 2-108 螺旋铣孔刀具轨迹与实体仿真

2.4.4 螺纹铣削加工与分析

初识"螺纹铣削"感觉似乎有难度,为什么呢?原因是缺乏对铣削方法与铣削刀具知识的了解。

1. 螺纹铣削基础知识

(1)螺纹铣削刀具 目前常见的螺纹铣削刀具按结构分为整体式与机夹式两种,如图 2-109 所示。前者多用于尺寸较小的螺纹加工,而后者则主要用于加工尺寸较大的螺纹。螺纹铣削刀具按刀齿数量分主要有单牙与多牙形式。

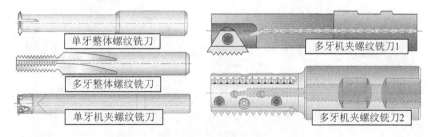

图 2-109 螺纹铣削刀具常见结构型式

(2)螺纹铣削方法 螺纹铣削可用于外、内螺纹的加工,螺纹铣削的刀路规划涉及外、内螺纹、顺铣与逆铣等。图 2-110 所示为螺纹铣削加工方法。

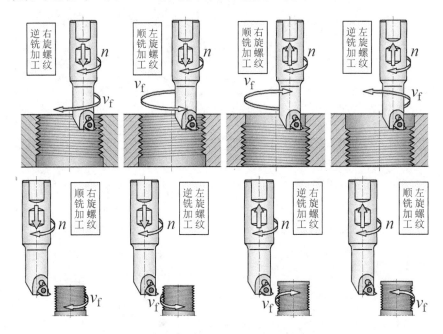

图 2-110　螺纹铣削加工方法

2. 螺纹铣削加工编程

螺纹铣削刀具一般由专业厂家生产，部分专业螺纹铣削刀具商常常还会提供螺纹加工编程软件或典型程序供用户参考，有意深入研习的读者可查阅相关刀具厂商资料。这里仅就 Mastercam 软件提供的螺纹铣削加工编程方法进行讨论。

图 2-111 所示为一个螺纹加工参考模型（光盘中给出了其工程图及尺寸），其包含外、内螺纹各一个。对于 M42×2 的螺纹，其螺纹底孔直径为 ϕ39.402mm，对于 M30×2 的螺纹，其螺纹底孔直径为 ϕ27.9mm，未注倒角取 C2，按照这些参数，可构造出图 2-112 所示的毛坯模型。光盘中给出了毛坯模型文件"图 2-112_毛坯模型.stp 和图 2-112_毛坯模型.mcam"和结果文档"图 2-119_螺纹铣削.mcam"供学习参考。

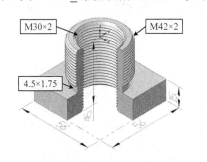
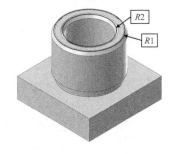

图 2-111　螺纹加工模型　　　图 2-112　螺纹铣削毛坯与编程模型

（1）外螺纹加工编程　这里以图 2-111 所示的 M42×2 细牙螺纹加工为例。

1）模型的导入与加工毛坯的设置。首先导入图 2-112 所示 STP 格式的毛坯模型

"图 2-112_毛坯模型.stp"（过程略），并将该实体模型在属性中设置为加工毛坯，即在"机床群组"的"属性"中设置实体毛坯，再在模型顶面构造出直径分别为 ϕ39.402mm 和 ϕ30mm 的两个圆，作为螺纹加工编程确定圆直径的图形，如图 2-112 中的 R1mm 和 R2mm 圆曲线。

2）外螺纹加工编程。单击"铣床→刀路→2D→孔加工→螺纹铣削"按钮，弹出"选择钻孔位置"对话框和操作提示"选择点图形，完成时按[ESC]"。用鼠标捕抓 R1mm 圆的圆心（系统其实已提取了圆的直径），单击"确定"按钮后弹出"2D 刀路-螺纹铣削"对话框。

3）"2D 刀路-螺纹铣削"对话框设置如下：

① 刀路类型：默认为"螺纹铣削"加工策略。注意其右侧的"点图形"和"圆弧图形"的信息显示均有 1 条，这就是上一步捕抓圆 R1mm 的原因，或许捕抓其他圆的圆心也可以，但圆弧直径不正确。

② 刀具：在刀具列表框空白处右击，弹出快捷菜单，执行"创建新刀具"命令，创建一把多牙螺纹刀具，刀具参数设置如图 2-113 所示，其类似于图 2-109 中的"多牙机夹螺纹铣刀 2"，刀齿长度需大于待加工螺纹的有效长度。

图 2-113　多牙螺纹刀具参数设置

③ 切削参数：设置如图 2-114 所示。其中"控制器"补正方式是保证加工精度的必需。

④ 进/退刀设置：设置如图 2-115 所示。其中引线长度不得为 0，圆弧半径确保切入/切出的平稳及切入点的表面光顺。

⑤ XY 分层切削：设置如图 2-116 所示。XY 分层切削相当于进行粗、精加工，可提高加工质量，但螺纹铣削不同于车削螺纹，其进给速度不高，因此也可不分层加工。

⑥ 共同参数：安全高度设置为"20"，勾选"只有在开始及结束操作才使用安全高度"，下刀位置设置为"5.0"，螺纹顶部位置设置为"0.0"，螺纹深度位置设置为"−27.0"。参考点设置自定。注意共同参数设置中没有"贯通"选项设置，因此贯通部分的深度要自己加入到深度设置值中。

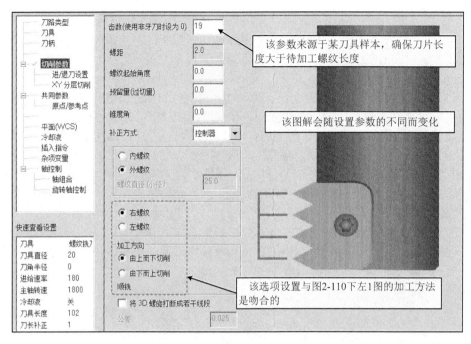

图 2-114 外螺纹铣削"切削参数"设置

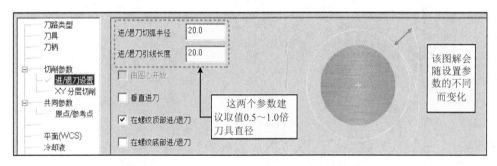

图 2-115 外螺纹铣削进/退刀参数设置

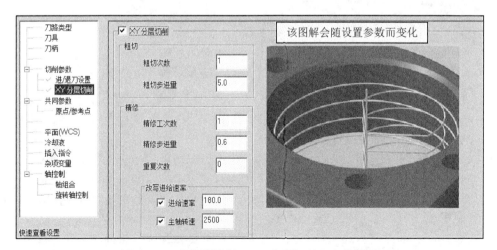

图 2-116 外螺纹铣削"XY 分层切削"参数设置

4）生成刀轨与实体仿真，如图 2-119 所示。

（2）内螺纹加工编程　这里以图 2-111 所示 M30×2 细牙螺纹加工为例。其编程步骤与外螺纹基本相同，简述如下（也可复制上一个操作快速编程）：

1）模型的导入与加工毛坯的设置。与前述基本相同，这里注意编程圆弧为 φ30mm 圆，即图 2-112 中的 R2 曲线。

2）单击"铣床→刀路→2D→孔加工→螺纹铣削"按钮，弹出"选择钻孔位置"对话框和操作提示，用鼠标捕抓 R2mm 圆的圆心，单击"确定"按钮后弹出"2D 刀路-螺纹铣削"对话框。

3）"2D 刀路-螺纹铣削"对话框设置如下：

① 刀路类型：默认为"螺纹铣削"加工策略。

② 刀具：此处按图 2-117 所示设置一把单牙螺纹铣刀。单牙螺纹铣刀成本较低，灵活性较大，但铣削时间较长。

图 2-117　单牙螺纹刀具参数设置

③ 切削参数：设置如图 2-118 所示。由于为单牙螺纹铣刀，因此螺距的设置是必需的。

④ 进/退刀设置：参数设置为进/退刀切弧半径"7.0"，勾选"由圆心开始"和"在螺纹底部进/退刀"。

⑤ XY 分层切削：这里为观察刀具轨迹方便，假设不分层加工，实际中可根据需要设置。

⑥ 共同参数：螺纹深度位置设置为"-47.0"，其余同前述的外螺纹设置。

4）生成刀轨与实体仿真，如图 2-119 所示。从图中可见，外螺纹铣削由于刀齿长度大于螺纹长度，故仅需一个螺旋循环即可完成整个螺纹的加工，而内螺纹铣削由于为单牙刀具，故需要足够的螺纹循环切削才能切削出完整的螺纹加工，适应范围宽。

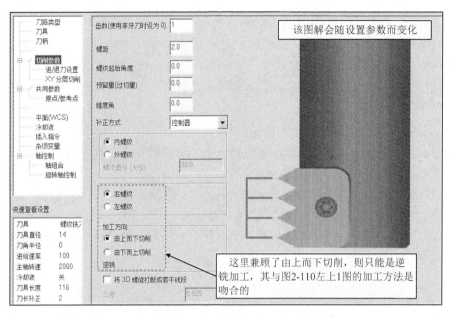

图 2-118　内螺纹铣削"切削参数"设置

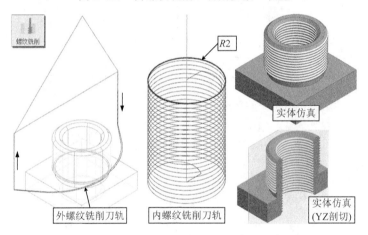

图 2-119　外、内螺纹铣削加工刀具轨迹与实体仿真

3．知识拓展与分析

（1）刀齿长度小于螺纹有效长度的多牙螺纹铣刀切削加工　由图 2-119 可见，若螺纹铣刀的刀齿长度大于等于螺纹有效长度时，只要切削一个螺旋循环即可完成整个螺纹的加工，切削效率较高。但实际中更常见的还是多齿螺纹刀具的刀齿长度小于螺纹有效长度的情形，这时只需多切几个螺旋循环即可。

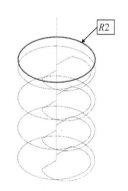

图 2-120　7 牙多齿刀铣削内螺纹刀具轨迹

Mastercam 软件同样也能自动处理这个问题。图 2-120 所示为上述单牙铣刀切削螺纹操作中将刀具齿数改为 7 齿（将图 2-117 中的"刀齿长度"改为 14 即可）后铣削 M30×2 内螺纹的刀具轨迹，增加的切削循环的次数由系统自动计算，编程还是很方便的。光盘中给出了结果文档

"图 2-120_螺纹铣削（内孔 7 牙刀）.mcam"供参考。

（2）图 2-111 所示模型的立方体毛坯加工工艺分析　这时，加工编程模型可简化为只需螺纹底孔直径 $\phi 39.402$mm 和 $\phi 30$mm 圆曲线 $R1$ 和 $R2$ 即可。这时，就得增加若干工步，读者有兴趣可按以下要求尝试。

1）加工工艺为：粗、精铣外圆（D20 平底铣刀，外形斜插铣削）→铣退刀槽（外形铣削）→粗、精铣内圆（D20 平底铣刀，外形斜插铣削）→倒角（外形铣削 2D 倒角）→（创建毛坯，该步骤可不要）→外螺纹铣削→内螺纹铣削。按此工艺加工编程后的实体仿真步骤如图 2-121 所示。光盘中给出了结果文档"图 2-121_螺纹铣削（方坯）.mcam 和图 2-121_螺纹铣削（内孔 7 牙刀，方坯）.mcam"供参考。

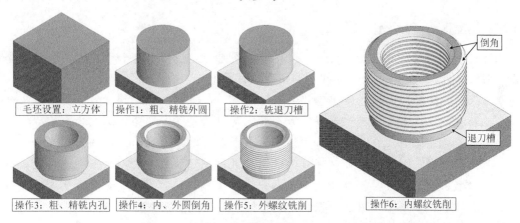

图 2-121　立方体毛坯螺纹铣削实体仿真步骤图解

2）铣退刀槽说明。上述加工编程中，仅退刀槽铣削显得似乎陌生，但其实质仍然是外形铣削，只是需创建一把槽铣刀。创建刀具的参数设置如图 2-122 所示。

图 2-122　创建槽铣刀的参数设置

3）螺旋铣削加工的应用分析。至此，可以看出，螺旋铣削是一种非常实用的加工方法。若 CNC 系统具有螺旋加工指令，这时直接用螺旋指令编程较为方便，否则，可以勾选对话框中的"将 3D 螺旋打断成若干线段"（参见图 2-118），并可设置直线插补公差值，这时输出的加工代码是非常多的短直线段（注意直线插补指令 G01 可以走空间直线）。

螺旋铣削在各种铣削策略中常常用于下刀方式。在"外形"铣削加工策略中的"斜插"铣削方式即是一种广义的螺旋外形铣削刀具路径，当用于圆弧线铣削时，就自然转化为典型的螺旋铣削加工，这点通过图 2-121 中的外形斜插铣削圆柱或内孔操作后处理输出加工代码就可一目了然。

2.4.5 孔加工综合示例

以下综合示例要求参照 2.2.3 节中图 2-54 与图 2-55 的介绍，在一个文档中通过建立不同的"视图面板"，实现同一个零件不同工作坐标系（WCS）的加工操作。

例 2-4 已知工件的加工和毛坯模型"例 2-4_模型.stp 和例 2-4_毛坯.stp"，要求导入 STP 格式的加工模型，用"合并"命令导入毛坯模型并定义为加工毛坯，然后按先加工底面、后加工顶面顺序加工编程。底面加工加工工艺为：铣平面。顶面加工加工工艺为：钻孔窝→钻两通孔→锪两沉孔→全圆铣孔→铣倒角→螺旋粗铣孔→精镗孔→铣两侧面。图 2-123 所示给出了加工编程的"刀路"管理器及其对应的加工步骤。要求参照图示步骤，完成其加工编程，并另存盘为"例 2-4_加工.mcam"文档，然后与光盘中相应文档进行比较。

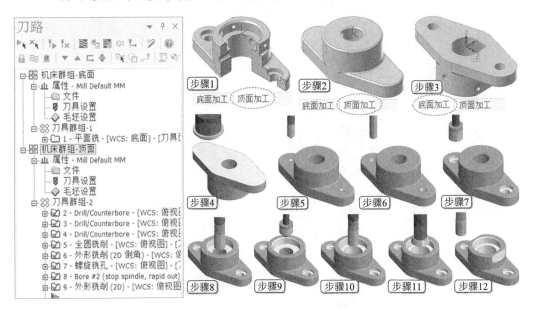

图 2-123 孔加工综合示例

操作步骤简述如下：

步骤 1：启动 Mastercam 2017，导入加工模型"例 2-4_模型.stp"，并分析相关几何参数。由于导入的模型默认是工件上表面几何中心与世界坐标系重合，因此以此平面（默认为"俯视图"）为加工顶面的工作坐标系，将此视图面板标签重命名为"顶面加工"。注意：默认情况下，俯视图为 WCS 平面，且 C 与 T 平面均跟随为 WCS 平面。

步骤 2：执行"文件→合并"命令，导入毛坯模型"例 2-4_毛坯.stp"。执行"机床→铣床类型→铣床▼→默认（D）"命令，进入铣削加工模块，同时在"刀路"管理器创建一个机床群组，将其重命名为"机床群组-顶面"，再单击"机床群组→属性→毛坯设置"标签，定义实体模型"例 2-4_毛坯.stp"为加工毛坯。

步骤 3：在平面操作管理器中，按"依照实体面"方式，以底面几何中心为原点，按图 2-123 所示要求建立一个平面，并重命名为"底面"平面，单击"机床群组→属性→毛坯设置"标签，弹出"机床群组属性"对话框，默认进入的为"毛坯设置"选项卡，单击"毛坯平面"区域的"选择平面"按钮▣，选择刚创建的"底面"平面为毛坯平面，即可设置该"底面"平面为底面加工时的工作坐标系。然后，新建一个视图面板并将其命名为"底面加工"，单击平面操作管理器标签，进入"平面操作管理器"，将"底面"设置为WCS 并且将 C 与 T 平面设置为跟随 WCS 平面，完成"底面加工"视图面板的设置。

为照顾阅读习惯，可按住视图面板标签拖放，按图 2-123 所示从左至右设置为"底面加工""顶面加工"的顺序。另外，可按住"刀路"中的"机床群组"标签拖放，按图 2-123所示从上至下设置为"机床群组-底面""机床群组-顶面"的加工顺序。

步骤 4：铣底平面，创建"操作 1-平面铣"。在"机床群组-底面"中创建，刀路类型设置为"平面铣削"，刀具库中面铣刀选择"FACE MILL–42/50"，双向铣削刀路，深度分 2 层加工，精铣深度设置为 1.0mm。

步骤 5：钻孔窝，创建"操作 2-Drill/Counterbore"。在"机床群组-顶面"中创建（下同），刀路类型设置为"钻孔"，循环方式设置为"Drill/Counterbore"，加工刀具为 D12 中心钻（刀具库中称之为"NC SPOT DRILL-12"），钻孔深度设置为"-3.0"。

步骤 6：钻通孔，创建"操作 3-Drill/Counterbore"。刀路类型设置为"钻孔"，加工刀具为 D12 钻头（高速钢麻花钻，刀具库中称之为"HSS/TINDRILL"），循环方式设置为"Drill/Counterbore"，钻孔深度设置为"-19.0"。

步骤 7：锪沉孔，创建"操作 4-Drill/Counterbore"。刀路类型设置为"钻孔"，创建新刀具方式（创建一把 D22 沉头孔钻），循环方式设置为"Drill/Counterbore"，钻孔深度设置为"-5.0"。

步骤 8：全圆铣孔，铣削上部大的浅孔，创建"操作 5-全圆铣削"。刀路类型设置为"全圆铣削"，刀具库中创建 D20 平底铣刀，补正方式设置为"控制器"，采用粗、精修加工。

步骤 9：铣圆孔倒角，铣削上部大圆孔倒角，创建"操作 6-外形铣削（2D 倒角）"。刀路类型设置为"外形铣削"，刀具库中创建 D16 的 90° 倒角刀（刀具库中称之为"CHAMFER MILL 16/90DEG"），补正方式设置为"控制器"，外形铣削方式设置为"2D 倒角"，倒角参数按 C2 倒角。

步骤 10：螺旋粗铣孔，创建"操作 7-螺旋铣孔"。刀路类型设置为"螺旋铣孔"，加工刀具为 D20 平底铣刀，壁边预留量设置为"1.0"。

步骤 11：精镗孔，创建"操作 8-Bore#2"。刀路类型设置为"钻孔"，创建新刀具方式（创建一把 D35 镗刀），循环方式设置为"Bore#2（step spindle，rapid out）"。

步骤 12：铣两侧面，创建"操作 9-外形铣削"。刀路类型设置为"外形铣削"，补正方式设置为"控制器"，D20 平底铣刀，壁边预留量设置为"0.0"。

本 章 小 结

本章主要介绍了 Mastercam 2017 软件 2D 铣削加工编程，内容包括 2D 普通铣削加工编程和 2D 高速铣削（动态铣削）加工编程，另外还介绍了常用的孔加工编程。

2D 普通铣削加工是传统的加工策略，适用于普通三轴数控铣削加工，应用广泛；而 2D 高速铣削（动态铣削）加工编程是为适应现代高速数控铣削加工技术而开发的加工策略，近年来，各类编程软件均推出了这类高速铣削刀路，因此应认真研读，必要时可以尝试使用。螺纹铣削加工难度稍大，但随着数控加工技术的发展，这种工艺会逐渐被广泛应用，所以值得研习。

学完这章内容后，读者可自行选择其他相关图例尝试编程，以检验自己的学习效果。

第❸章 3D 数控铣削加工编程 >>>

Mastercam 编程软件的 3D 铣削加工（即三维铣削加工）类似于 UG 中的轮廓铣加工。为方便选择加工模型，3D 铣削的加工模型一般为曲面模型，所以又称为三维曲面加工。Mastercam 2017 中的三维铣削加工功能集中在铣床"刀路"选项卡"3D"选项列表中，归结起来可分为"粗切"与"精切"加工两大类，即机械制造中常说的粗铣削与精铣削加工。

3.1 3D 铣削加工基础、加工特点与加工策略

1．铣削加工概念与特点

3D 铣削加工主要用于三维复杂型面的加工，依据加工工艺要求，常分为粗铣削与精铣削加工两类工序。粗铣削主要用于高效率、低成本的快速去除材料，其刀具选择原则是尽可能选择直径稍大的圆柱平底铣刀或小圆角的圆角铣刀。精加工主要为了保证加工精度与表面质量，为更好的拟合加工曲面，一般选用球面半径小于加工模型最小圆角半径的球头铣刀或圆角铣刀。粗、精加工之间可根据需要增加半精加工，半精加工是粗、精铣削加工之间的过渡工序，目的是使精加工时的加工余量不要有太大的变化。半精加工的刀具直径一般略小于粗铣加工，刀具形式可以是圆柱平底铣刀或圆角铣刀，其中刀尖圆角稍大的圆角铣刀还可作为小曲率曲面的精铣削加工刀具。

与 2D 铣削类似，传统的 3D 铣削加工，切削用量的选择也是遵循低转速、大切深、小进给的原则，但随着机床、刀具技术的进步，近年来的高速铣削加工，切削用量的选择多采取高转速、小切深（包括背吃刀量 a_p 和侧吃刀量 a_e）、大进给的原则选取。高速铣削加工要求切削力不能有太大的突变，包括刀具轨迹不能有尖角转折，这在 Mastercam 2017 的高速铣削加工策略的刀具轨迹上可见一斑。

2．Mastercam 2017 铣削加工策略

3D 铣削加工策略（3D 刀路）集成在铣床"刀路"选项卡的 3D 选项列表中，分为粗切与精切两部分，默认为折叠状态，需要时可上下滚动或展开使用，如图 3-1 所示。

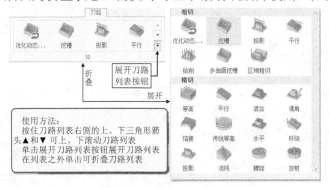

图 3-1　3D 刀路列表的展开与折叠

在 Mastercam 软件中，实体模型选择表面曲面不如曲面模型选择方便，为此，在"曲面"选项卡"创建"选项区有一个"由实体生成曲面"按钮，利用此功能可快速地将实体模型的表面提取出来转化为表面曲面模型。对于实体建模或外部导入的 STP 等格式模型在编程之前一般要提取实体的曲面模型。为了模型的管理方便，建议单独建立曲面图层并提取实体表面至该图层。

3．3D 铣削加工基础

从编程的角度看，每次加工前均必须做几项基础工作。

（1）加工模型的准备　CAM 的特点就是要有一个加工模型，在加工编程过程中通过指定加工表面并提取相关几何参数来进行自动编程。Mastercam 作为一款 CAD/CAM 软件，从其自身的 CAD 模块直接造型和绘制自然是一种常规的方法[1]。然而，现实生产中，作为自动编程，用户的数字模型往往不一定是 Mastercam 创建的模型，更多的是其他通用三维软件创建的 3D 模型或其转化而成的常用数据交换格式的数字模型（如本书大部分练习模型均采用 STP 格式模型），这种模型属于实体类模型，对这种模型进行 3D 铣削编程时，为方便选择加工曲面和曲线，常常要提取出实体模型的表面，即创建了一个曲面模型。另外，编程时常常要用到曲线串连，因此，往往还要提取部分曲线。以下以一个 STP 格式的五角星模型（五角星.stp）为例展开讨论，光盘中有相应的文档供学习参考。

1）导入"五角星.stp"模型文件（导入的 STP 格式模型为实体模型），同时，按功能键 F9 显示世界坐标系，预览到世界坐标系位置并不理想，因为工作坐标系一般建立在工件上表面几何中心，即五角星顶端。另外，模型的颜色视觉效果也不理想，该模型的颜色为深灰色（颜色属性中编号 8 的色彩）。

2）实体模型颜色的修改。在"建模"选项卡"颜色"选项区操作。修改颜色前可先清除全部颜色。第 1、2 步操作如图 3-2 所示。

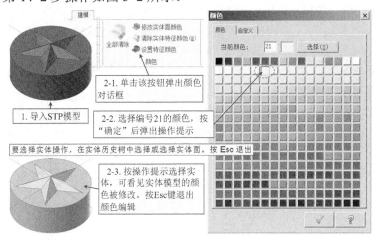

图 3-2　导入模型及颜色的修改

3）在"层别"管理器中建立实体、曲面与曲线 3 个图层。其中实体图层可见图形列表中有 1 个图形，即当前导入的实体模型。

4）激活当前图层为图层 2，利用"曲面"操作管理器"由实体生成曲面"按钮提取实体模型的曲面。提取出的曲面颜色默认为系统当前曲面属性的颜色。第 3、4 步操作如图 3-3 所示。注意：提取曲面模型的颜色可提取前设置或后续修改。

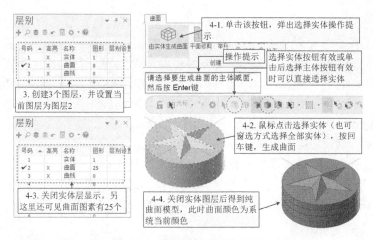

图 3-3　设置图层及提取曲面

5）修改曲面颜色。单击鼠标右键，单击"主页"选项卡"选择全部"按钮（该按钮在快捷菜单中也有），弹出操作提示：选择要改变属性的图形。窗选全部曲面，按"结束选择"按钮，弹出"属性"对话框，设置颜色、图层等属性后，单击"确定"按钮，完成曲面模型颜色的修改。操作过程如图 3-4 所示。

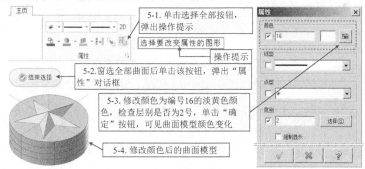

图 3-4　修改曲面颜色

6）提取串连曲线。首先，激活当前图层为图层 3，在"主页"选项卡中设置当前图线的颜色、线型和线宽等。然后，利用"草图"选项区"曲线"选项区的"单一边界线"按钮或"所有曲线边界"按钮提取曲面的边界曲线，操作过程如图 3-5 所示。对于不在一个平面上的曲面，可以利用"转换"选项卡"转换"选项区的"投影"按钮将边界曲线投影到同一平面中。

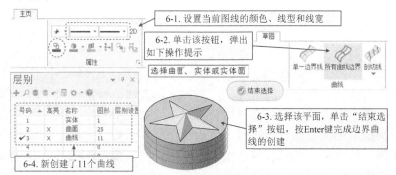

图 3-5　提取曲面边界曲线

（2）工作坐标系的建立　加工编程时，工作坐标系的设置是必需的工作。Mastercam 中常见的建立工作坐标系的方法是将工件欲建立的工作坐标系（WCS）移动到世界坐标系位置，如图 3-6a 所示。另一种方法是不用移动工件，而是在工件上指定点建立一个工作坐标系，并在编程时指定其为工作坐标系（具体操作参见 1.4.1 节和 1.4.8 节的内容），如图 3-6b 所示。前者是大部分读者习惯的操作，且操作较为简单，因此本书主要以这种方法为主进行讨论。

关于工件移动至世界坐标系原点的操作，系统在"转换"选项卡"转换"选项区有专门的功能按钮——"移动到原点"按钮。另外，通过查询工作坐标系原点与世界坐标系原点之间的坐标关系，利用"转换"选项卡"转换"选项区的平移、镜像、旋转等功能也能实现这一操作。值得一提的是"移动到原点"功能必须在"3D"绘图模型下进行。

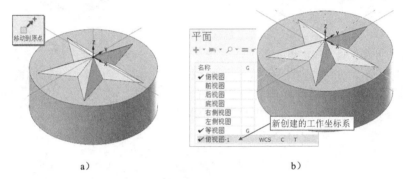

a)   b)

图 3-6　工作坐标系的设定说明

a）工作坐标系移动至世界坐标系　b）新建工作坐标系与世界坐标系不重合

（3）铣床加工模块的进入　通过"机床"选项卡"机床类型"选项区的"铣床"下拉列表可进入多种预置的编程环境，其中"默认（D）"选项编程环境的后处理默认设置是 FANUC 数控系统的代码系统，能够满足大部分需要。实际中的编程环境取决于自身使用的数控机床，本书均采用"默认（D）"选项进入铣床编程模块。关于加工毛坯的设置与前述基本相同，这里就不再详细介绍了。

3.2　3D 铣削粗加工及其应用分析

3D 铣削粗加工主要用于高效率、低成本的快速去除金属材料。Mastercam 2017 软件提供了 7 种 3D 粗铣加工策略，参见图 3-1。

3.2.1　3D 挖槽粗铣加工与分析

3D "挖槽"粗铣加工（在本章中也简称挖槽加工，注意其与 2D 挖槽加工不同）是应用广泛且出现较早的加工策略之一，属于传统 3D 铣削加工范畴。挖槽粗铣加工的字面含义似乎是指凹槽模型（型腔）的粗加工，实际上，其对凸台模型（型芯）粗铣加工同样适用，如图 3-7 所示。挖槽加工编程一般要选择串连曲线来确定切削范围，凹槽模型粗铣加工一般选择模型的凹槽型面轮廓边界，而凸台模型加工则选择模型的最大边界（即毛坯边界）。切削范围曲线也可以自行绘制一个等于或大于所需边界的简单图形作为切削范围串连曲线，切削范围曲线对 Z 轴高度无要求。

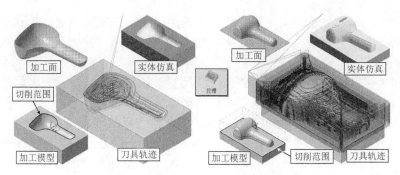

图 3-7　3D 挖槽粗铣加工示例与分析

1. 加工前准备

这里加工模型以图 3-7 所示的 STP 格式加工文档"图 3-7 凹挖槽加工.stp 和图 3-7 凸挖槽加工.stp"为例,光盘中有相应的文档供学习参考。

首先,读入 STP 格式的加工模型;然后,基于"主页"选项卡"分析"选项区的相关功能按钮对模型进行分析,并移动工件至世界坐标系原点建立工作坐标系。

其次,提取实体模型的曲面和切削范围曲线等,必要时按自己的需要设定实体、曲面和曲线的颜色。

然后,进入铣床加工模块,定义加工毛坯,观察并建立工作坐标系。

加工前准备的结果如图 3-8 所示。凹件工作坐标系建立在工件上表面几何中心,具体可做一条对角辅助线,捕抓中点移动工件与世界坐标系重合(操作过程略)。凸件需要应用边界盒功能查询最大高度,操作过程图解如图 3-9 所示,工作坐标系定义在工件最高处几何中心,定义加工毛坯时上表面再留 1mm 加工余量。

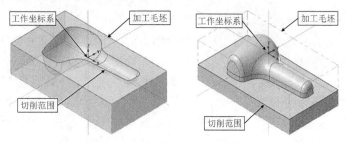

图 3-8　3D 挖槽加工模型准备

图 3-9 所示为凸件加工前准备与基于"边界盒"查询尺寸应用示例图解。操作步骤如下:

1) 导入 STP 格式的加工模型"图 3-7 凸挖槽加工.stp"。注意:光盘中给出的模型朝向、颜色与工作坐标系的位置均不理想。另外,可将底面的框线调整至图层 2。

2) 基于"转换→转换→镜像[图]"⊖功能,调整模型型面朝上,并修改实体颜色。

3) 在底面绘制辅助对角线,并基于"转换→转换→移动至原点[图]"功能捕抓辅助线中点,将模型和辅助线等移动至世界坐标系原点。

4) 应用"边界盒"功能,操作步骤如下:

① 单击"草图→形状→边界盒"按钮[图],弹出操作提示"选择图形时,使用 Ctrl+A 选择全部"等。

⊖ 此处仅为获得凸件练习模型,故未用"旋转"功能。

② 按组合键 Ctrl+A 选择实体等，单击"结束选择"按钮完成选择，视窗中可预览实体模型外套着一个边界盒模型，并可在弹出的"边界盒"操作管理器中看到边界的尺寸，如 Z 向高度为 42.703。

若仅仅是为了查询尺寸，则可记住该高度尺寸，然后单击边界盒右上角的"取消"按钮![icon]，退出边界盒功能。也可继续以下操作创建边界盒框线。

③ 单击边界盒右上角的"确定"按钮![icon]，可创建边界盒框线。

后续还可用这个框线创建"立方体"实体模型，并可用这个实体模型创建"毛坯"等。

5）单击"转换→转换→平移"按钮![icon]，将加工模型等向下移动 42.703，建立工作坐标系。

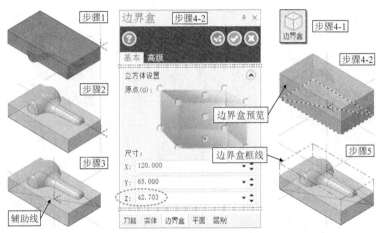

图 3-9　边界盒查询尺寸应用示例

2．3D 挖槽粗铣加工操作的创建与参数设置

这里以图 3-7 所示凹槽挖槽模型 3D 挖槽粗铣加工为例，光盘中有相应文档供学习参考。

（1）3D 挖槽粗铣加工操作的创建　单击"铣床→刀路→3D→粗切→挖槽"按钮![icon]，弹出"选择加工曲面"操作提示，以俯视图视角窗选凹槽型面，返回等视图，单击"结束选择"按钮，弹出"刀路曲面选择"对话框，可见加工面区域显示有 11 个已选择的曲面图素。单击"切削范围"区域的"选择"按钮![icon]，弹出"串连选项"对话框，以"线框"模式"串连"方式选择凹槽型面边界曲线，单击"确定"按钮，返回"刀路曲面选择"对话框，可见切削范围区域显示有 1 条范围串连图素。单击"确定"按钮，弹出"曲面粗切挖槽"对话框，默认进入"刀具参数"选项卡。

（2）3D 挖槽粗铣加工参数设置　该参数设置主要集中在"曲面粗切挖槽"对话框。该对话框还可单击已创建的"曲面粗切挖槽"操作下的"参数"标签![icon]激活并修改。下面未提及的参数读者可自行通过设置并观察刀轨的变化逐步理解学习。

1）"刀具参数"选项卡及其参数设置（见图 3-10）。该对话框主要用于设置刀具及其刀具号、刀补号和切削参数等，右下角的"参考点"按钮可设置刀路的"进入/退出点"等。图 3-10 中从刀库中创建了一把 D8R1 的圆角立铣刀并设置了其切削参数等。

2）"曲面参数"选项卡及其参数设置（见图 3-11）。该选项卡的参数包括后续加工余量和安全高度、参考高度、下刀位置和工件表面的高度参数等设置。图 3-11 中设置了精加工余量为 0.6mm。另外，在实体仿真时看到后面有部分未加工到，因此将默认切削范围区域的刀具位置由"中心"改为"外"。

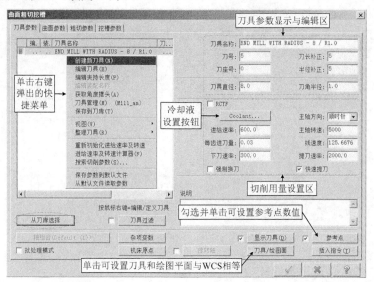

图 3-10　"曲面粗切挖槽"对话框"刀具参数"选项卡及其参数设置

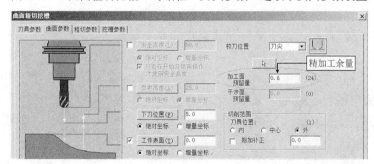

图 3-11　"曲面粗切挖槽"对话框"曲面参数"选项卡及其参数设置

　　3）"粗切参数"选项卡及其参数设置（见图3-12）。图中设置了"Z 最大步进量"。另外，默认未选中的"铣平面"按钮，勾选后单击会弹出"平面铣削加工参数"对话框，设置参数后，生成的刀路仅对模型的所有平面进行加工。读者可接着"练习3-2"，复制一个"曲面粗切挖槽"操作，并激活"铣平面"按钮 铣平面(F)，将加工面预留量改为0，再次更新刀轨并仿真，其功用原理就一目了然了。

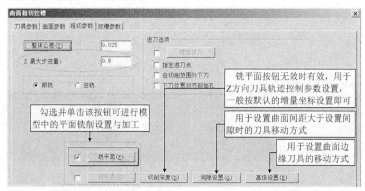

图 3-12　"曲面粗切挖槽"对话框"粗切参数"选项卡及其参数设置

4）"挖槽参数"选项卡及其参数设置（见图 3-13）。该对话框中的各种切削方式（刀路）值得深入研究，具体可通过生成的刀路结合机械加工相关知识判断。

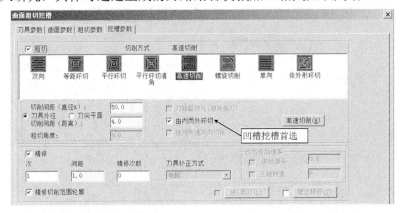

图 3-13　"曲面粗切挖槽"对话框"挖槽参数"选项卡及其参数设置

3．生成刀具路径及其路径模拟与实体仿真

第 1 次设置完成"曲面粗切挖槽"对话框中的参数并单击"确定"按钮，系统会自动进行刀路计算并显示刀路。若后续激活所做的参数修改，则需单击"刀路"操作管理器上方的"重建全部已选择的操作"按钮🔁等重新计算刀具轨迹。

"刀路"操作管理器和"机床"选项卡"模拟"选项区均含有"路径模拟"按钮🔀和"实体仿真"按钮🔳，可对已选择并生成的刀路操作进行路径模拟与实体仿真（参见图 3-7）。

4．3D 挖槽粗铣加工练习

（1）基本练习　以下给出的两个练习中，"要求①"是基本练习，"要求②"若多次练习熟练后可不做。

练习 3-1：已知 STP 加工模型"练习 3-1.stp"文档和已完成加工前准备的"练习 3-1.mcam"文档。要求：①打开"练习 3-1.mcam"文档，进行相关设置，完成其加工编程并存盘"练习 3-1_加工.mcam"文档；②有兴趣的读者可读入"练习 3-1.stp"文档，尝试加工前的准备工作练习，达到"练习 3-1.mcam"文档的要求。

练习 3-2：已知 STP 加工模型"练习 3-2.stp"文档和已完成加工前准备的"练习 3-2.mcam"文档。要求：①打开"练习 3-2.mcam"文档，进行相关设置，完成其加工编程并存盘"练习 3-2_加工.mcam"文档；②有兴趣的读者可读入"练习 3-2.stp"文档，尝试加工前的准备工作练习，达到"练习 3-2.mcam"文档的要求。

练习 3-1 和练习 3-2 3D 挖槽粗铣练习参数设置及操作步骤简述参见表 3-1。

表 3-1　3D 挖槽粗铣练习参数设置及操作步骤

项目名称	练习 3-1	练习 3-2
打开文档名称	练习 3-1.mcam	练习 3-2.mcam
加工曲面与切削范围	加工曲面　切削范围	加工曲面　切削范围

（续）

项目名称	练习 3-1	练习 3-2
"刀具参数"选项卡	从刀库中选择一把 D8R1 圆角立式铣刀,切削用量等自定,参考点（0，0，100）	从刀库中选择一把 D12 平底铣刀,刀号、刀补号、切削用量等自定,参考点（0，0，100）
"曲面参数"选项卡	加工面预留量 0.6mm,其余自定	加工面预留量 0.6mm,切削范围的刀具位置选择"外"单选项,其余自定
"粗切参数"选项卡	Z 最大步进量 0.8,其余自定	Z 最大步进量 1.2,勾选"由切削范围外下刀",其余自定
"挖槽参数"选项卡	切削方式为"高速切削",切削间距（直径%）50,勾选"由内而外环切"选项,其余自定	切削方式为"平行环切清角",切削间距（直径%）50,取消"由内而外环切"勾选,其余自定
刀轨与实体仿真	类似于图 3-7	类似于图 3-7
对照学习文档	练习 3-1_加工.mcam	练习 3-2 加工.mcam

（2）拓展练习 以下给出的两个练习文档,读者可尝试先练习,然后与光盘中给出的加工结果对照检查。

练习 3-3 和练习 3-4:图 3-14 所示为练习 3-3 和练习 3-4 加工模型,光盘中给出了"练习 3-3.stp、练习 3-4.stp"和"练习 3-3.mcam、练习 3-4.mcam"文档以及加工完成的文档"练习 3-3_加工.mcam、练习 3-4_加工.mcam",要求读者按照练习 3-1 和练习 3-2 的要求,参照表 3-1 的项目完成凹模型型腔与凸模型外廓的 3D 挖槽粗加工自动编程工作,并对其进行实体仿真。加工刀具要求:练习 3-3 采用 D16R1 圆角铣刀,练习 3-4 采用 D16 平底铣刀。

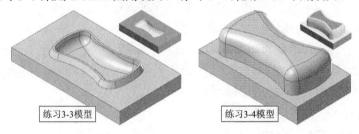

练习3-3模型　　　　练习3-4模型

图 3-14　练习 3-3 和练习 3-4 加工模型

3.2.2　平行粗铣加工与分析

"平行▨"粗铣加工是在一系列间距相等的平行平面中生成的在深度方向（Z 向）分层逼近加工模型轮廓切削的刀轨。这些生成刀轨的平面垂直于 XY 平面且与 X 轴的夹角可设置。平行粗铣加工适用于细长零件的凸形模型加工,加工编程时同样要求指定切削范围,平行粗铣加工后局部可能留下较多的余料。与 3D 挖槽粗铣类似,平行粗铣加工也属于传统铣削加工范畴。图 3-15 所示为"练习 3-2"模型应用平行粗铣加工策略粗铣加工的刀具轨迹与实体仿真等。

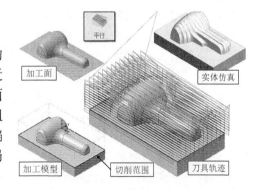

图 3-15　平行粗铣加工示例

1．加工前准备

这里加工模型以图 3-16 所示的 STP 格式加工模型"图 3-16.stp"为例,拟平行粗铣加工模型外形。

步骤 1：读入 STP 格式的加工模型，初步观察可见其底面与世界坐标系重合，XY 平面中心与世界坐标系不重合，为此，拟进行调整。首先，在底面左右中心绘制一条辅助线，然后用"移动到原点☑"功能捕抓辅助线中点，先移动模型 XY 平面几何中心与世界坐标系重合（图中未示出）；其次，进入铣削加工模块，利用"草图→形状→边界盒☐"功能，可查得加工模型的高度约为 14.819mm，因此，再利用"平移☑"功能将模型向下移动 14.819mm，实现了工作坐标系建立在加工模型上表面几何分中处，如图 3-16 所示。

步骤 2：提取实体的曲面与编程曲线。如图 3-16 所示，提取的曲面删除了底面以及沉孔内曲面，并将上部曲面进行了修补（"曲面"选项卡"修剪"选项区的"填补内孔☐"功能）。提取的曲线包括底边边界和上窗口底面边界，后者用于窗口平面铣削。在填补曲面后可见，曲面高度略高于世界坐标系原点，但重新基于毛坯设置功能发现，其高出的距离不多（15.466mm–14.819mm=0.647mm），因此不再移动加工模型。

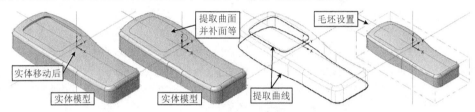

图 3-16　加工模型的准备

步骤 3：进入铣床加工模块，创建加工毛坯，观察并建立工作坐标系。

考虑到工件的装夹，毛坯设置为立方体形状，各表面余量为：上表面约 1mm，总高为 28mm，左、右、前、后均为 3mm。圆整后最终的毛坯尺寸为 102mm×44mm×28mm，毛坯原点视图坐标为（0，0，1.6），如图 3-16 所示。

2．平行粗铣加工操作的创建与参数设置

以图 3-16 所示的模型外廓曲面粗铣加工为例。该模型加工工艺为：外形铣削（D16）→平行铣削粗铣（D12R1）→平行铣削精铣（BD12）→流线精铣圆角（D12R1）。最后一步可考虑不要。以下以圆角铣刀 D12R1 平行铣削粗铣上部曲面为例，光盘中有相应文档供学习参考。

（1）平行粗铣加工操作的创建　单击"铣床→刀路→3D→粗切→平行"按钮☐，弹出"选择工件形状"对话框，选择"凸"单选项，单击"确定"按钮，弹出操作提示"选择加工曲面"（参见图 3-19），切换至"前视图"方向，窗选上部的曲面部分，切换回"等视图"视角，单击"结束选择"按钮，弹出"刀路曲面选择"对话框，可见加工面区域显示有 20 个已选择的曲面图素。单击"切削范围"区域的"选择"按钮☑，弹出"串连选项"对话框，以"线框"模式"串连"方式选择底部边界曲线（参见图 3-19），单击"确定"按钮，返回"刀路曲面选择"对话框，可见切削范围区域显示有 1 条范围串连图素。单击"确定"按钮，弹出"曲面粗切平行"对话框，默认进入"刀具参数"选项卡。

（2）平行粗铣加工参数设置　该参数设置主要集中在"曲面粗切平行"对话框。该对话框还可单击已创建的"曲面粗切平行"操作下的"参数"标签☐ 参数激活并修改。

1）"刀具参数"选项卡。与前述 3D 挖槽粗切基本相同，此处从刀库中创建一把 D12R1 圆角立铣刀，参考点设置为（0，0，120），其余未尽参数自定。

2）"曲面参数"选项卡。与前述 3D 挖槽粗切基本相同，但多一个"干涉面预留量"设置文本框可用，如图 3-17 所示。所谓"干涉面"即避免加工的面，可单击"选择"按钮☑

去选择所需的干涉面。

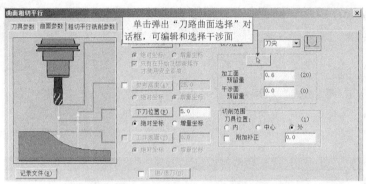

图 3-17　"曲面粗切平行"对话框"曲面参数"选项卡

3）"粗切平行铣削参数"选项卡。该选项卡中的参数专为平行粗铣加工设置，如图 3-18 所示。虚线框出的部分为平行粗铣加工主要的参数设置区域。这里因为注重切削性能而选用了非球头刀，若用 0°加工角度，则在凹陷处会留有一定的残料，而改用 90°加工角度则可加工到凹陷部分。

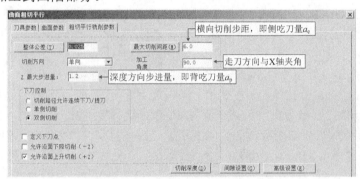

图 3-18　"曲面粗切平行"对话框"粗切平行铣削参数"选项卡

3．生成刀具路径及其路径模拟与实体仿真

"曲面粗切平行"对话框中参数设置完成后，生成刀轨，并实体仿真。若不满意，则重新激活该对话框并编辑参数，再次生成刀路并仿真，可反复进行，直至满意。图 3-19 所示为该平行铣削粗铣加工的刀路轨迹与实体仿真。

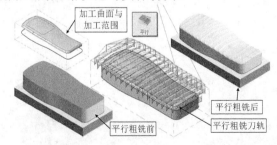

图 3-19　平行粗铣刀路轨迹与实体仿真

4．平行粗铣加工练习

（1）基本练习　要求导入图 3-16 所示模型的 STP 文档，完成该零件的平行铣削粗铣加工编程工作。

练习 3-5：已知 STP 加工模型"练习 3-5.stp"文档，要求完成加工前准备工作并存盘为"练习 3-5.mcam"文档，接着完成"外形铣削→平行铣削粗铣"两步操作并存盘为"练习 3-5_加工.mcam"文档。光盘中配有"练习 3-5.mcam 和练习 3-5_加工.mcam"文档，可打开参照学习。

练习步骤简述如下：

1）启动 Mastercam 2017，读入"练习 3-5.stp"文档。

2）参照前面的介绍，完成加工前的准备工作，包括：移动实体建立工作坐标系，改变实体颜色，提取实体曲面并删除部分曲面和填补窗口曲面构造编程曲面，改变曲面颜色，按图 3-16 所示提取编程串连曲线，设置加工毛坯等。

3）加工编程，参数设置如下：

① 2D 外形铣削加工（操作1）：加工串连"底面边界曲线"。加工策略为2D"外形"铣削。"2D 刀路-外形▨"铣削对话框设置：刀路类型选择"外形铣削"；刀具设置为"D16 平底铣刀"；切削参数设置为"控制器补正，左补偿，2D 铣削方式，壁边和底面预留量0，"；Z 分层切削设置为"最大粗切步进量8.0"；进/退刀设置设置为"重叠量2，其余默认"；共同参数设置为"下刀位置6.0，工件表面1.6，深度-15.819"（均绝对坐标）；参考位置设置为"进入/退出点（0，0，120）"。

② 平行铣削粗铣加工（操作 2）：参照本节前面介绍的参数设置。

（2）拓展练习

练习 3-6：基于"练习 3-2.mcam"文档，按下述简述要求完成其平行粗铣铣削加工编程并存盘为"练习 3-6_加工.mcam"文档。可与光盘中相应的文档进行比较。

加工要求简述如下：加工曲面、切削范围与切削参数等参见表 3-1 中的"练习 3-2"。加工策略为"3D 平行粗铣"。"曲面粗切平行"对话框设置：刀具设置为"D12 平底立铣刀"；参考点设置为"进入/退出点（0，0，100）"；加工面预留量设置为"0.6"，下刀位置设置为"5.0"；切削范围设置为"外"单选项；Z 最大步进量设置为"1.2"；最大切削间距设置为"6.0"；加工角度设置为"0.0"；下刀控制设置为"双侧切削"。加工刀轨与实体仿真参见图 3-15。

3.2.3 插削（钻削）粗铣加工与分析

插削铣削（简称插铣，Plunge Milling）的刀具进给运动为轴向方向，类似于钻孔，所以 Mastercam 中翻译为"钻削"粗加工，但钻削加工选择刀具时容易误认为选择钻头，因此本书回归加工工艺，用词以插削铣削或插铣为主。插铣加工的主切削刃为端面切削刃，其工作条件劣于圆周切削刃加工，但刀具轴向方向的刚度等远大于横向方向，因此插铣加工的进给速度等一般取得较大，加工效率较高。图 3-20 所示为插铣加工示例。

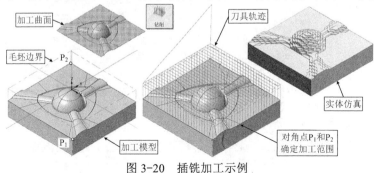

图 3-20　插铣加工示例

1．加工前准备

这里加工模型以图 3-20 所示的 STP 格式加工文档"图 3-20.stp"为例，采用插铣方式粗铣加工，光盘中有相应文档供学习参考。

步骤 1：读入 STP 格式的加工模型，初步观察可见其加工面朝下（图 3-21 中的第 1 步），因此，首先要利用"转换"选项卡"转换"选项区的"镜像"功能将模型加工面翻转至朝上的加工状态（图 3-21 中的第 2 步）。接着，参照上一节介绍的方式，在底面做一条辅助线，然后用"移动到原点 ↗"功能捕抓辅助线中点，先移动模型 XY 平面几何中心与世界坐标系重合，接着下移模型，利用"草图"选项卡"形状"选项区的"边界盒 ▣"功能快速地查询模型的边界尺寸，查询结果高度方向的尺寸为 52.958mm，因此，再利用"平移 ↗"功能将模型向下移动 52.958mm，实现了工作坐标系建立在加工模型上表面几何分中处，如图 3-21 中的第 3 步所示。

步骤 2：提取实体的曲面与编程曲线。图 3-21 中的第 4 步为提取实体模型的曲面。这里切削的编程曲线为矩形（后续加工的切削范围曲线），因此直接捕抓角点绘制一个矩形即可，如图 3-21 中第 5 步所示。

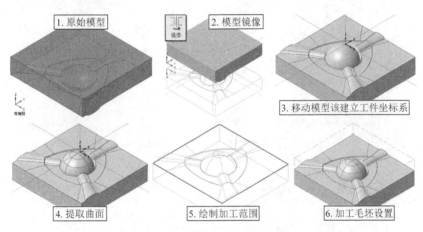

图 3-21　加工模型准备步骤

步骤 3：进入铣床加工模块，创建加工毛坯，观察并建立工作坐标系。零件毛坯为立方体，考虑到上表面留有 1mm 的加工余量，因此，利用实体模型"边界盒"方式创建加工毛坯（参见第 5 步），圆整后的毛坯尺寸为 150mm×145mm×54mm。

以上数据显示，加工时的毛坯为 150mm×145mm×54mm，对刀时的加工坐标系建立在毛坯上表面几何分中处材料内部 1mm 位置。

2．插铣粗加工操作的创建与参数设置

这里以图 3-21 所示的模型插铣粗加工为例。光盘中有相应文档供学习参考。

（1）插铣粗加工操作的创建　单击"铣床→刀路→3D→粗切→钻削"按钮 ▣，弹出"选择加工曲面"操作提示，以"前视图"视角窗选加工型面（参见图 3-20），返回"等视图"视角，单击"结束选择"按钮，弹出"刀路曲面选择"对话框，可见加工面区域显示有 58 个已选择的曲面图素。这里不选择干涉面，因此，单击"确定"按钮，弹出"曲面粗切钻削"对话框（该对话框设置见下面的介绍），单击"确定"按钮，弹出操作提示"在左下角选择下刀点"，选择图 3-20 所示的 P_1 点，再次弹出操作提示"在右上角选择下刀点"，选择图 3-20 所示的 P_2 点，选择结束后，系统自动计算加工轨迹，计算完成后显示出刀具轨迹。

注意，最后两步选择两个对角点类似于前述挖槽等操作的选择切削范围，因此，这两点的选择要求是两点构成的矩形范围包含加工曲面，选择时的左、右要求不是绝对的，甚至在俯视图视角下任意单击两点构成的矩形包含加工曲面即可。

（2）插铣粗加工参数设置　主要集中在"曲面粗切钻削"对话框。

1）"刀具参数"选项卡及其参数设置。与挖槽粗铣加工基本相同，但注意到插铣刀在默认的刀库中是没有的，因此，最好新建一把插铣刀。学习时可以直接选择平底铣刀练习，实际中以加工刀具为准。这里参照参考文献[8]创建新的插铣刀，刀具参数设置为：刀齿直径20、总长度185、刀齿长度6、刀肩长度30、刀肩直径20、刀杆直径20、刀齿数2等。参考点自定。

2）"曲面参数"选项卡及其参数设置。与平行粗铣（见图3-17）的参数设置基本相同，但切削范围不可编辑，如图3-22所示。要想编辑切削范围，必须在该操作下的"图形"标签下单击"图形-2网格"标签 ■ 图形-2网格 进行。

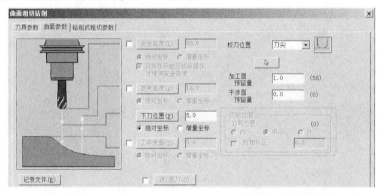

图 3-22　"曲面粗切钻削" 对话框"曲面参数"选项卡

3）"钻削式粗切参数"选项卡及其参数设置。该参数设置是插铣加工参数设置的主要部分，参见图3-23中的说明。

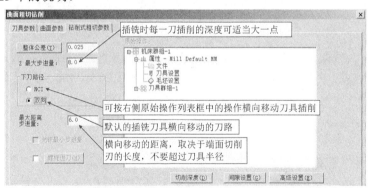

图 3-23　"曲面粗切钻削"对话框"钻切式粗切参数"选项卡

3．生成刀具路径及其路径模拟与实体仿真

"曲面粗切钻削"对话框中的参数设置完成后单击"确定"按钮，系统将自动计算并生成刀轨，用户可"刀路模拟"或"实体仿真"刀具路径，直至满意。3D铣削一般采用实体仿真观察。刀具轨迹与实体仿真结果参见图3-20。

4．插铣粗加工练习

（1）基本练习　要求导入图 3-21 所示模型的 STP 文档，完成该零件的插铣粗加工编程工作。

练习 3-7：已知 STP 加工模型"练习 3-7.stp"文档，要求完成加工前准备工作并存盘为"练习 3-7.mcam"文档，接着完成其插铣粗加工操作并存盘为"练习 3-7_加工.mcam"文档（也可直接调用光盘中的"练习 3-7.mcam"文档进行插铣粗加工操作练习）。操作步骤参见本节上述介绍。

（2）拓展练习　光盘中给出了"练习 3-8.stp"文档和"练习 3-8.mcam"文档，读者可调用相应文档进行插铣加工练习，并存盘为"练习 3-8_加工.mcam"文档。

练习 3-8：已知"练习 3-8.stp"和"练习 3-8.mcam"文档，调用相应文档进行插铣加工练习，并另存盘为"练习 3-8_加工.mcam"文档，再将其与光盘上的相应文档进行比较。

加工要求简述如下：加工模型与加工曲面如图 3-24 所示，加工毛坯设置时工件上表面留 1mm 加工余量。加工策略为"钻削"。"曲面粗切钻削"对话框设置：刀具选择"D20 插铣刀"；参考点设置为"进入/退出点（0，0，150）"；加工面预留量设置为"0.6"，下刀位置设置为"5.0"；Z 最大步进量设置为"10.0"；下刀路径设置为"双向"；最大距离步进量设置为"8.0"。加工刀轨与实体仿真等参见图 3-24。

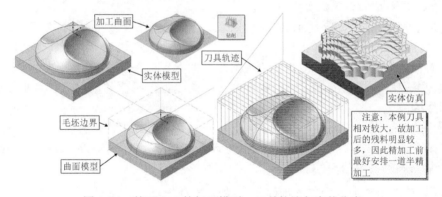

图 3-24　练习 3-8 的加工模型、刀具轨迹与实体仿真

3.2.4　优化动态粗铣加工与分析

"优化动态▣"粗铣加工是充分利用刀具圆周切削刃去除材料，然后分层逼近加工曲面，实现高效的粗铣加工的策略。它是一种动态高速铣削刀轨，在拐角处可自动生成摆线式刀轨。同时，还可通过"毛坯"选项"剩余材料"的设置实现半精加工等。

图 3-25 所示为优化动态粗铣加工示例，加工曲面高度为 28.085mm，壁边与底面预留量为 0.6mm，工作坐标系设置在五角星顶端，设置的分层深度为 10mm，每层内步进量为 1mm。因此，系统自动计算出刀轨的分层情况是 3 层，第 1 层 Z-8.085，第 2 层 Z-18.085，第 3 层 Z-27.485。刀具首先按第 1 层 Z-8.085 切削，按壁边预留量逼近加工曲面，然后按步进量 1mm 向上逐层逼近加工曲面，共分 10 步；同理，转入第 2 层 Z-18.085 切削逼近加工曲面，再转为步进量 1mm 向上分 10 步逼近加工曲面。本例中，第 3 层不足分层深度设定值，因此，按加工底面减去底面预留量 0.6mm 的分层深度 Z-27.485（即第 3 层）切削逼近加工曲面后，再转为步进量 1mm 向上分 9 步逼近加工曲面完成粗铣加工，最终加工表面距离模型底面 0.6mm，XY 平面距离加

工曲面 0.6mm 逼近。上述分析，读者可进入"实体仿真"模式动态观察，仿真时开启"刀路"选项还可观察到凹拐角处的动态摆线刀路，刀轨坐标值查询可通过"主页"选项卡"分析"选项区的"刀路分析"按钮▣动态查询。

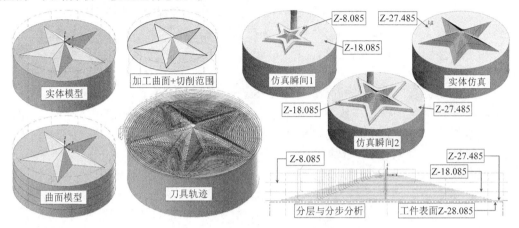

图 3-25　优化动态粗铣加工示例

1. 加工前准备

这里加工模型以图 3-25 所示的 STP 格式加工文档"图 3-25.stp"为例。

首先，读入 STP 格式的加工模型；然后，利用"主页"选项卡"分析"选项区的相关功能按钮对模型进行分析，并移动五角星顶端至世界坐标系原点建立工作坐标系。

其次，提取实体模型的加工曲面和切削边界曲线等，必要时按自己的需要设定实体、曲面和曲线的颜色。

然后，进入铣床加工模块，创建加工毛坯，观察并建立工作坐标系。

加工前准备的结果参见图 3-25，加工毛坯为圆柱体，直径为 280mm，查询的工件厚度约 128.085mm，考虑顶面的加工余量，毛坯圆整后的高度取 130mm。

2. 优化动态粗铣加工操作的创建与参数设置

这里以图 3-25 所示的五角星凸件模型优化动态粗铣加工为例。光盘中有相应文档供学习参考。

（1）优化动态粗铣加工操作的创建　单击"铣床→刀路→3D→粗切→优化动态粗切"按钮▣，弹出"选择加工曲面"操作提示，以"前视图"视角选择加工曲面，返回"等视图"视角，单击"结束选择"按钮，弹出"刀路曲面选择"对话框，可见加工面区域显示有 11 个已选择的曲面图素。单击"切削范围"区域的"选择"按钮 ▣，弹出"串连选项"对话框，以"线框"模式"串连"方式选择底面外边界曲线，单击"确定"按钮，返回"刀路曲面选择"对话框，可见切削范围区域显示有 1 条范围串连图素。单击"确定"按钮，弹出"曲面粗切挖槽-优化动态粗切"对话框，默认进入"刀路类型"选项页面（注意这个对话框和前面 2D 铣削的对话框十分相似）。

（2）优化动态粗铣加工参数设置　该参数设置主要集中在"曲面粗切挖槽-优化动态粗切"对话框。该对话框同样可单击对应操作下的"参数"标签▣参数激活并修改。

1）"刀路类型"选项设置（见图 3-26）。有 2D 基础的读者可直接进行操作。该选项设置页面的刀路类型有"粗切"和"精修"两个单选项，可直接进行 3D 高速曲面刀路粗、精铣刀路类型的切换，实现快速的选择，也就是说可以通过复制已建立的加工操作，快速设置新的操作。这种方法在前述 2D 铣削加工编程中经常用到。

2）"刀具"选项设置。与前述 2D 动态铣削介绍的设置类似。本例选择了一把 D20 平底铣刀。

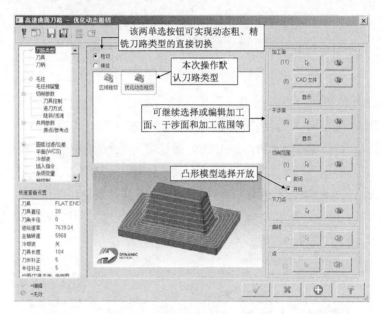

图 3-26　"优化动态粗切"对话框"刀路类型"选项设置

3）"毛坯"选项设置（见图 3-27）。默认是未激活状态（参见图 3-26），粗加工时一般不需设置。单击"毛坯"选项并勾选"剩余材料"复选框，可进行前面加工剩余材料的加工（又称残料加工）及半精加工等。

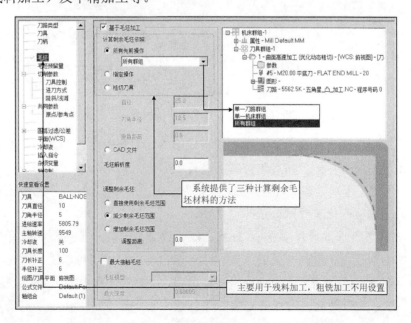

图 3-27　"优化动态粗切"对话框"毛坯"选项设置

4)"毛坯预留量"选项设置（见图 3-28）。留作后续加工的余量，壁边与底部可以设置不同的值。

图 3-28 "优化动态粗切"对话框"毛坯预留量"选项设置

5)"切削参数"选项设置。该设置是优化动态粗铣加工设置的主要部分，如图 3-29 所示。看图设置即可。图中的分层深度与步进量与图 3-25 所示的刀轨对应。若不勾选步进量，则刀轨按分层深度逐层往下切，这时的分层深度不宜设置得太大。步进量是将分层深度进一步向上逐层切削。若分层深度设置得较大，则切削间距不能设置太大，取刀具直径的 20%～40% 即可。若不勾选步进量，直接逐层向下铣削，则分层深度设置一般也不能大，这时切削间距可适当增大。读者实操观察不同视角刀轨，可见其具有高速动态铣削的特点，因此有微量提刀、最小刀路半径等参数设置。

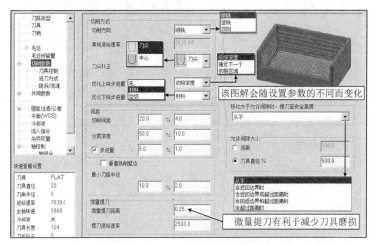

图 3-29 "优化动态粗切"对话框"切削参数"选项设置

6)"刀具控制"选项设置。该设置是基于切削串连曲线确定的刀具偏置设置参数，较为简单，看图设置即可，一般在实体仿真后进行调整。

7)"进刀方式"选项设置。其实质是下刀方式，如图 3-30 所示。下刀方式不同，其参数与提示图解会相应变化，看图设置即可操作。

8)"陡斜/浅滩"选项设置（见图 3-31）用于设置最高与最低位置参数，其实质是设置深度方向的切削范围。最高与最低位置参数可以自动检测，也可以手工设置与修改。图中自动检测到的最高位置是模型的最高位置 0，因此手工计算毛坯上表面位置并设置为 1.915mm。注意：若自动检测的深度与实际相差较大时，建议手工修改，该值甚至可修改至毛坯上表面以上任意距离。

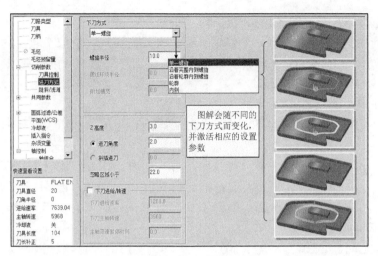

图 3-30　"优化动态粗切"对话框"进刀方式"选项设置

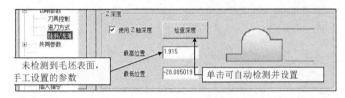

图 3-31　"优化动态粗切"对话框"陡斜/浅滩"选项设置

9)"共同参数"选项设置（见图 3-32）比 2D 铣削的"共同参数"以及图 3-11 所示老版本的"曲面参数"设置选项中的设置要丰富得多，如"进/退刀"参数中增加了垂直进刀/退刀圆弧设置参数等，这些都是适应高速加工的参数。

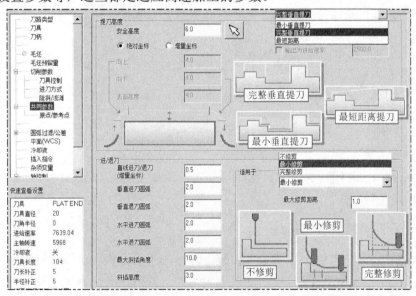

图 3-32　"优化动态粗切"对话框"共同参数"选项设置

10)"原点/参考点"选项设置。一般仅需设置参考点参数即可。

3．生成刀具路径及其路径模拟与实体仿真

"曲面粗切挖槽-优化动态粗切"对话框参数设置完成后，生成刀轨，并实体仿真。若不满意，则重新激活该对话框并编辑参数，再次生成刀路并仿真，可反复进行，直至满意。刀具轨迹与实体仿真参见图 3-25。

4．优化动态粗铣加工练习

（1）基本练习　要求导入图 3-25 所示模型的 STP 文档，完成该零件的优化动态粗铣加工编程工作。

练习 3-9：已知 STP 加工模型"练习 3-9.stp"文档，要求完成加工前准备工作并存盘为"练习 3-9.mcam"文档，接着完成优化动态粗铣加工并存盘为"练习 3-9_加工.mcam"文档。光盘中配有"练习 3-9.mcam 和练习 3-9_加工.mcam"文档，可打开参照学习。

练习步骤简述如下：

1）启动 Mastercam 2017，读入"练习 3-9.stp"文档。

2）参照图 3-25 及其对应的介绍完成加工前的准备工作，包括：移动实体建立工作坐标系，改变实体颜色，提取实体曲面，改变曲面颜色，提取编程串连曲线，设置加工毛坯等。

3）加工编程如下：

① 加工曲面与切削范围等参见图 3-25。

②"刀路类型"选项设置参见图 3-26。

③"刀具"选项设置，从刀库中选择一把 D20 平底铣刀，其他参数自定。

④"毛坯"选项设置，粗铣不用激活。

⑤"毛坯预留量"选项设置，壁边/底面预留量均为 0.6mm。

⑥"切削参数"选项设置参见图 3-29 所示的设置。

⑦"刀具控制"选项设置，选中补正区域"中心"单选项。

⑧"进刀方式"选项设置，采用"单一螺旋"下刀方式，螺旋半径设置为"10.0"。

⑨"陡斜/浅滩"选项设置参照图 3-31。

⑩"共同参数"选项设置参见图 3-32。

⑪"参考点"选项设置自定。

4）观察刀具轨迹与实体仿真，直至满意为止。

（2）拓展练习　如下所述。

练习 3-10 和练习 3-11：将 3.2.1 节的"练习 3-1_加工.mcam 和练习 3-2_加工.mcam"3D 挖槽粗铣加工操作改为优化动态粗铣加工并存盘为"练习 3-10_加工.mcam 和练习 3-11_加工.mcam"，并比较优化动态粗铣与挖槽粗铣加工刀具轨迹的特点，逐渐体会这两种加工策略的应用异同点。

3.2.5　3D 区域粗铣加工与分析

3D"区域粗切🔘"粗铣加工是一种快速去除材料的粗铣加工策略，与优化动态粗铣加工同类，均属 Mastercam 2017 软件中的高速粗铣加工策略，可快速加工凹槽类与凸台类模型（如型腔与型芯等），通过"毛坯"选项"剩余材料"的设置，可实现区域粗铣残料加工，即机制工艺常说的半精铣加工。

下面通过一个示例来观察区域粗铣加工刀具轨迹的特点并进行动态实体仿真分析。

图 3-33 所示为图 3-24 所示"练习 3-8"的加工模型将原来的"插铣"粗加工操作更换为"区域粗铣"加工的结果。图中刀具轨迹显示有较多的圆弧切削，其中主要是局部加工区域较小、系统自动动态摆线处理形成的刀路，另外，少量的螺旋切入刀路是典型的高速切削刀路特征。图中的实体仿真结果显示深度分层较厚，直边中间处有较多的余料未去除，这主要是为了刀具轨迹图形显示的需要，将深度值设的较大和切削范围太小的原因，若将"刀具控制"选项中默认的补正设置"中心"改为"外部"或绘制并选择一条大一点的切削串连就可以解决这些问题，参见图 3-37。

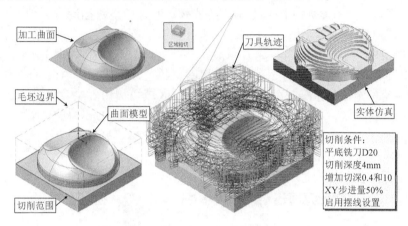

图 3-33　"区域粗铣"加工示例

1．加工前准备

这里加工模型以图 3-24 所示的练习 3-8 模型为基础进行区域粗铣加工的介绍。加工前的准备工作参照 3.2.3 节的介绍。这里是直接调用"练习 3-8.mcam"文档展开介绍。

2．区域粗铣加工操作的创建与参数设置

加工模型参见图 3-33，具体是直接调用"练习 3-8.mcam"文档进行操作，光盘中有相应的文档供学习参考。首先，进入铣床加工模块，设置加工毛坯，上表面留 1mm 加工余量。

（1）区域粗铣加工操作的创建　单击"铣床→刀路→3D→粗切→区域粗切"按钮 🖼，弹出"选择加工曲面"操作提示，以"前视图"视角选择加工曲面，返回"等视图"视角，单击"结束选择"按钮，弹出"刀路曲面选择"对话框，可见加工面区域显示有 10 个已选择的曲面图素。单击"切削范围"区域的"选择"按钮 ⬚，弹出"串连选项"对话框，以"线框"模式"串连"方式选择切削范围曲线，单击"确定"按钮，返回"刀路曲面选择"对话框，可见切削范围区域显示有 1 条范围串连图素。单击"确定"按钮，弹出"曲面粗切挖槽-区域粗切"对话框，默认进入"刀路类型"选项页面。这几步操作与"优化动态"粗铣加工基本相同。

（2）区域粗铣加工参数设置　该参数设置主要集中在"高速曲面刀路-区域粗铣"对话框。该对话框同样可单击对应操作下的"参数"标签 ▭参数 激活并修改。

1）"刀路类型"选项设置与图 3-26 所示设置页面基本相同，仅刀路类型为"区域粗切"。

2）"刀具"选项设置与优化动态设置页面相同，但这里需要从刀库中选择一把 D20 平底铣刀。

3）"毛坯"选项设置。因为是第一次粗加工，所以为未激活"剩余材料"选项的默认状态，直接跳过该项设置。

4）"毛坯预留量"选项设置与图 3-28 相同，将壁边/底面预留量均设置为"0.6"。

5）"切削参数"选项设置是区域粗铣加工设置的主要部分，如图 3-34 所示。右上角的图解会随选中的设置参数的不同而变化。图中"分层深度"即背吃刀量 a_p，"XY 步进量"即侧吃刀量 a_e，"两刀具切削间隙保持在"距离或刀具直径%指的是超过这个值需要提刀快速移动。分层深度与 XY 步进量要相互兼顾，如分层深度大，则 XY 步进量就应该减小。"增加切削"复选项可通过最小斜插深度（即下刀深度 a_p）和最大剖切深度（横向切削距离，即侧吃刀量 a_e）控制增加切削层数量，系统默认值是最小斜插深度为刀具直径的 10%，最大剖切深度为刀具直径的 50%。调整这两值可按以下意思理解，即在最小斜插深度一定时，最大剖切深度（实际是横向距离）不得大于设定值，否则就增加切削层，因此，在图中设置条件下，若减小剖切深度，则可增加切削层数量，即平坦区域会增加刀路。同理，若最大剖切深度一定，减小最小斜插深度可在陡立区域增加切削层数量。总之，减小这两个值都能够增加切削层，只是增加的区域不同。因此，若预勾选"增加切削"选项，则分层深度可选的大一点，如设置为刀具直径的（50～100）%。另外，因为最大剖切深度对于横向切削距离，因此其值最大不能超过刀具直径，建议不超过刀具直径的 75%。其余未尽参数按文字和图解提示设置即可。

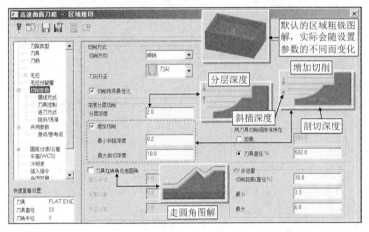

图 3-34 "区域粗切"对话框"切削参数"选项设置

6）"摆线方式"选项设置如图 3-35 所示，它是减小切削力的有效设置之一，也是高速切削与普通切削刀轨的差异性之一。设置各参数时，右侧的图解会跟着变化并提示用户待设置参数的含义。

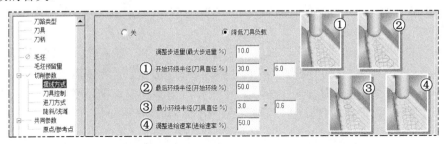

图 3-35 "区域粗切"对话框"摆线方式"选项设置

7）"刀具控制"选项设置与优化动态粗铣相同。图 3-33 中的实体仿真显示切削范围较小，直线中间有部分材料切不到，这里尝试将"刀具控制"选项中默认的补正设置"中心"改为"外部"再次生成刀轨并仿真，可见可以切除这部分材料。若还是切除不了，则只能考虑将圆切削曲线向外偏置适当距离来处理。

8）"进刀方式"选项设置的实质是下刀方式，如图 3-36 所示。系统提供了"螺旋下刀"与"斜插下刀"两种方式，优先选择"螺旋下刀"。

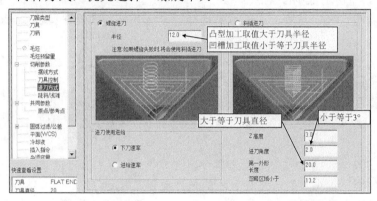

图 3-36　"区域粗切"对话框"进刀方式"选项设置

9）"陡斜/浅滩"选项的设置页面与优化动态粗切相同。这里设置为：最高位置"1.0"，最低位置"-45.0"。

10）"共同参数"选项设置与图 3-32 相同。

11）"原点/参考点"设置可自行确定。这里参考点设置为（0，0，150）

3．生成刀具路径及其路径模拟与实体仿真

"曲面粗切挖槽-区域粗切"对话框参数设置完成后，生成刀轨，并实体仿真。按照以上设置生成的刀具轨迹与实体仿真如图 3-37 所示。图中可见其刀轨远密于图 3-33，且实体仿真基本无明显较多的余料。读者若有兴趣，可将图 3-34 中的分层深度改为 15.0，然后分别观察勾选和不勾选"增加切削"选项时的刀具轨迹，动态实体仿真观察刀轨的运动规律，体会区域粗铣中"摆线方式"和"螺旋下刀"对刀路规律的影响。

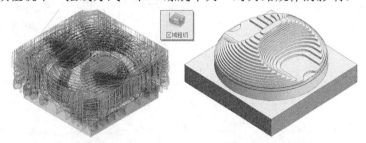

图 3-37　"区域粗铣"刀具轨迹与实体仿真

4．区域粗铣加工练习

（1）基本练习　要求按上述介绍完成图 3-33 所示加工模型的区域粗铣加工编程。

练习 3-12：已知已完成加工前准备工作的"练习 3-8.mcam"文档，要求进入铣床加工模块，设置加工毛坯，参照上述介绍完成区域粗铣加工编程，并另存盘为"练习 3-12_

加工.mcam"，与光盘中对应文档对照检查。

练习步骤简述如下：

1）启动 Mastercam 2017，读入"练习 3-8.mcam"文档，进入铣床加工模块，设置立方体加工毛坯，上表面留 1mm 加工余量。

2）加工编程如下：

① 加工曲面与切削范围参见图 3-33。

② "刀路类型"选项设置，加工策略选择"区域粗切"，"切削范围"选择"开放"单选按钮。

③ "刀具"选项设置，从刀库中选择一把 D20 平底铣刀，其他参数自定。

④ "毛坯预留量"选项设置，壁边/底面预留量均为 0.6mm。

⑤ "切削参数"选项设置参见图 3-29。主要参数设置：分层深度为"2.0"，勾选"增加切削"并设置"最小斜插深度 0.2，最大剖切深度 10.0"，XY 步进量中切削距离（直径%）设置为"30.0"。

⑥ "摆线方式"选项设置参见图 3-35。

⑦ "刀具控制"选项设置，选中补正区域"外部"单选项。

⑧ "进刀方式"选项设置，采用"单一螺旋"下刀方式，螺旋半径设置为"12.0"。

⑨ "陡斜/浅滩"选项设置，不用设置或设置为最高位置"1.0"，最低位置"-45.0"。

⑩ "共同参数"选项设置参见图 3-32。

⑪ "参考点"选项设置自定。

3）刀具轨迹与实体仿真参见图 3-37。再将"分层深度"改为 15.0，然后分别观察勾选和不勾选"增加切削"选项时的刀具轨迹。

（2）拓展练习　如下所述。

练习 3-13：调用优化动态练习文档"练习 3-9_加工.mcam"，复制一个"曲面高速加工（优化动态粗切）"操作，快速修改出一个"曲面高速加工（区域粗切）"操作，并对比原来的"优化动态"粗切加工策略，体会其刀具轨迹与最终结果的异同点。另存盘为"练习 3-13_加工.mcam"，与光盘中对应的文档对照检查。

修改的参数主要有：切削参数[分层深度 2.0，勾选"增加切削"并设置最小斜插深度为 0.2，最大剖切深度为 10.0，XY 步进量中切削距离（直径%）为 45.0]；摆线方式参见图 3-35；进刀方式中选中螺旋下刀，设置半径为 12.0。

有兴趣的读者可将将分层深度改为 10.0，然后分别观察勾选和不勾选"增加切削"选项时的刀具轨迹，重点注意摆线刀轨出现在哪些部位并思考为什么。

练习 3-14：已知 STP 加工模型"练习 3-14.stp"文档和已完成加工前准备的"练习 3-14.mcam"文档，要求：①打开"练习 3-14.mcam"文档，进行相关设置，完成其加工编程并存盘"练习 3-14_加工.mcam"文档；②有兴趣的读者可读入"练习 3-14.stp"文档，尝试加工前的准备工作练习，达到"练习 3-14.mcam"文档的要求。

加工要求简述如下：加工面与切削范围参见图 3-38。加工策略选择"区域粗切"。"曲面粗切挖槽-区域粗切"对话框设置：刀具为 D12R1 圆角铣刀；壁边/底面预留量均为 0.6mm；分层深度为"2.0"，勾选"增加切削"并设置"最小斜插深度 0.2，最大剖切深度 10.0"，XY 步进量中切削距离（直径%）为"30.0"；开启"摆线方式"加工；其余参数自定。

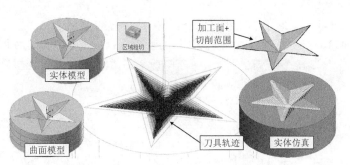

图 3-38　"练习 3-14"的加工模型、刀具轨迹与实体仿真

3.2.6　多曲面挖槽粗铣加工与分析

"多曲面挖槽🔲"粗铣加工可认为是前述"挖槽"粗铣加工的典型应用,其对加工参数的设置在"挖槽参数"选项卡基础上做了部分简化,仅有"双向"与"单向"两种切削方式,由于加工刀路以直线运动为主,加工效率较高。

图 3-39 所示为多曲面挖槽粗铣加工示例。与前述 3D 挖槽粗铣加工相同,其也可以对凹型(见图 3-39a)和凸型(见图 3-39b、c)进行挖槽加工,只是切削方式只有类似平行铣削的双向和单向切削方式。另外,在"粗切参数"选项卡中有一个"铣平面"复选框及其对应的按钮 铣平面(F) (参见图 3-12),勾选复选框后"铣平面"按钮即可生效,这时仅对加工曲面中平面进行铣削,如图 3-39c 所示。

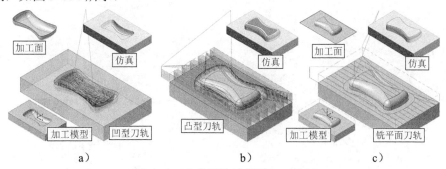

a)　　　　　　　　　　b)　　　　　　　　　　c)

图 3-39　多曲面挖槽粗铣加工示例

1.　多曲面挖槽粗铣加工学习说明

光盘中给出了图 3-39 加工编程所需相关文档,包括凸型模型的"图 3-39a.stp、图 3-39a.mcam 和图 3-39a_加工.mcam"以及凹型模型的"图 3-39b.stp、图 3-39b.mcam 和图 3-39b_加工.mcam",读者可直接打开相应文档,进行不同层次的学习,如:

1)基于*.stp 的从基础到编程加工的全过程练习。

2)基于*.mcam 编程加工练习。

3)基于*_加工.mcam 的直接观察与学习。

具体过程与前述介绍基本相同,这里不展开讲解,可对照 3.2.1 节的 3D 挖槽粗铣加工的介绍进行学习。

2.　多曲面挖槽粗铣加工练习

这里调用"练习 3-2_加工.mcam"练习多曲面挖槽粗铣中的"铣平面"功能练习,解决图 3-12 中的"铣平面"功能的具体练习问题。

练习 3-15：调用"练习 3-2_加工.mcam"文档，按照前述的 3D 挖槽粗铣加工（操作 1）的参数设置创建一个"多曲面挖槽粗切"加工操作（操作 2），然后将这个"多曲面挖槽粗切"加工操作复制出一个新的操作（操作 3），并激活"多曲面挖槽粗切"对话框，通过修改相关参数，实现底平面等的精铣加工。

练习步骤如下：

1）启动 Mastercam 2017，打开"练习 3-2_加工.mcam"加工文档。原挖槽粗铣操作可保留或删除，这里假设保留原操作（操作 1），但刀具路径给予隐藏。

2）单击"铣床→刀路→3D→粗切→多曲面挖槽"按钮，参照"练习 3-2_加工.mcam"文档中原挖槽粗切加工的参数创建一个"多曲面挖槽粗切"加工操作（操作 2）（具体过程略）。

3）隐藏新创建的"多曲面粗切挖槽"操作（操作 2）的刀具轨迹，然后将其复制出一个新的操作（操作 3），并开启其刀具轨迹的显示。

4）单击操作 3 的"参数"标签，激活"多曲面粗切挖槽"对话框，修改以下参数：

① "刀具参数"选项卡不需修改，只需看一下，确保当前加工刀具为 D12 平底铣刀。

② 将"曲面参数"选项卡中的"加工面预留量"修改为 0。

③ 在"粗切参数"选线卡中勾选"铣平面"按钮左侧的复选框，单击"铣平面"按钮，弹出"平面铣削加工参数"对话框，将 3 个参数均设置为 0。

④ "挖槽参数"选项卡按图 3-40 所示设置。选择"双向"切削方式，设置切削间距，勾选精修等选项，必要时可以设置精修的切削速率和主轴转速。

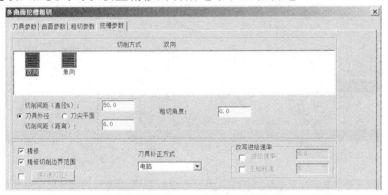

图 3-40 "多曲面挖槽粗切"对话框"挖槽参数"选项卡

5）重新计算刀轨并仿真加工（注意，仿真时仅需选中操作 2 和操作 3 即可），如图 3-41a 所示。满意后另存盘为"练习 3-15_加工.mcam"加工文档。

图 3-41b 所示为多曲面挖槽及其铣平面刀具轨迹与实体仿真。从铣平面刀轨可见，刀具的圆柱切削刃切削较长，若改在精铣外轮廓曲面后再铣平面，这个问题可以得到一定的改善。

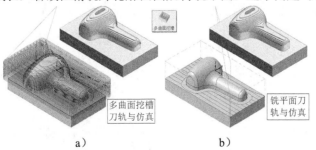

a)   b)

图 3-41 "多曲面挖槽"粗切刀具轨迹与实体仿真

3.2.7　投影粗铣加工与分析

"投影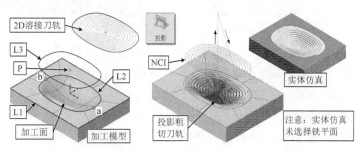"粗铣加工是指将已有的线、点、刀具路径（NCI）等投影到曲面上进行粗铣加工。图 3-42 所示为一投影粗铣加工示例，其是将已有的一个 NCI 刀轨（2D 熔接刀轨）投影到图示的加工曲面上的粗铣加工示例（加工余量为 0.6mm），该模型投影粗铣前先铣削了上平面，并留 0.3mm 的磨削余量。

图 3-42　投影粗铣加工模型、刀具轨迹与实体仿真示例

说明：图 3-42 中加工模型上的 L1 和 L2 曲线是上平面的边界曲线（基于"草图→曲线→单一边界线或所有曲线边界"提取的），L3 曲线是 L2 曲线上移复制出的曲线，在其中心绘制了一个点 P，并由 L3 和点 P 创建了一个螺旋切削方式的 2D 熔接刀具轨迹。然后，基于投影粗切加工策略，将这个 2D 熔接刀轨投影到加工曲面上生成投影粗切加工刀轨。图 3-42 中实体仿真时忽略了之前的铣平面操作。

1．加工前准备

这里加工模型以图 3-42 所示的 STP 格式加工文档"图 3-42.stp"为例，光盘中有相应文档供学习参考。

首先，读入 STP 格式的加工模型，然后，按图 3-42 所示的加工模型要求，镜像加工模型。观察并建立工作坐标系，修改实体颜色，提取模型曲面和加工曲线 L1 和 L2 并修改颜色。

其次，进入铣床加工模块，创建加工毛坯，上表面留 2mm 加工余量。

然后，以曲线串连 L3 和点 P 创建一个"2D 熔接"刀具路径，最大步进量取刀具直径的 40%（即 2.8mm）。注意，该刀路的步进量直接影响后续投影粗切的加工效果。

2．投影粗铣加工操作的创建与参数设置

以图 3-42 所示的投影粗铣加工为例。

（1）投影粗铣加工操作的创建　单击"铣床→刀路→3D→粗切→投影"按钮，弹出"选择工件形状"对话框，选择"凹"单选项，单击"确定"按钮，弹出"选择加工曲面"操作提示，用鼠标依次拾取型面上的 6 个加工面，单击"结束选择"按钮，弹出"刀路曲面选择"对话框，可见加工面区域显示有 6 个已选择的曲面图素。这里的干涉面是否选择对最后加工影响不大，可以不用选择。另外，有一个"选择曲线"区域及一个的"选择"按钮，用于曲线投影方式生成投影粗切刀路的操作，这里暂时不选。单击"确定"按钮，弹出"曲面粗切投影"对话框，默认进入"刀具参数"选项卡。

（2）投影粗铣加工参数设置　该参数设置主要集中在"曲面粗切投影"对话框。该对话框还可单击已创建的"曲面粗切挖槽"操作下的"参数"标签 📋 参数 激活并修改。

1）"刀具参数"选项卡及其参数设置与前述 3D 挖槽粗切基本相同，此处从刀库中创建一把 D12R1 圆角立铣刀，参考点设置为（0，0，150），其余参数自定。

2）"曲面参数"选项卡与前述粗切平行铣削基本相同，这里设置加工面预留量为 0.6mm。可设置加工面之外的平面为干涉面。观察其余曲面为设置干涉面是否存在差异并考虑为什么。

3）"投影粗切参数"选项卡中的参数是投影粗铣加工自有的参数设置，系统提供了三种投影方式。"NCI"选项即刀具路径投影选项，选择前述创建的"2D 熔接"刀具路径操作，系统会自动调用其刀具路径的 NCI 文件，并将其按要求投影到加工曲面上。其余参数设置按对话框标题要求进行即可。另外，还有"曲线"和"点"投影方式，可将曲线和点投影到曲面上创建加工路径。

3．生成刀具路径及其路径模拟与实体仿真

"曲面粗切投影"对话框中的参数设置完成后，生成刀轨，并实体仿真。若不满意，则重新激活该对话框并编辑参数，再次生成刀轨并仿真，可反复进行，直至满意。生成的刀轨及加工仿真参见图 3-42。

4．投影粗铣加工练习

（1）基本练习　光盘中给出了"练习 3-16.stp、练习 3-16.mcam 和练习 3-16_加工.mcam"文档，其中"练习 3-16.mcam"文档已完成平面铣削加工。读者可根据自己的兴趣确定从哪个等级的文档进入练习。这里拟从"练习 3-16.mcam"开始。

练习 3-16：已知"练习 3-16.mcam"练习文档，要求按图 3-42 所示的形式创建一个投影粗铣加工编程。

练习步骤简述如下：

1）启动 Mastercam 2017，读入"练习 3-16.mcam"文档。

2）创建 2D 熔接刀路，作为投影操作。

① 首先，将曲线 L2 与 X 轴交点处的曲线打断，如图 3-44 中的 a、b 点（提示：作一条过原点的辅助线，然后将曲线在交点处打断，删除辅助线即可）。然后，将曲线沿着 Z 轴正向 50mm 复制曲线为 L3。注意：直接在原曲线 L2 上建立 2D 熔接刀路也可以，这里从学习的角度将其分开，有利于观察投影粗切原理。另外，从熔接曲线生成而言，不打断 a、b 点加工效果影响不大，只是螺旋曲线的起点不同。

② 单击"铣床→刀路→2D→2D 铣削→熔接"按钮 🔲，选择 a 点为起点，沿逆时针方向串连 L3 和点 P 创建 2D 熔接刀路（参见图 3-42）。熔接刀路参数设置：刀具任选均可，切削方式为"螺旋"，补正方向为"关"，最大步距为"40%"，勾选"引导"单选项，间距为"4.8"即步进量为"100%"，壁边/底面预留量为"0"；共同参数中深度为"0"，不设参考点。创建的熔接刀路如图 3-42 所示。注意：本例的螺旋切削方式对 L3 的串连起点选择要求不严，其他起点也可以。

3）创建投影粗铣加工操作。单击"铣床→刀路→3D→粗切→投影"按钮 🔲，参照上述介绍创建投影粗铣加工。其中，"投影粗切参数"选项卡中必须选择第 2 步创建的 2D 熔接刀路的操作，参见图 3-43，其余按上述要求设置即可。

4）生成刀路与实体仿真（略）。符合要求后另存盘为"练习 3-16_加工.mcam"。可对照光盘文件学习。

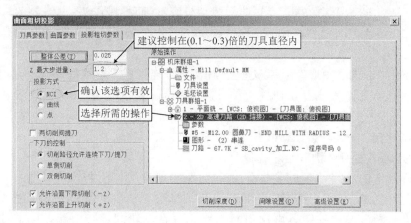

图 3-43　"曲面粗切投影"对话框"投影粗切参数"选项卡

（2）拓展练习　投影粗铣加工的关键是建立 NCI 刀路，下面以"练习 3-16_加工.mcam"文档为例，尝试改变熔接刀路的形式。

练习 3-17：基于"练习 3-16_加工.mcam"文档改变 NCI 熔接刀路的形式，创建一个新的投影粗铣加工方式，并另存盘为"练习 3-17_加工.mcam"文档。

练习步骤简述如下，练习步骤图解如图 3-44 所示。

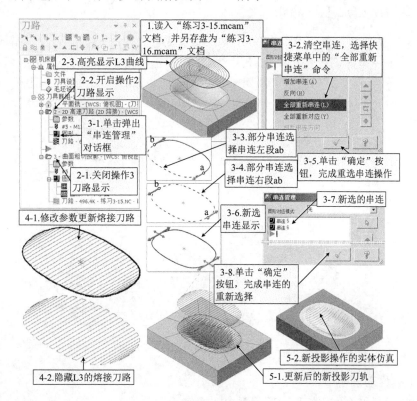

图 3-44　练习 3-17 操作步骤图解

1）启动 Mastercam 2017，读入"练习 3-16_加工.mcam"文档，并另存盘为"练习 3-17.mcam"文档。

2）在"刀路"管理器中，关闭"3-曲面粗切投影"（简称操作 3）刀路显示，开启"2-2D 高速刀路（2D 熔接）"（简称操作 3）刀路显示。另外，在"层别"管理器中开启 L3 曲线的高亮显示。

3）单击操作 2 的"图形"标签 图形，弹出"串连管理"对话框，右击弹出快捷菜单，删除原来的串连。再次右击弹出快捷菜单，执行"全部重新串连"命令，弹出"串连选项"对话框，以"线框"模式"部分串连"方式，分别以 a 点为起点，b 点为终点选择左、右段部分串连，单击"确定"按钮，可看见选中的串连显示和列表框中的两个串连。单击"确定"按钮，完成熔接刀路新串连的选择。

4）更新操作的刀路，可看到操作 2 的刀路与原来不同。再次单击操作 2 的参数标签 参数，激活"2D 高速刀路-熔接"对话框。修改"切削参数"中的切削方式为"双向"，选择"截断"单选按钮。再次更新刀路，可看见新的熔接刀路，隐藏曲线 L3，则熔接刀路更为清晰。

5）再次开启操作 3 的刀路显示，更新操作 3 刀路，可看建新的投影刀路。进一步实体仿真，观察刀路仿真加工情况。

3.3 3D 铣削精加工及其应用分析

3.3.1 等高铣削精加工与分析

"等高 ■"铣削精加工（又称等高外形精加工或等高轮廓精加工，简称等高精铣）是指刀具沿着加工模型等高分层铣削出外形（水平剖切轮廓）。默认是自上而下等高分层铣削外形。图 3-45 所示为某等高铣削加工策略应用示例，其加工工艺为：插铣粗铣→等高半精铣（D20）→2D 外形精铣（D20）→等高精铣（BD12）→平行精铣残料（BD12）。

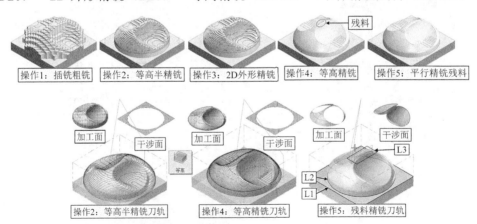

图 3-45 等高铣削加工策略应用示例

1. 加工编程前说明

在图 3-45 所示的等高铣削加工示例中，操作 1 是插削粗铣 3.2.3 节中的练习 7；由于其加工残料较多，且不均匀，因此安排一道半精铣加工——操作 2，采用"等高精铣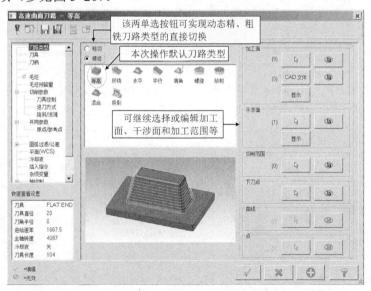"加工策略，但留有精加工余量；操作 3 的外形铣削主要完成圆柱面及底面的精铣加工，采用 2D 铣削加工中的"外形"铣削加工策略；操作 4 采用了等高精铣加工完成圆柱面以上部分的曲面轮廓加工，其中将底面设置为干涉面，防止刀具碰伤底面，其也可以采用限制刀具深度范围的方法控制；由于等高加工策略是分层铣削策略，其顶面常常会留有一层加工不到的残料，这里采用平行精铣加工策略，但事先绘制了一个矩形曲线 L3，作为操作 5 加工的切削范围，限制刀具仅在有残料的区域进行。

2．等高铣削精加工操作的创建与参数设置

以图 3-45 所示示例中的等高精铣加工为例，光盘中有相应文档供学习参考。

（1）等高铣削精加工操作的创建　单击"铣床→刀路→3D→精切→等高"按钮，弹出"选择加工曲面"操作提示，以"前视图"视角窗选加工型面（参见图 3-45），返回"等视图"视角，单击"结束选择"按钮，弹出"刀路曲面选择"对话框，可见加工面区域显示有 9 个已选择的曲面图素（操作 4 只有 8 个面素）。干涉面是否选择取决于加工需要，如操作 4 可以选择图示干涉面。"刀路曲面选择"对话框还有一个切削范围选择按钮，可根据需要选择，这里选择了干涉面进行限制，因此再选切削范围意义不大了。单击"确定"按钮，弹出"高速曲面刀路-等高"对话框。

（2）等高铣削精加工参数设置　该参数设置主要集中在"高速曲面刀路-等高"对话框。

1）"刀路类型"选项设置如图 3-46 所示。其与图 3-26 所示的优化动态粗铣加工的刀路类型选项类似，只是这里默认选项为"精修"，对应的加工策略有 9 种，本例默认为"等高"。右侧的可编辑项目与图 3-26 所示的对话框基本相同。

图 3-46 中默认的"精修"单选按钮有效，表示为精加工，刀路列表框中的 9 种加工策略均属动态高速铣削精加工刀路，可直接切换，且设置选项大部分相同，设置也可以切换至"粗切"选项（参见图 3-26）。

图 3-46　"等高精铣"对话框"刀路类型"选项设置

2）"刀具"选项设置与前述 2D 动态铣削介绍的类似。本示例中，操作 2 和操作 3 的刀具为 D20 平底铣刀，操作 4 和操作 5 的刀具为 D12 球头铣刀。

3）"毛坯"选项默认是未激活状态，激活后的页面与图 3-27 基本相同。这里的两个等高铣削均用到毛坯选项设置。

4）"毛坯预留量"设置共有三个选项：壁边预留量、底面预留量和干涉面预留量。这里操作 2 的壁边/底面预留量取 0.4mm，小于插铣的 0.6mm；操作 4 为精铣，显然取 0。干涉面预留量按需要选择，最小可取 0。值得一提的是，本例的操作 4 可将干涉面预留量设置得稍大，从而控制刀路的最低切削位置。

5）"切削参数"选项设置是等高铣削精加工设置的主要部分，如图 3-47 所示。其与 3.2.5 节的区域粗铣相比，少了 XY 步进量设置选项，其余基本相同。本示例中，操作 2 为等高半精铣加工，所以仅设置了"分层深度"选项 2.0mm，生成的是典型的 2mm 深度间距的等高刀路。而操作 4 为等高精铣，为兼顾两凹陷处的平坦区域的加工要求，将最大剖切深度由 6.0 改小为 3.0，最后实体仿真时借助"验证"选项卡"分析"选项区的"比较"按钮分析，显示最大加工误差略大于 0.25mm，基本满足要求。

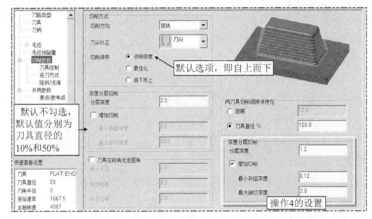

图 3-47 "等高精铣"对话框"切削参数"选项设置

6）"刀具控制"选项设置较为简单，看图设置即可，一般在实体仿真后进行调整。若未选择切削串连曲线，则该选项设置对刀具路径无影响。

7）"进刀方式"选项设置共有三个选项，默认选择"切线斜插"，如图 3-48 所示。从图解提示看，其是层与层之间刀轨的过渡方式。

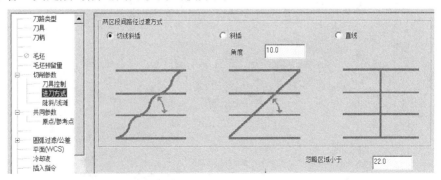

图 3-48 "等高精铣"对话框"进刀方式"选项设置

8）"陡斜/浅滩"选项的设置页面与优化动态粗切相同。值得提示的是，本例中，若手工设置的最低位置高于实际位置，可控制以等高切削刀路的最低一层刀轨的位置替代干涉面设置。这里设置为：最高位置"1.0"，最低位置"-45.0"

9）"共同参数"和"原点/参考点"选项设置一般继承前面的粗加工设置。

3．生成刀具路径及其路径模拟与实体仿真

在"高速曲面刀路-等高"对话框中的参数设置完成并单击"确定"按钮后，系统将自动计算并生成刀轨，用户可"刀路模拟"或"实体仿真"刀具路径，直至满意。3D 铣削一般采用实体仿真观察。刀具轨迹与实体仿真结果参照图 3-45。

4．等高铣削精加工练习

（1）基本练习　要求按图 3-45 以及上述介绍完成其操作 2 和操作 4 的等高铣削加工编程。

练习 3-18：已知练习 3-8 的改进文档"练习 3-8_加工.mcam"，增加图 3-45 中的操作 3，要求在图 3-45 规定的步骤处增加操作 2 的等高半精铣和操作 4 的等高精铣加工编程并另存盘为"练习 3-18_加工.mcam"文档。最后实体仿真观察等高铣削精铣加工时顶面上的残料情况。

练习步骤简述如下：

1）启动 Mastercam 2017，读入改进后的"练习 3-8_加工.mcam"文档。

2）操作 2 等高半精铣的加工编程如下：

① 首先，在刀路管理器中将插入图标▶移动至操作 1 的"1-曲面粗切钻削"后面。

② 单击"铣床→刀路→3D→精切→等高"按钮▧，开始等高半精铣加工编程操作 2 的"2-曲面高速加工（等高）"的创建。主要设置与参数为：加工面（包含圆柱面）和干涉面参见图 3-45；刀具为 D20 平底铣刀；壁边/底面预留量为 0.4，干涉面预留量为 0；切削参数为"逆铣，依照深度，分层深度 2.0，不勾选增加切削"；共同参数中安全高度改为绝对坐标 6.0。

③ 刀具路径和实体仿真参见图 3-45。

3）操作 4 等高精铣的加工编程如下：

① 首先在刀路管理器中将插入图标▶移动至操作 3 的"3-外形铣削（2D）"后面，然后将步骤 2 创建的操作 2 复制在操作 3 后，获得一个操作 4"4-曲面高速加工（等高）"。

② 单击操作 4"4-曲面高速加工（等高）"下的"参数"标签▧参数，激活"高速曲面刀路-等高"对话框，修改的主要参数为：加工面（不含圆柱面）和干涉面参见图 3-45；刀具为 D12 球头铣刀；壁边/底面预留量为 0，干涉面预留量为 1.0；切削参数为"顺铣，分层深度 1.2，勾选增加切削，设置最小斜插深度 0.12，最大剖切深度 3.0"；陡斜/浅滩中 Z 深度最低位置为-40。

③ 刀具路径和实体仿真参见图 3-45。

（2）拓展练习　接着练习 3.2.4 节中的练习 3-9，创建一个等高铣削精铣加工操作。

练习 3-19：已知练习 3-9 的结果文档"练习 3-9_加工.mcam"，要求按以下要求完成其等高铣削精铣加工编程，另存盘为文档"练习 3-19_加工.mcam"并与光盘中的相应文档比较。

练习步骤操作提示（见图 3-49）：加工面为五角星型面，干涉面为五角星底面，刀具为 BD10 球头铣刀，分层深度为 1.0，不增加切削，其余参数自定。

该五角星的加工工艺为：优化动态粗铣→等高铣削精铣→2D 挖槽（平面加工）→曲面清角精铣。

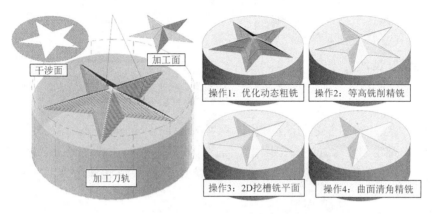

图 3-49   练习 3-19 练习步骤提示图解

3.3.2   环绕铣削精加工与分析

"环绕▨"铣削精加工（又称等距环绕精加工，简称环绕精铣）是在加工模型表面生成沿曲面环绕且水平面内等距的刀具轨迹加工。图 3-50 所示为图 3-7 模型粗铣后进行环绕铣削精加工示例。注意，环绕铣削精加工不能用干涉面限制切削，故需选择切削曲线等。凹模型加工工艺为：挖槽粗铣→环绕精铣；凸模型加工工艺为：挖槽粗铣→环绕精铣→平面轮廓精铣。

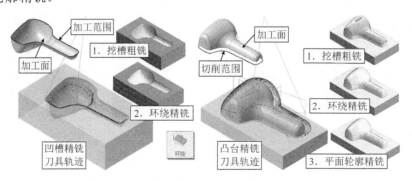

图 3-50   环绕铣削精加工示例

1．加工编程前说明

在图 3-50 所示的环绕铣削精加工示例中，显示了图 3-7 所示的模型挖槽粗铣后进行的环绕精铣的示例，练习前的文档分为"练习 3-1_加工.mcam"和"练习 3-2_加工.mcam"文档，光盘中有相应文档供学习参考。

2. 环绕铣削精加工操作的创建与参数设置

以图 3-50 所示示例中的环绕铣削精加工为例。

（1）环绕铣削精加工操作的创建　单击"铣床→刀路→3D→精切→环绕"按钮，弹出"选择加工曲面"操作提示，按图 3-50 所示选择加工面，单击"结束选择"按钮，弹出"刀路曲面选择"对话框，可见加工面区域显示已选择的曲面图素数量（凹模型 11 个，凸模型 9 个），接着单击切削范围区域的"选择"按钮，选择图 3-50 所示的切削范围曲线。单击"确定"按钮，弹出"高速曲面刀路-等高"对话框。

（2）环绕铣削精加工参数设置　该参数设置主要集中在"高速曲面刀路-环绕"对话框。

1）"刀路类型"选项设置与图 3-46 类似，仅默认的加工策略变成了"环绕"，这里不展开介绍。

2）"刀具"选项设置，凹、凸模型分别从刀库中选择一把 BD8 球头铣刀和 D12R2 圆角铣刀。

3）"毛坯"选项设置，默认为未激活状态。

4）"毛坯预留量"选项设置，由于为精铣加工，因此取壁边/底面预留量为 0。

5）"切削参数"选项设置是环绕铣削精加工设置的主要部分，如图 3-51 所示。该选项卡中"由内而外切削"默认有效。下面具体介绍"切削方向"下拉菜单。

图 3-51　"环绕"精铣对话框"切削参数"选项设置

单向：逆时针环绕走刀路径，凸模型为逆铣，凹模型为顺铣。

其它路径：与"单向"正好相反。

双向：生成顺、逆时针交替的环绕走刀路径。

下铣削：在指定角度的平坦区域，执行向下方向的切入切削，即端面切削刃切入。

上铣削：在指定角度的平坦区域，执行向上方向的切入切削，即圆柱切削刃切入。

下/上铣削激活后，下面的"重叠量"和"较浅的角度"文本框会激活并可设置，一般采用其默认设置即可。

本示例中，凹模型设置为"单向，由外而内切削，切削间距 0.8"，凸模型设置为"其它路径，由内而外切削，切削间距 1.2"。

6）"刀具控制"选项设置与前述相同。这里凹模型设置为"中"，凸模型设置为"外"。

7）"进刀方式"选项设置与前述相同。这里均选择默认的"切线斜插"选项。

8）"陡斜/浅滩"选项设置与前述相同。这里均采用自动检测的深度设定值。

9）"共同参数"和"原点/参考点"选项设置一般继承前面的粗加工设置。

3. 生成刀具路径及其路径模拟与实体仿真

在"高速曲面刀路-环绕"对话框中的参数设置完成并单击"确定"按钮后，系统将自动计算并生成刀轨，用户可"刀路模拟"或"实体仿真"刀具路径，直至满意。3D 铣削一般采用实体仿真观察。刀具轨迹与实体仿真结果参见图 3-50。

4. 环绕铣削精加工练习

（1）基本练习　要求按图 3-50 中的要求，接着"练习 3-1"和"练习 3-2"的挖槽加工，练习环绕铣削精加工编程。

练习 3-20 和练习 3-21：已知练习 3-1 和练习 3-2 的结果文档"练习 3-1_加工.mcam 和练习 3-2_加工.mcam"，要求按下述要求完成环绕铣削精加工编程练习，另存盘为"练习 3-20_加工.mcam 和练习 3-21_加工.mcam"文档，并与光盘中相应文档进行比较。

练习步骤按上述介绍进行即可。注意，光盘中的"练习 3-21_加工.mcam"文档还附有底平面精铣加工操作，具体可复制一个前述的操作"1-曲面粗切挖槽"，然后激活"曲面粗切挖槽"对话框，勾选"粗切参数"选项卡中的"铣平面"按钮并设置即可。

（2）拓展练习　接着练习 3.2.5 节中的练习 3-14，创建一个等高外形精铣加工操作。

练习 3-22：已知练习 3-14 的结果文档"练习 3-14_加工.mcam"，要求按以下要求完成其环绕铣削精加工编程，另存盘为文档"练习 3-22_加工.mcam"并与光盘中的相应文档进行比较。

练习步骤操作提示：加工面为五角星型面，切削范围为五角星边界，如图 3-52 所示。刀具为 BD10 球头铣刀，切削方向为"单向"，由外而内切削，切削间距为"1.0"，其余参数自定。

该五角星凹模型的加工工艺为：挖槽粗铣→环绕精铣→清角精铣，参见图 3-52。

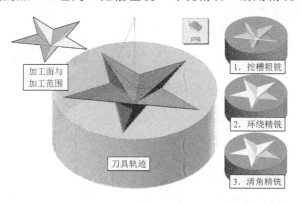

图 3-52　练习 3-22 的刀具轨迹与实体仿真

另外，若读者有兴趣，可以"练习 3-19_加工.mcam"为基础，将第 1 步的"优化动态粗铣"改为"挖槽"粗切，将第 2 步的"等高"精铣改为"环绕"精铣，将第 3 步改为挖槽粗切铣平面等拓展练习，并另存盘为"练习 3-19_加工_修改.mcam"并与光盘中的相应文档比较。同时，观察环绕精铣加顶端刀轨与等高精铣的差异性，是否还会留下较多的残料。

3.3.3　混合铣削精加工与分析

前述的等高铣削精加工刀路，若在深度分层切削选项中不勾选"增加切削"选项则刀轨是基于高度分层加工，对于浅滩曲面，这刀轨的水平间距会变得较大。而环绕铣削精加工的刀轨是水平方向间距相等，碰到陡峭曲面则分层深度会增加。"混合 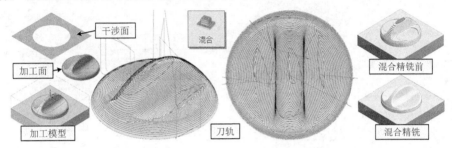"铣削精加工（简称混合精铣）则是这两种刀轨的组合，通过设置一个角度分界，陡峭区进行等高精铣，浅滩区则进行环绕精铣，集两者的优势与一身，对于同时具有陡峭与浅滩的加工模型较为适宜。图 3-53 所示为一混合铣削精加工示例。该加工模型有明显的陡峭面和平坦面，从刀轨情况看，各加工面的刀具轨迹间距还是比较均匀的。

图 3-53　混合铣削精加工示例

1．加工编程前说明

对图 3-53 所示的加工模型，其加工工艺为：优化动态粗铣→2D 挖槽铣平面→混合精铣轮廓面。图 3-53 中的刀具轨迹为第 3 步混合精铣轮廓面的加工刀具轨迹（包括等视图与俯视图）。编程的加工模型、加工面和干涉面如图 3-53 所示。

2．混合铣削精加工操作的创建与参数设置

以图 3-53 所示示例中的混合精铣加工为例，光盘中给出了"图 3-53.stp"和已完成加工准备的"图 3-53_加工.mcam"模型供学习。

（1）混合铣削精加工操作的创建　单击"铣床→刀路→3D→精切→混合按钮" ，弹出"选择加工曲面"操作提示，以"前视图"视角窗选加工型面（参见图 3-50），返回等视图，单击"结束选择"按钮，弹出"刀路曲面选择"对话框，可见加工面区域显示有 23 个已选择的曲面图素；单击"切削"区域的选择按钮 ，选择图 3-53 所示的干涉面；单击"确定"按钮，弹出"高速曲面刀路-混合"对话框。

（2）混合铣削精加工参数设置　该参数设置主要集中在"高速曲面刀路-混合"对话框。

1）"刀路类型"选项设置与图 3-46 相同，仅默认的加工策略变成了"混合"。

2）"刀具"选项设置与前述 2D 基本相同。本示例中，第 1 步的优化动态粗铣刀具为 D16R1 圆角铣刀，第 2 步的 2D 挖槽铣平面刀具为 D16 平底铣刀，第 3 步的混合精铣轮廓面的刀具为 BD10 球头铣刀。

3）"毛坯"选项设置与前述相同。此处的混合铣削精加工也采用默认的未激活状态。

4）"毛坯预留量"设置，由于为精铣加工，因此取壁边/底面预留量 0，干涉面预留量取 0.1 即可。

5）"切削参数"选项设置是混合铣削精加工设置的主要部分，如图 3-54 所示。其中最主要的设置参数是虚线框处的三个值。

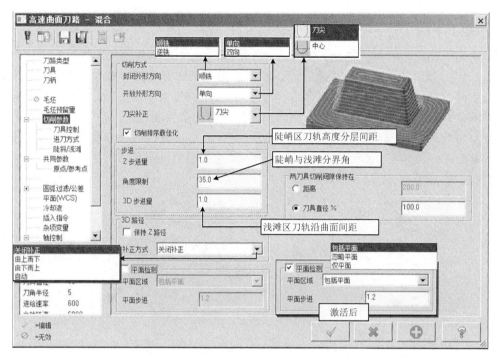

图 3-54 "混合"精铣对话框"切削参数"选项设置

6）"刀具控制"选项设置与前述相同。这里选择"外"。

7）"进刀方式"选项设置与前述相同。这里选择默认的"切线斜插"选项。

8）"陡斜/浅滩"选项设置与前述相同。这里均采用自动检测的深度设定值。

9）"共同参数"和"原点/参考点"选项设置一般继承前面的粗加工设置。

3. 生成刀具路径及其路径模拟与实体仿真

在"高速曲面刀路-混合"对话框中的参数设置完成并单击"确定"按钮后，系统将自动计算并生成刀轨，用户可"刀路模拟"或"实体仿真"刀具路径，直至满意。3D 铣削一般采用实体仿真观察。刀具轨迹与实体仿真结果参见图 3-53。

4. 混合铣削精加工练习

（1）基本练习　要求按图 3-53 中的要求，完成其混合铣削精加工编程。

练习 3-23： 已知 STP 加工模型"练习 3-23.stp"文档和已完成优化动态粗铣和 2D 挖槽铣平面操作的"练习 3-23.mcam"文档。要求继续增加混合铣削精加工编程练习，另存盘为"练习 3-23_加工.mcam"文档，并与光盘中相应文档进行比较（练习步骤略）。

（2）拓展练习　接着练习 3.2.5 节中的练习 3-12，创建一个等高外形精铣加工操作。

练习 3-24： 已知已完成区域粗铣的文档"练习 3-12_加工.mcam"。要求继续增加混合铣削精加工编程练习，另存盘为"练习 3-24_加工.mcam"文档，并与光盘中相应文档进行比较。

练习步骤简述如下：

1）启动 Mastercam 2017，读入改进后的"练习 3-12_加工.mcam"文档。

2）在刀路管理器中将插入图标▶移动至最后。注意，练习文档"练习 3-12_加工.mcam"在区域粗铣之后增加了一个 2D 动态外形铣削操作，因此，插入图标▶实际上是移动到操作 2 之后。

3）单击"铣床→刀路→3D→精切→混合按钮" ，开始混合铣削精加工编程。

① 加工面与干涉面的选择如图 3-55 所示。

②"高速曲面刀路-混合"对话框中的主要参数设置如下：刀具选择"BD12 球头铣刀"；毛坯预留量为"壁边/底面预留量 0，干涉面预留量 4.0"；切削参数为"Z 步进量 1.2，角度限制 35.0，3D 步进量 1.2"；刀具控制为"外部"。

4）刀具路径和实体仿真参见图 3-55。读者可与练习 3-18 的刀具轨迹（见图 3-45）进行比较，领悟其刀路的差异及应用时的注意事项。

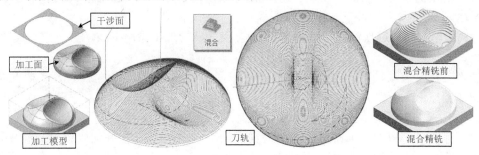

图 3-55　练习 3-24 加工模型、刀轨与仿真

3.3.4　平行铣削精加工与分析

"平行 "铣削精加工（简称平行精铣）是在一系列间距相等的平行平面中生成的一层逼近加工模型轮廓的切削刀轨的加工方法。这些平行平面垂直于 XY 平面且与 X 轴的夹角可设置。其与平行铣削粗加工的差异是深度方向（Z 向）不分层。图 3-56 所示为平行铣削精加工示例，它是在图 3-19 的基础上增加了"平行精铣"的加工方案。典型的平行铣削精加工刀具轨迹是不含垂直填充刀轨部分的，其在平行刀轨移动方向的左右两边界处可能留下较多残料。系统允许勾选"垂直填充"选项产生刀轨，使得平行铣削精加工基本能满足大部分模型的加工要求。

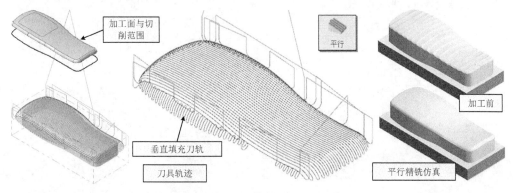

图 3-56　平行铣削精加工示例

1. 加工编程前说明

图 3-56 所示的平行铣削精加工示例是接着 3.2.2 节中的"练习 3-5"进行的，加工面与切削范围与前期的平行粗铣相同。

2．平行铣削精加工操作的创建与参数设置

以图 3-56 所示示例中的平行铣削精加工为例，光盘中有相应文档供学习参考。

（1）平行铣削精加工操作的创建　单击"铣床→刀路→3D→精切→平行按钮" 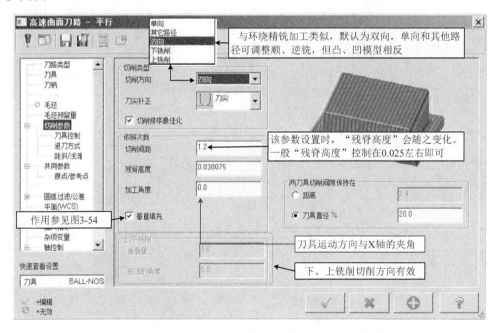，弹出"选择加工曲面"操作提示，以"前视图"视角窗选加工型面（参见图 3-56），返回"等视图"视角，单击"结束选择"按钮，弹出"刀路曲面选择"对话框，可见加工面区域显示有 20 个已选择的曲面图素（干涉面这里不选择），接着单击切削范围区域的"选择"按钮 ，选择图 3-56 所示的切削范围曲线。单击"确定"按钮，弹出"高速曲面刀路-平行"对话框。

（2）平行铣削精加工参数设置　该参数设置主要集中在"高速曲面刀路-平行"对话框，如下所述。

1）"刀路类型"选项设置与图 3-46 类似，仅默认的加工策略变成了"平行"，这里不展开介绍。

2）"刀具"选项设置，前述加工有 D16 平底铣刀和 D12R1 圆角铣刀各一把，现从刀库中创建一把 BD12 球头铣刀。

3）"毛坯"选项设置为默认的未激活状态。

4）"毛坯预留量"选项设置，由于为精铣加工，因此取壁边/底面预留量 0。由于前面没选择干涉面，因此这里干涉面预留量设什么都没用。

5）"切削参数"选项设置是平行铣削精加工设置的主要部分，如图 3-57 所示。其中"切削方向"的 5 个选项与环绕精铣加工类似，勾选"垂直填充"复选框可产生附加的垂直刀轨，参见图 3-56。

图 3-57　"平行"精铣对话框"切削参数"选项设置

6）"刀具控制"选项设置与前述相同。

7）"进刀方式"选项设置如图 3-58 所示。

8）"陡斜/浅滩"选项设置与前述相同。

9）"共同参数"和"原点/参考点"选项设置一般继承前面粗加工的设置。

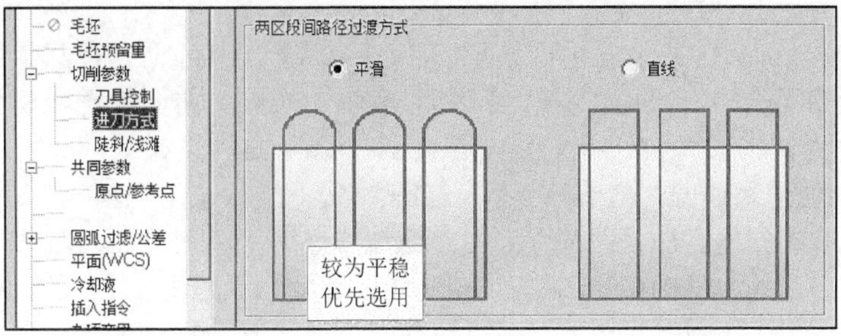

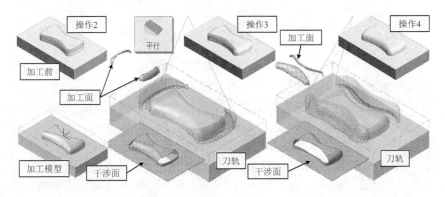

图 3-58　"平行"精铣对话框"进刀方式"选项设置

3．生成刀具路径及其路径模拟与实体仿真

在"高速曲面刀路-平行"对话框中的参数设置完成并单击"确定"按钮后，系统将自动计算并生成刀轨，用户可"刀路模拟"或"实体仿真"刀具路径，直至满意。3D 铣削一般采用实体仿真观察。刀具轨迹与实体仿真结果参见图 3-56。

4．平行铣削精加工练习

（1）基本练习　要求按图 3-56 中的要求，接着"练习 3-5"练习平行铣削精加工编程。

练习 3-25：已知练习 3-5 的结果文档"练习 3-5_加工.mcam"，要求按上述要求完成平行铣削精加工编程练习，另存盘为"练习 3-25_加工.mcam"文档，并与光盘中的相应文档进行比较（练习步骤略）。

（2）拓展练习　接下来做一个经典的平行铣削加工编程应用示例练习，其仅用一把平底铣刀、同类加工策略（平行铣削粗、精铣）完成 3.2.6 节图 3-39 中凸型加工模型的加工编程工作。

练习 3-26：已知练习文档"练习 3-26.mcam"，加工模型与图 3-39 相同，已完成了挖槽粗铣和铣平面工作，要求用平行铣削精加工完成剩余部分的倒圆部分的精加工练习，另存盘为"练习 3-26_加工.mcam"文档，并与光盘中相应文档进行比较。

图 3-59 所示为本示例的加工图解，其加工工艺为：多曲面挖槽粗铣（操作 1）→多曲面挖槽铣平面（操作 2）→X 方向平行精铣（操作 3）→Y 方向平行精铣（操作 4）。加工过程仅用一把 D16 平底铣刀加工，从图上看，虽然是平底刀，但当在圆角曲面的法平面中绕着曲面运动时其切削刃类似于球头铣刀加工，故可进行精铣曲面加工。

图 3-59　练习 3-26 的加工模型、刀轨、加工面和干涉面及其仿真

练习步骤简述如下：

1）启动 Mastercam 2017，读入"练习 3-26.mcam"文档，并另存盘为"练习 3-26.mcam"文档。在打开的"练习 3-26.mcam"文档中的刀路管理器中可见到有两个操作，分别为操作 1-多曲面挖槽和操作 2-多曲面挖槽。其中，操作 2 勾选"曲面挖槽粗切"对话框"粗切参数"选项卡中"铣平面"按钮前的复选框，其"铣平面"按钮有效。

2）操作 3 的创建。单击"铣床→刀路→3D→精切→平行按钮" ，开始操作 3-曲面高速加工（平行加工）的创建。加工面和干涉面参见图 3-59。"高速曲面刀路-平行"对话框中主要参数设置如下：刀具为"D16 平底铣刀"；毛坯预留量为"壁边/底面预留量 0，干涉面预留量 0.1"；切削参数为"切削方向选上铣削，切削间距设 2.0，加工角度 0°"；其余参数自定。

3）操作 4 的创建。复制一个操作 3 为操作 4，单击操作 3 下的"图形"标签 图形，弹出"刀路曲面选择"对话框，删除原来的加工面和干涉面，按图 3-59 所示重新选择加工面和干涉面（注意，加工面和干涉面的编辑还可通过在"高速曲面刀路-平行"对话框"刀路类型"选项页面右侧的相应按钮执行）。再次单击操作 3 下的"参数"标签 参数，弹出"高速曲面刀路-平行"对话框，将其中"切削参数"选项页面中的"加工角度"改为 90°，其余不变，更新刀轨完成设置。

4）路径模拟与实体仿真，观察加工效果（具体略）。

3.3.5 水平铣削精加工与分析

"水平 "铣削精加工简称水平精铣，其可在加工曲面中的每个水平平面区域创建加工刀轨进行切削加工。前述的挖槽铣削粗加工与多曲面挖槽粗加工策略中也有这种刀路，但这个专门的水平精铣加工策略更专业，可通过摆线设置和螺旋下刀等，使生成的刀具轨迹更适合现代高速铣削加工。图 3-60 所示为三个水平精铣加工示例，加工模型在前述介绍中已经见过，这些模型至少有一个水平平面，甚至两个或多个水平平面。

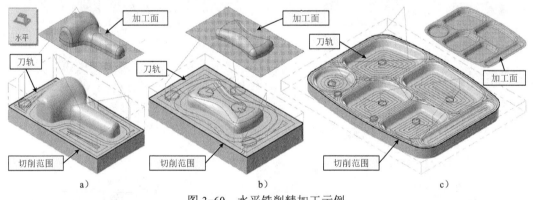

图 3-60 水平铣削精加工示例

1. 加工编程前说明

图 3-60 所示水平铣削精加工示例的加工模型在前面介绍中均有介绍。现假设这三个模型的加工工艺分别为：

图 3-60a：优化动态粗铣→环绕精铣型面→水平精铣底面（含模型侧面）。

图 3-60b：3D 区域粗铣→水平精铣底面（含模型侧面）→顶倒圆面流线精修。

图 3-60c：3D 区域粗铣→等高精铣→水平精铣顶面和底面→流线精修槽底圆角→外形铣削（留毛头装夹）。

> **注意**
>
> 　读到这里，细心的读者可能会发现，同一个加工模型，其加工工艺有多种，这是正常现象。同时也提示读者，要想学好数控加工编程，必须注重自身数控加工工艺、数控刀具和数控机床基本操作等知识的修养。

2. 水平铣削精加工操作的创建与参数设置

以图 3-60a 所示模型的水平精铣加工为例，光盘中有相应文档供学习参考。该加工模型在 3.2.1 节出现过，是"练习 3-2"的加工模型，这里借用介绍水平精铣加工。

（1）水平铣削精加工操作的创建　单击"铣床→刀路→3D→精切→水平按钮"，弹出"选择加工曲面"操作提示，以"前视图"视角窗选加工型面（参见图 3-60），返回"等视图"视角，单击"结束选择"按钮，弹出"刀路曲面选择"对话框，可见加工面区域显示有 24 个已选择的曲面图素（干涉面这里不选择），接着单击切削范围区域的"选择"按钮，选择图 3-60 所示的切削范围曲线。单击"确定"按钮，弹出"高速曲面刀路-水平"对话框。

（2）水平铣削精加工参数设置　该参数设置主要集中在"高速曲面刀路-平行"对话框，如下所述。

1）"刀路类型"选项设置与图 3-46 类似，仅默认的加工策略变成了"水平"，这里不展开介绍。

2）"刀具"选项设置与前述 2D 动态铣削介绍的类似。本示例中，图 3-60a 所用刀具为 D12 平底铣刀，图 3-60b 所用刀具为 D16 平底铣刀，图 3-60c 所用刀具为 D12R2 圆角铣刀。

3）"毛坯"选项设置，默认是未激活状态。这三示例均不激活。

4）"毛坯预留量"选项设置有两个选项：壁边预留量和底面预留量。这三示例均属精加工，所以壁边/底面预留量均取 0。

5）"切削参数"选项设置是水平铣削精加工设置的主要部分，如图 3-61 所示。该对话框的设置较为简单，一看就会。

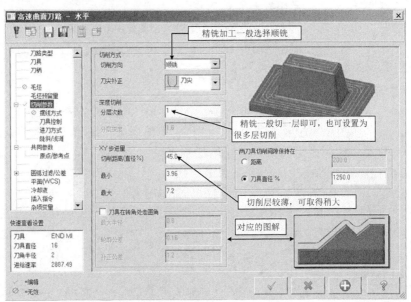

图 3-61　"水平"精铣对话框"切削参数"选项设置

6）"摆线方式"选项设置（与区域粗铣加工中图 3-35 所示相同）是减小切削力的有效设置之一，也是高速切削与普通切削刀轨的差异性之一。以本示例为例，是否开启"摆线方式"，刀轨相差很大，如图 3-62 所示。

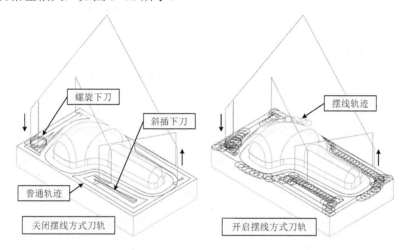

图 3-62 "水平"精铣对话框"摆线方式"关闭/开启刀轨对比

7）"刀具控制"选项设置与前述操作相同。

8）"进刀方式"选项设置，其实质是下刀方式，与区域粗铣加工中图 3-36 所示相同。从图 3-62 中也可看到这两种下刀方式的刀具轨迹。

9）"陡斜/浅滩"选项设置与前述介绍基本相同，一般单击"检查深度"按钮自动检测，也可以手工修改与设置，如本示例检测到的最高值为 0，但实际毛坯表面为+1.0，因此手工修改为 1.0。

10）"共同参数"和"原点/参考点"选项设置一般继承前面粗加工的设置。

3．生成刀具路径及其路径模拟与实体仿真

在"高速曲面刀路-水平"对话框中的参数设置完成并单击"确定"按钮后，系统将自动计算并生成刀轨，用户可"刀路模拟"或"实体仿真"刀具路径，直至满意。3D 铣削一般采用实体仿真观察。刀具轨迹参见图 3-60。

4．水平铣削精加工练习

（1）基本练习 要求按上述介绍和图 3-60 要求，完成其水平铣削精加工编程。

练习 3-27：已知图 3-60a 所示的模型，已完成优化动态粗铣和环绕精铣型面的练习文档为"练习 3-27.mcam"，要求按上述要求增加水平铣削加工练习，另存盘为"练习 3-27_加工.mcam"文档，并与光盘中的相应文档进行比较（练习步骤略）。

（2）拓展练习 以图 3-60b、c 为例练习水平精铣创建过程。

练习 3-28：已知图 3-60b 所示练习文档（加工模型参见图 3-39）"练习 3-28.mcam"，该练习文档内包含有区域粗铣与流线精修两个加工操作，要求在它们之间创建一个水平精铣加工操作，另存盘为"练习 3-28_加工.mcam"，并与光盘中相应文档进行比较。图 3-63 所示为其加工过程实体仿真图。

水平精铣加工要求简述如下：加工面与切削范围参见图 3-59。加工策略"水平精铣"。"高速曲面刀路-水平"对话框设置：刀具"D16 平底铣刀"；切削参数"顺铣，分层次数

1，切削距离（直径%）45"；摆线方式"关"；进刀方式"螺旋下刀，半径 8.0"；陡斜/浅滩"自动检测，最高位置设为 1.0"。（另外，再开启摆线方式观察刀轨的变化，理解摆线刀轨的特点）

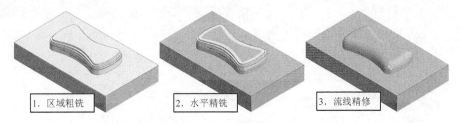

图 3-63　练习 3-28 加工过程实体仿真

练习 3-29：已知图 3-60c 图所示练习文档"练习 3-29.mcam"（光盘中给出了 STP 格式文档），该加工模型的加工工艺为：区域粗铣→等高精铣（→水平精铣顶面和底面）→流线精修槽底圆角→外形铣削，其中，括号中的水平精铣是本练习要做的工作。要求在按工艺要求创建一个水平精铣加工操作，另存盘为"练习 3-29_加工.mcam"，并与光盘中相应文档比较学习。图 3-64 所示为其加工过程实体仿真图。

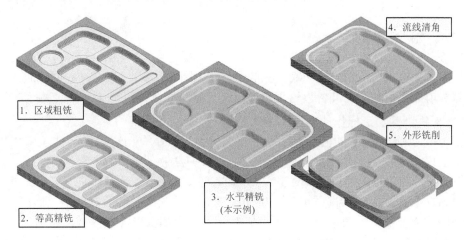

图 3-64　练习 3-29 加工过程实体仿真

水平精铣加工要求简述如下：加工面与切削范围参见图 3-60。加工策略为"水平精铣"。"高速曲面刀路-水平"对话框设置如下：刀具为"D16R2 圆角铣刀"；切削参数为"顺铣，分层次数 1，切削距离（直径%）45"；摆线方式为"关"；进刀方式为"螺旋下刀，半径 8.0"；陡斜/浅滩为"最高位置设为 0.6，最低位置-15.0"。另外，再开启摆线方式观察刀轨的变化，理解摆线刀轨的特点。

3.3.6　放射铣削精加工与分析

"放射▦"铣削精加工（又称放射状精加工，简称放射精铣）是以指定点为中心，沿加工曲面径向生成放射状刀轨的精加工。从刀轨俯视图可见，其可认为是水平面内的放射状刀轨投影到曲面后形成的刀轨，特别适用于圆形或近似圆形表面的加工。图 3-65 所示为放射铣削精加工示例。放射铣削的刀轨是以指定中心点径向直线发射的刀具轨迹，外部范围可以自动获得，或加工范围曲线、干涉面等限制。从后续参数设置的介绍中可知，其刀轨除了图 3-65 所示的圆形区域外，还可设置为环形和扇形等。放射刀轨的不足之处是随着径向尺寸的增加，圆周向的轨迹间距会增加，径向尺寸差异较大时，考虑到最远点的要求，紧靠中心部位的周向间距太小，因此放射精铣适用于圆形表面的加工。而较大径向尺寸表面加工时，还可将加工面分为中间的圆形和若干环形等加工。关于应用技巧，这里不展开讨论，参见"练习 3-31"。

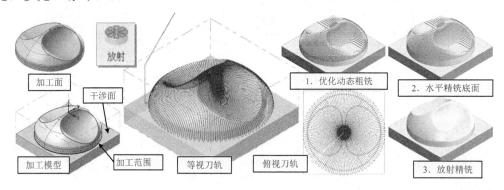

图 3-65　放射铣削精加工示例

1．加工编程前说明

在图 3-65 所示的放射铣削精加工示例中，加工模型前面已经用到多次，现假设其加工工艺为：优化动态粗铣→水平精铣底面→放射精铣。因此，要进行放射铣削精加工练习，必须首先完成前面两步加工的准备，这里直接以第 3 步的放射铣削精加工为例进行介绍。

2．放射铣削精加工操作的创建与参数设置

以图 3-65 所示示例中的放射铣削精加工为例，光盘中有相应的文档供学习参考。

（1）放射铣削精加工操作的创建　单击"铣床→刀路→3D→精切→放射按钮" ▣，弹出"选择加工曲面"操作提示，按图 3-65 所示的要求选择加工面，单击"结束选择"按钮，弹出"刀路曲面选择"对话框，可见加工面区域显示已选择的曲面有 9 个。后续的干涉面和切削范围按需要选择，如本示例仅用"陡斜/浅滩"中的深度参数来控制放射刀轨的最远端即可，但出于保险考虑，仍然选择图 3-65 所示的干涉面，确保刀具不伤及该平面。这里的切削范围圆选择意义不大，主要控制范围，而加工面本身不包含平面，有无这个加工范围均可。选择结束后，单击"确定"按钮，弹出"高速曲面刀路-放射"对话框。

（2）放射铣削精加工参数设置　该参数设置主要集中在"高速曲面刀路-放射"对话框。

1）"刀路类型"选项设置与图 3-46 相同，仅默认的加工策略变成了"放射"。

2）"刀具"选项设置与前述 2D 基本相同。本示例中，前两步加工的刀具为 D16 平底铣刀，接着为放射加工创建一把 BD12 的球头铣刀。

3）"毛坯"选项设置与前述相同。此处的混合铣削精铣也采用默认的未激活状态。

4）"毛坯预留量"选项设置，由于为精铣加工，因此取壁边/底面预留量 0，干涉面预留量取 1.0 即可。注意，这个干涉面预留量仅是出于安全考虑，实际上后续的深度控制使得刀具轨迹到达不了这个深度。

5）"切削参数"选项设置是放射铣削精加工设置的主要部分，如图 3-66 所示。不同的设置主要集中在虚线框内的部分。

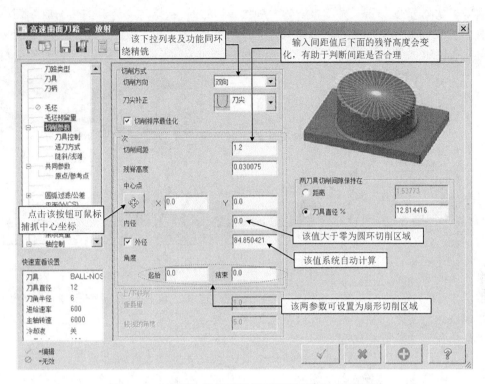

图 3-66　"放射"精铣对话框"切削参数"选项设置

6）"刀具控制"选项设置与前述相同。

7）"进刀方式"选项设置同平行精铣，参见图 3-58。

8）"陡斜/浅滩"选项设置与前述相同。但本例手工修改为最高位置 1.0（考虑毛坯顶面）、最低位置 -40.0（高于自动检测的平面深度，限制刀具轨迹不需要太深）。

9）"共同参数"和"原点/参考点"选项设置一般继承前面粗加工的设置。

3．生成刀具路径及其路径模拟与实体仿真

在"高速曲面刀路-放射"对话框中的参数设置完成并单击"确定"按钮后，系统将自动计算并生成刀轨，用户可"刀路模拟"或"实体仿真"刀具路径，直至满意。3D 铣削一般采用实体仿真观察。刀具轨迹与实体仿真结果参见图 3-65。

4．放射铣削精加工练习

（1）基本练习　要求按图 3-65 所示的示例，进行放射铣削精加工编程练习。

练习 3-30：已知练习文档"练习 3-30.mcam"已完成前两步的优化动态粗铣和水平精铣加工，要求按上面叙述完成放射铣削精加工练习，另存盘为"练习 3-30_加工.mcam"文档，并与光盘中相应文档进行比较（练习步骤略）。

（2）拓展练习　以图 3-25 所示的五角星凸加工模型为例，加工工艺为：优化动态粗铣→水平精铣→放射精铣（圆心放射精铣）→放射精铣（圆环放射精铣）→清角精修，如图 3-67 所示。本练习要求完成其放射精铣编程工作。由于该模型加工面的径向尺寸相差较大，若用一个切削间距生成刀具轨迹，显然中间部分的间距是偏小的，为此，设置两个切削间距，经过作图测量最低处分界点的直径大约是 94.427mm，考虑到刀轨略有重叠，因

183

此，内部按 $R48$ 放射精铣，外部按 $R48 \sim R197.989899$（系统自动计算的值）放射切削（实际重叠量可在俯视图中观察刀轨调整）。

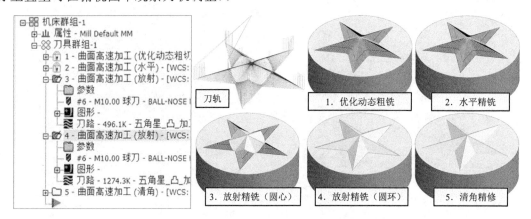

图 3-67　练习 3-31 的刀路管理器、刀轨与加工仿真

练习 3-31：已知练习文档"练习 3-31.mcam"已完成优化动态粗铣和清角精修加工操作，要求在这两步之间插入两个放射精铣加工，另存盘为"练习 3-31_加工.mcam"文档，并与光盘中相应文档进行比较。

图 6-67 所示为练习 3-31 的加工编程图解，从左侧的操作管理器可见，其包含 5 个加工操作，其中第 3、4 步操作均为放射精铣，但从加工仿真可看出差异。刀轨图是同一切削间距计算出的刀轨，由于最大半径的不同，刀具的疏密明显有差异，这种刀轨显然可提高效率。

练习要求简述如下（仅介绍两放射精铣的练习要求）：

相同部分：加工面和干涉面参照练习 3-19 的图 3-49。刀具为"BD10 球头铣刀"；毛坯预留量为"壁边/底面预留量 0，干涉面预留量 0.05"；切削参数为"切削方向为双向，切削间距 1.0，中心点均为 X0 和 Y0"；其余参数自定。

差异部分：主要在切削参数选项页面。操作 3 参数：内径 0.0，外径 48.0。操作 4 参数：内径 47.0，外径 197.989899（系统自动计算的值，不用修改）。

3.3.7　螺旋铣削精加工与分析

"螺旋▣"铣削精加工（简称螺旋精铣）是以指定的点为中心生成的螺旋线投影到加工曲面上生成的刀轨精加工，类似于 UG 中固定轴轮廓铣螺旋线驱动方式的刀具轨迹精加工。螺旋精铣可认为是等高精铣的孪生加工策略，等高精铣是沿 Z 方向等距分层生成 XY 平面的轮廓切削，而螺旋精铣是 XY 平面等距分层 Z 方向的轮廓切削，因此，其优缺点及其应用事项有一定对应，读者可细心体会。

图 3-68 所示为几个螺旋铣削精加工示例，这些刀轨的俯视图刀轨均为螺旋铣。图 3-68a 中由于存在部分较大的陡斜面，在这部分区域刀轨的 Z 向变化太大（图中圈出部分），类似于等高刀轨在浅滩部分会出现较大间距的刀轨。由此可见，螺旋刀轨适用于较为平坦曲面的加工，即整个曲面在同一高度附近的陡斜与浅滩不要有太大变化的曲面加工，如图 3-68b 中各部分的陡斜与浅滩变化不大，图 3-68c 中整个加工面较为平坦。

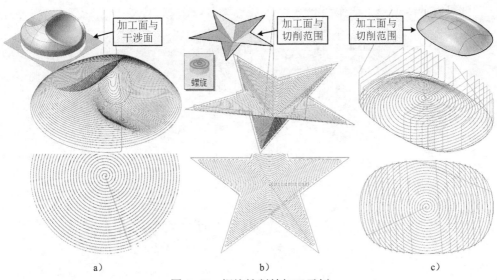

图 3-68　螺旋铣削精加工示例

1. 加工编程前说明

这里以图 3-68b 所示的模型为例，加工模型在 3.3.2 节中的"练习 3-22"中出现过，是一个凹的五角星型面，但是采用的是环绕等距精铣加工，现将其改为螺旋精铣。其加工工艺为：区域粗铣→螺旋精铣→曲面清角精铣（类似于图 3-52）。

2. 螺旋铣削精加工操作的创建与参数设置

以图 3-68b 中五角星凹型模型的螺旋铣削精加工为例，光盘中有相应的文档供学习参考。

（1）螺旋铣削精加工操作的创建　单击"铣床→刀路→3D→精切→螺旋按钮" ，弹出"选择加工曲面"操作提示，按图 3-68 所示的要求选择加工面，单击"结束选择"按钮，弹出"刀路曲面选择"对话框，可见加工面区域显示已选择 10 个加工面，接着单击切削范围区域的"选择"按钮 ，选择加工面边界线为切削范围，参见图 3-68。单击"确定"按钮，弹出"高速曲面刀路-螺旋"对话框。

（2）螺旋铣削精加工参数设置　该参数设置主要集中在"高速曲面刀路-螺旋"对话框。

1）"刀路类型"选项设置与图 3-46 类似，仅默认的加工策略变成了"螺旋"，这里不展开介绍。

2）"刀具"选项设置与前述 2D 动态铣削介绍的类似。本示例中，创建一把 BD10 球头铣刀。

3）"毛坯"选项设置采用默认的未激活状态。

4）"毛坯预留量"选项设置，由于为精铣加工，因此取壁边/底面预留量为 0，干涉面预留量取决于是否选择了干涉面，根据具体情况确定。本例未选择干涉面，不用设置。

5）"切削参数"选项设置是螺旋铣削精加工设置的主要部分，如图 3-69 所示。不同的设置主要集中在虚线框内的部分。

6）"刀具控制"选项设置与前述相同。

7）"进刀方式"选项设置同平行铣削精铣，参见图 3-58。

8）"陡斜/浅滩"选项设置与前述相同。本例采用自动检测数据即可。

9）"共同参数"和"原点/参考点"选项设置一般继承前面粗加工的设置。

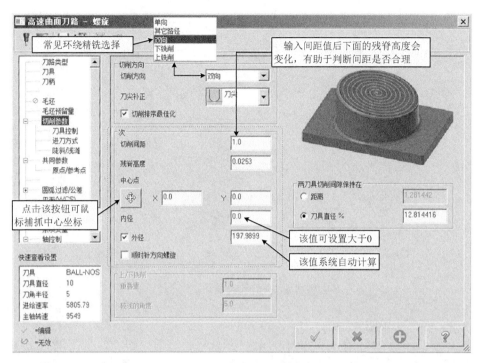

图 3-69 "螺旋"精铣对话框"切削参数"选项设置

3．生成刀具路径及其路径模拟与实体仿真

在"高速曲面刀路-螺旋"对话框中的参数设置完成并单击"确定"按钮后，系统将自动计算并生成刀轨，用户可"刀路模拟"或"实体仿真"刀具路径，直至满意。3D 铣削一般采用实体仿真观察。刀具轨迹与实体仿真结果参见图 3-68。

4．螺旋铣削精加工练习

（1）基本练习　要求按图 3-68 所示的示例，进行螺旋铣削精加工编程练习。

练习 3-32：已知练习文档"练习 3-32.mcam"（图 3-68b 中的五角星凹型加工）已完成挖槽粗铣和清角精修加工操作，要求按上述介绍在该两操作之间插入一个螺旋铣削精加工操作（参见图 3-70），另存盘为"练习 3-32_加工.mcam"文档，并与光盘中的相应文档进行比较（练习步骤略）。

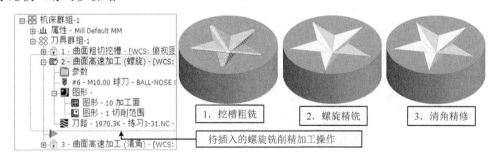

图 3-70　练习 3-32 刀路管理器、加工步骤与实体仿真

（2）拓展练习　以图 3-68c 所示刀轨的加工模型为例，进行螺旋铣削精加工编程练习。

练习 3-33：已知 STP 加工模型"练习 3-33.stp"文档和已完成螺旋铣削精加工之外的练

习文档"练习 3-33.mcam",其加工工艺为:多曲面挖槽粗铣(D16R2 圆角铣刀)→2D 挖槽铣平面(D16 平底铣刀)→螺旋精铣型面(BD12 球头铣刀)→残料铣削(BD2 球头铣刀)。现要求在工艺所述位置插入一个螺旋铣削精加工操作,另存盘为"练习 3-33_加工.mcam"文档,并与光盘中的相应文档进行比较。图 3-71 所示为加工操作提示图解,展开的操作内容可见 BD12 球头铣刀,20 个加工面,1 个切削范围曲线,刀具轨迹参见图 3-68c。

螺旋精铣加工要求简述如下:加工面与加工范围如图 3-71 所示。刀具为"BD12 球头铣刀";毛坯预留量为"壁边/底面预留量 0";切削参数为"切削方向为单向,切削间距 1.2,中心点均为 X0 和 Y0";其余参数自定。

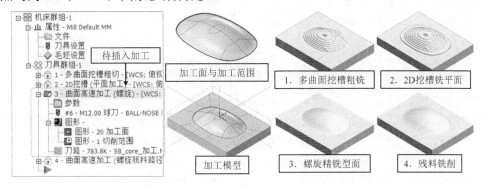

图 3-71 练习 3-33 刀路管理器、加工模型与加工步骤仿真

3.3.8 投影铣削精加工与分析

"投影[图]"铣削精加工与投影铣削粗加工的原理基本相同,只是这里投影出的是精铣刀轨,即只有一层沿曲面移动的刀轨。图 3-72 所示为前述投影粗铣用到的加工模型(参见图 3-42),其中用于投影的 NCI 刀轨(一个 2D 熔接刀轨)的创建方法与其相同,但最大步进量改为了 1.2mm(主要考虑后续投影铣削精加工拟采用 BD12 的球头铣刀),另外,新增了一条曲线(SOAP BOX 文字)投影加工操作,这种曲线投影加工编程在塑料模具的流道加工中应用效果较好。

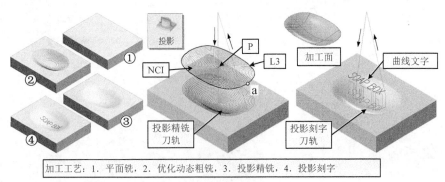

图 3-72 投影铣削精加工示例

1. 加工前准备

加工模型参见图 3-42。加工工艺为:平面铣(留磨量 0.3mm)→优化动态粗铣型面→投影精铣型面→投影精铣刻字。为此,必须先完成平面铣操作,由于上表面后续还需磨削加工,因

此这里铣平面时要留 0.3mm 的加工余量；接着的粗铣采用了优化动态粗铣策略，刀具为 D12R1 圆角铣刀，逆铣，切削间距取刀具直径的 20%（2.4mm），分层深度为 6.0mm，步进量为 1.0mm。还需准备好投影用的 NCI 刀轨，即曲线 L3 和点 P 创建的熔接刀轨，a 点为串连曲线的起点，也是刀轨的起点，创建方法参见投影粗铣示例，最大步进量为 1.2mm；另外，还需准备好适当大小的投影曲线字体，注意选用单线字体[图中选用 Drafting（Current）Font 字体]。

2. 投影铣削精加工操作的创建与参数设置

以图 3-72 所示的投影铣削精加工为例，光盘中有相应的文档供学习参考。

（1）NCI 刀路投影精铣加工操作的创建　单击"铣床→刀路→3D→精切→投影按钮" ，弹出"选择加工曲面"操作提示，用鼠标依次拾取型面上的 6 个加工面，单击"结束选择"按钮，返回"刀路曲面选择"对话框，可见加工面区域显示有 6 个已选择的曲面图素，其他干涉面、切削范围、曲线和点暂时不选。单击"确定"按钮，弹出"高速曲面刀路-投影"对话框，默认进入"刀路类型"选项页。

（2）投影铣削精加工参数设置　该参数设置主要集中在"高速曲面刀路-投影"对话框。

1）"刀路类型"选项设置与图 3-46 相似，仅默认的加工策略变成了"投影"。

2）"刀具"选项设置与前述 2D 基本相同。本示例投影精铣时，创建一把 BD12 的球头铣刀。

3）"毛坯"选项设置与前述相同。此处采用默认的未激活状态。

4）"毛坯预留量"选项设置，由于为精铣加工，因此壁边/底面预留量取 0。

5）"切削参数"选项设置是投影铣削精加工设置的主要部分，如图 3-73 所示。这里的"投影方式"选择了"NCI"单选项，则右上角可选择某一个加工操作，系统自动地调用该操作的 NCI 文件。这里"深度切削"次数取 1，即只生成一层投影精铣刀轨。

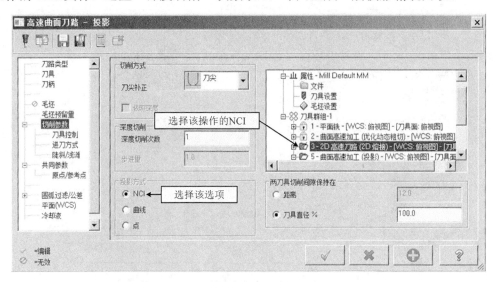

图 3-73　"投影"精铣对话框"切削参数"选项设置

6）"刀具控制"选项设置与前述相同。

7）"进刀方式"选项设置同平行铣削精加工，参见图 3-58。

8）"陡斜/浅滩"选项设置与前述相同。这里不设也可以。

9)"共同参数"和"原点/参考点"选项设置一般继承前面粗加工的设置。

（3）曲线投影铣削精加工操作的创建 如下所述：

按上述步骤按部就班操作也可以，但曲线投影铣削精加工与NCI刀路投影铣削精加工基本相同，因此用复制再修改的方法更快。

将上述创建的NCI刀路投影铣削精加工复制出一个新的操作，然后单击"参数"标签 ，激活"高速曲面刀路-投影"对话框，做如下修改：

1)"刀路类型"选项中，单击右下角"曲线"区域的选择按钮 ，弹出"串连选项"对话框，以"线框"模式"窗选"方式选择全部文字曲线，按操作提示选取曲线起始点（这里选择了S笔画的起点），单击"确定"按钮，返回"高速曲面刀路-投影"对话框，可见选中了10个曲线图素。

2)"刀具"选项设置与前述2D基本相同。本示例为投影刻字，故需创建一把刻字铣刀，可参见1.4.4节中的方法创建一把锥度雕刻铣刀（刀尖直径为0.5mm，锥度半角为15°，刀柄直径为6mm，其余参数自定）。

3)"毛坯预留量"设置，壁边预留量为0，底面预留量为-0.5。注意，投影精铣默认的刀具轨迹是投影到加工面的表面，因此这里必须设置为负值才能在加工面上雕刻出字来。

4)"切削参数"选项设置，必须将"投影方式"中的"NCI"单选项改为"曲线"单选项（参见图3-73），这时系统就会将前面选中的曲线投影到加工面上形成刀具轨迹。

其余参数可以不修改。

3. 生成刀具路径及其路径模拟与实体仿真

在"高速曲面刀路-投影"对话框中的参数设置完成并单击"确定"按钮后，系统将自动计算并生成刀轨，用户可"刀路模拟"或"实体仿真"刀具路径，直至满意。3D铣削一般采用实体仿真观察。刀具轨迹与实体仿真结果参见图3-72。

注意，对于修改参数的加工操作，必须更新刀轨。

4. 投影铣削精加工练习

要求按图3-72所示的示例，进行投影铣削精加工编程练习。

练习3-34：已知练习文档"练习3-34.mcam"，已完成平面铣与优化动态粗铣加工，现要求继续完成图3-72所示的NCI刀路投影精铣和曲线投影刻字的加工编程，另存盘为"练习3-34_加工.mcam"文档，并与光盘中的相应文档进行比较（练习步骤略）。

另外，参考文献[1]中也有一个较为实用的示例，有兴趣的读者可参照学习。

3.3.9 流线铣削精加工与分析

"流线 "铣削精加工（简称流线精铣）是指刀具沿着加工曲面的流线方向或截断方向移动的切削加工。图3-74所示为典型的流线铣削精加工示例。注意，截断切削刀轨与图3-59所示的平行铣削精加工有类似原理，但在4个转角部位切削的效果更好。从刀具的使用情况看，截断切削用平底铣刀即可，但流线切削则建议用圆角铣刀或球头铣刀。从加工平稳性看，流线切削显然要优于截断切削。

1. 加工前准备

流线精铣属于精加工，因此其前面还有粗加工。图3-74所示的流线铣削精加工示例的加工工艺为：挖槽粗铣→挖槽铣平面→流线精铣圆角（截断或流线）。其中前两步加工可参阅 3.2.1 节中的挖槽粗铣加工"练习 3-4_加工.mcam"的内容。

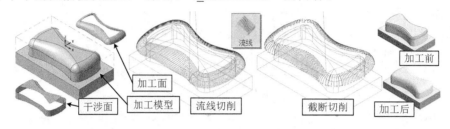

图 3-74　流线铣削精加工示例

2．流线铣削精加工操作的创建与参数设置

以图 3-74 所示的流线铣削精加工为例，光盘中有相应的文档供学习参考。

（1）流线铣削精加工操作的创建　单击"铣床→刀路→3D→精切→流线按钮"，弹出"选择加工曲面"操作提示，按图 3-74 所示选择加工面，单击"结束选择"按钮，弹出"刀路曲面选择"对话框，可见加工面区域显示已选择 8 个加工面，接着单击干涉面区域的"选择"按钮，选择图 3-74 所示的干涉面。对话框下部还有一个很重要的"曲面流线"选项，下面单独介绍。单击"确定"按钮，弹出"曲面精修流线"对话框。

（2）流线铣削精加工参数设置　该参数设置主要集中在"曲面精修流线"对话框。

1）"刀具参数"选项卡（旧版本）与挖槽粗铣的相同，参见图 3-10。本示例流线切削选用 D16R2 圆角铣刀，截断切削选用 D16 平底铣刀。另外，参考点设置按钮在该对话框右下角。

2）"曲面参数"选项卡与平行粗铣的相同，参见图 3-17。本示例设置加工面预留量为 0.0，干涉面预留量为 0.1。

3）"曲面流线精修参数"选项卡如图 3-75 所示。

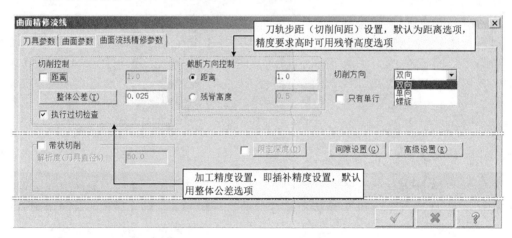

图 3-75　"曲面精修流线"精铣对话框"曲面流线精修参数"选项卡设置

（3）切削方向的设置（见图 3-76）　流线加工创建之初会遇到"刀路曲面选择"对话框，加工操作创建后还可单击"图形"标签激活，下部有一个"曲面流线"区域及其对应的参数按钮，单击它会弹出"曲面流线设置"对话框，同时画面上的模型转变为调整提示图解，其中的"切削方向"按钮是流线方向与截断方向切削刀轨切换的按钮，其余按钮的功能参见图中说明。单击"曲面流线设置"对话框的各按钮，调整提示图解会发生相应的变化。图 3-76 所示为调整切削方向时显示为流线切削方向的图解。

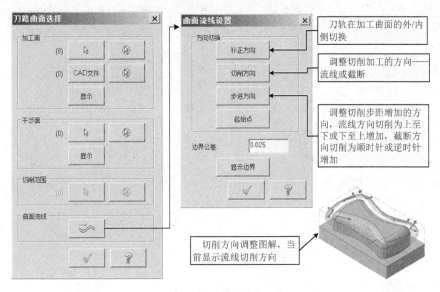

图 3-76　曲面流线调整图解

3．生成刀具路径及其路径模拟与实体仿真

"曲面精修流线"对话框中的参数设置完成后，生成刀轨，并实体仿真。若不满意，则重新激活该对话框并编辑参数，再次生成刀轨并仿真，可反复进行，直至满意。刀具轨迹与实体仿真如图 3-74 所示。

4．流线铣削精加工练习

（1）基本练习　要求按图 3-74 所示的示例，进行流线铣削精加工编程练习。

练习 3-35：已知练习文档"练习 3-35.mcam"，已完成挖槽粗铣和挖槽铣平面加工，要求按图 3-74 进行流线铣削精加工编程练习，另存盘为"练习 3-35_加工.mcam"文档，并与光盘中的相应文档进行比较（练习步骤略）。

提示：可在一个文档中分别建立截断切削与流线切削加工操作，实体仿真时分别选择进行比较。

（2）拓展练习　流线加工在倒圆等位置的应用效果还是不错的，其不仅可用于凸圆角，还可用于凹圆角。下面给出两个练习，读者可尝试练习，有问题可直接读取结果文档参照学习。

练习 3-36：以图 3-16 所示模型的圆角部分流线精铣加工练习为例。该模型前期加工包括：2D 外形铣削→平行粗铣→平行精铣（→流线精铣圆角）。现已知练习文档"练习 3-36.mcam"，其已完成前 3 步加工，现要求接着完成流线精铣圆角加工的编程，另存盘为"练习 3-36_加工.mcam"文档，并与光盘中相应的文档进行比较。流线精铣刀轨参见图 3-77。加工刀具为 D12R1 圆角铣刀，加工参数等自定。

练习 3-37：以图 3-64 所示模型的第 4 步流线精铣清角加工练习为例。该模型的前期加工包括：区域粗铣→等高精铣→水平精铣顶面和底面（→流线精修槽底圆角）→外形铣削。其中，括号中的"流线精修槽底圆角"是本练习要做的工作。现已知练习文档"练习

3-37.mcam"，其已完成前 3 步和最后 1 步加工，要求在规定的位置完成流线精修圆角加工编程，另存盘为"练习 3-37_加工.mcam"文档，并与光盘中相应的文档进行比较。流线精铣刀轨参见图 3-78。加工刀具为 BD8 球头铣刀，加工参数等自定。

图 3-77　练习 3-36 刀轨参考　　　　　图 3-78　练习 3-37 刀轨参考

3.3.10　熔接铣削精加工与分析

"熔接 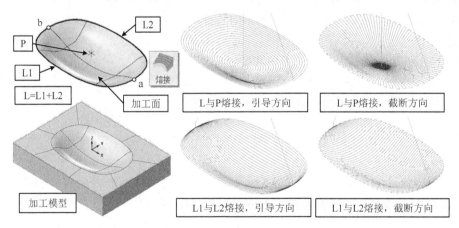" 铣削精加工是基于两个串连曲线之间创建一个熔接刀具路径，并投影至指定的加工曲面生成熔接精加工刀轨。注意，两个熔接串连曲线可以是封闭或开放曲线，甚至其中的一个串连曲线可以是一个点。串连曲线可以是同一平面内的，也可以是不同平面内的。串连曲线的选择顺序、位置和方向直接控制刀具轨迹的开始与切削方向等。学习本节内容必须要熟悉第 2 章介绍的 2D 熔接铣削加工的知识。图 3-79 所示为熔接铣削精加工示例。图中创建的熔接串连曲线有两组，一组是 L1 和 L2，另一组是 L 和 P 点，串连曲线 L 包含 L1 和 L2，选取串连时，a 为起点，b 为终点，或 a 点为起点顺时针方向。形成的熔接刀轨有引导方向与截断方向，因此图 3-79 中列出了 4 种熔接铣削精加工的刀具轨迹。

图 3-79　熔接铣削精加工示例

1．加工前准备

加工模型参见图 3-72。加工工艺为：平面铣（留磨量 0.3mm）→优化动态粗铣型面→熔接精铣。前两步的加工操作同前述投影精铣与图 3-72 中的部分，这里不详述。

2．熔接铣削精加工操作的创建与参数设置

以图 3-79 所示的"L 与 P 熔接，引导方向"形成熔接曲线的熔接铣削精加工为例（左上图中的刀路），光盘中有的相应文档供学习参考。

（1）熔接铣削精加工操作的创建　单击"铣床→刀路→3D→精切→熔接按钮" ，弹出"选择加工曲面"操作提示，用鼠标依次拾取型面上的 6 个加工面，单击"结束选择"按钮，返回"刀路曲面选择"对话框，可见加工面区域显示有 6 个已选择的曲面图素，干涉面、切削范围等暂时不选。单击"选择熔接曲线"区域的选择按钮 ，先选择串连曲线 L（a 点为起点，逆时针方向串连），接着选择 P 点。单击"确定"按钮，弹出"曲面精修熔接"对话框，默认进入"刀具参数"选项卡。

（2）投影铣削精加工参数设置　该参数设置主要集中在"曲面精修熔接"对话框。

1）"刀具参数"选项卡与前述 3D 挖槽粗铣的相同，参见图 3-10。本示例创建一把 DB12 球头铣刀。另外，参考点的设置也在该对话框右下角。

2）"曲面参数"选项卡与平行粗铣的相同，参见图 3-17。本示例设置加工面预留量为 0.0。

3）"熔接精修参数"选项卡如图 3-80 所示。本示例仅有 L 与 P 点熔接，引导方向形成熔接曲线的熔接铣削精加工选择的是"螺旋"切削方式，其他均为"双向"切削方式。

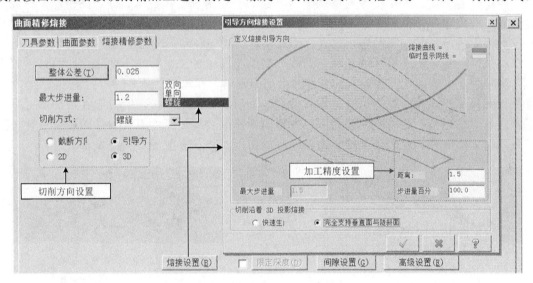

图 3-80　"曲面精修熔接"精铣对话框"熔接精修参数"选项卡设置

3．生成刀具路径及其路径模拟与实体仿真

"曲面精修熔接"对话框中的参数设置完成后，生成刀轨，并实体仿真。若不满意，则重新激活该对话框并编辑参数，再次生成刀路并仿真，可反复进行，直至满意。刀具轨迹与实体仿真如图 3-79 所示。

4．熔接铣削精加工练习

要求按图 3-79 所示的示例，进行熔接铣削精加工编程练习。

练习 3-38：已知练习文档"练习 3-38.mcam"，已完成平面铣与优化动态粗铣加工，现要求继续完成图 3-79 所示的熔接铣削精加工练习，另存盘为"练习 3-38_加工.mcam"文档，并与光盘中相应文档进行比较（练习步骤略）。

　　练习步骤提示：首先，按上述要求建立一个"L与P点熔接，引导方向"形成的熔接曲线刀路以及以螺旋方式切削的熔接铣削精加工操作，然后在"曲面参数"选项卡改选"截断方向"单选项，观察刀轨变化情况。其次，复制以上操作，修改串连曲线（图 3-79 中的另外 3 种熔接曲线），观察"引导方向"和"截断方向"单选项对刀具轨迹的影响。

　　另外，参考文献[1]中也有一个较为实用的示例，有兴趣的读者可参照学习。

5．熔接加工刀轨分析

　　从上述的"L与P点熔接，引导方向"形成熔接曲线、螺旋方式切削的熔接铣削精加工编程以及生成的刀轨看，其很像投影精修示例的刀具轨迹，只是将生成 2D 熔接曲线 NCI 与投影精铣结合在一起自动完成了。读者若有兴趣阅读参考文献[1]中熔接铣削精加工的相应示例，还会感觉到其与流线加工有许多相似之处。通过这样的一些思考，读者也许会对投影、熔接和流线精铣加工有更新的认识。

3.3.11　传统等高铣削精加工与分析

　　"传统等高▨"铣削精加工的"传统"两字是相对于 3.3.1 节中介绍的"等高铣削精加工"而言，若这里称为传统等高精铣，则前述的等高精铣可称之为高速等高精铣，这点在各自的参数设置对话框名称上可见一斑。下面将 3.3.1 节中的等高精铣示例中的等高加工操作更换为传统等高加工操作，比较性地观察、体会与学习，参见图 3-81。可以感觉到传统等高铣削精加工在平坦区域处理、刀路均匀性与高速加工平顺性方面略逊一筹，但其平面区域铣削功能有时又显得略强，另外前面的高速等高精铣加工有一个"毛坯"选项设置，可进行残料加工，而传统等高铣削不具备这一功能。从本示例仿真看，第 4 步加工完后留下的残料似乎更小，这种情况甚至可以省略第 5 步的残料加工，改为后续的钳工修锉打磨等去除。总体而言，对于传统的非高速铣削加工而言，基本能满足使用要求。

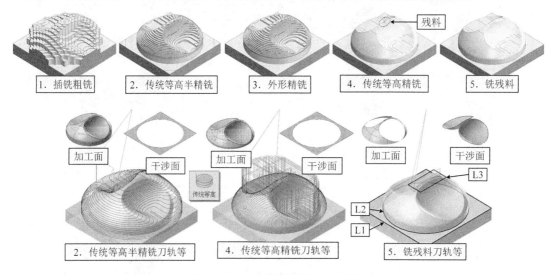

图 3-81　传统等高精铣加工示例

1．加工编程前说明

　　图 3-81 所示的传统等高精铣加工示例是将前述 3.3.1 节中的等高精铣示例中的等高加工操作更换为传统等高加工操作后的情形，其加工工艺和加工参数基本相同。

2．传统等高精铣加工操作的创建与参数设置

以图 3-81 所示的传统等高精铣加工第 4 步为例，光盘中有相应的文档供学习参考。

（1）传统等高精铣加工操作的创建 单击"铣床→刀路→3D→精切→传统等高"按钮，弹出"选择加工曲面"操作提示，按图 3-81 所示选择加工面，单击"结束选择"按钮，返回"刀路曲面选择"对话框，可见加工面区域显示有 8 个已选择的曲面图素（第 2 步有 9 个加工曲面）。同理，选择图 3-81 所示的干涉面。单击"确定"按钮，弹出"曲面精修等高"对话框，默认进入"刀具参数"选项卡。

（2）传统等高精铣加工参数设置 该参数设置主要集中在"曲面精修等高"对话框。

1）"刀具参数"选项卡与前述 3D 挖槽粗铣的相同，参见图 3-10。本示例创建一把 DB12 球头铣刀。另外，参考点也在该对话框右下角设置。

2）"曲面参数"选项卡与平行粗铣的相同，参见图 3-17。本示例第 4 步设置为：加工面预留量 0.0，干涉面预留量 0.1 或更小。第 2 步设置为：加工面预留量 0.4，干涉面预留量 0.0。

3）"等高精修参数"选项卡如图 3-82 所示。本示例第 4 步设置为：Z 最大步进量 1.2，顺铣，勾选"浅滩"和"平面区域"，设置切削深度 -40.0（比自动检测值提高了 5mm，用于控制刀轨深度）。第 2 步设置为：Z 最大步进量 2.0，逆铣，不勾选"浅滩"和"平面区域"，设置切削深度 -45.0（按自动检测值设置）。

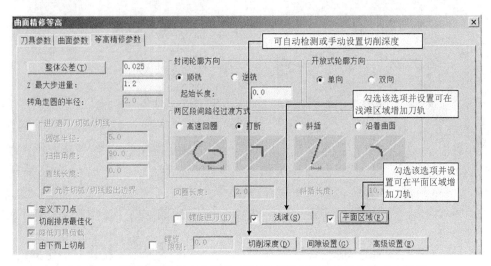

图 3-82 "曲面精修等高"精铣对话框"等高精修参数"选项卡设置

3．生成刀具路径及其路径模拟与实体仿真

"曲面精修熔接"对话框中的参数设置完成后，生成刀轨，并实体仿真。若不满意，则重新激活该对话框并编辑参数，再次生成刀路并仿真，可反复进行，直至满意。刀具轨迹与实体仿真如图 3-81 所示。

4．传统等高铣削精加工练习

要求按图 3-81 所示的示例，进行传统等高铣削精加工编程练习。

练习 3-39：已知练习文档"练习 3-39.mcam"，已完成粗铣插铣、外形精铣和铣残料加工，现要求插入第 2 步的传统等高半精铣和第 4 步的传统等高精铣加工练习，另存盘为"练习 3-39_加工.mcam"文档，并与光盘中相应文档进行比较（练习步骤略）。

3.3.12 清角铣削精加工与分析

"清角![icon]"铣削精加工（又称交线清角加工，简称清角铣削）主要用于清除曲面夹角为锐角的相交线处的残余材料，其实质是在两曲面相交处增加了一个刀具半径的倒圆。清角加工的刀具轨迹沿交线方向顺势精铣，刀具直径一般较小，且直径越小，交线越清晰。清角加工可单条刀轨精铣，但刀具直径较小，当残留余料较多时，就需要偏置出多条刀轨清角加工。需要提示的是，若两曲面交线处的几何模型已经有几何倒圆特征，则剩余的材料的加工属于残料铣削。清角球头铣刀的直径一般较小，但这指的是切削刃部位，其夹持部分一般稍大（参见图 3-83 所示的刀具简图），因此编程时要注意夹持部分与加工面的干涉问题。前述"练习 3-31"和"练习 3-32"所示的五角星凸、凹模型的型面之间没有倒圆的交线，其可用清角铣削出尽可能清晰的交线。由于刀具直径不可能为零，因此交线清角铣削后必然存在圆角过渡，如图 3-83 所示。

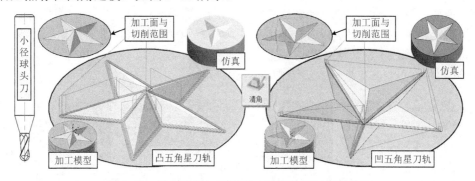

图 3-83　清角铣削加工模型、刀具轨迹与实体仿真

1．加工编程前说明

这里以图 3-83 所示的凸五角星模型为例，加工练习文档如图 3-67 所示，已完成优化动态粗铣、水平精铣、放射精铣（2 次）加工，现在其基础上进行清角铣削加工编程。

2．清角铣削精加工操作的创建与参数设置

以图 3-83 所示示例中的凸五角星加工模型的清角铣削精加工为例，光盘中有相应的文档供学习参考。

清角铣削精加工操作的创建方法是：单击"铣床→刀路→3D→精切→清角按钮"![icon]，弹出"选择加工曲面"操作提示，按图 3-83 所示要求选择加工面；单击"结束选择"按钮，弹出"刀路曲面选择"对话框，可见加工面区域显示已选择的曲面有 11 个；接着单击切削范围区域的"选择"按钮，选择图 3-83 所示的底面外圆曲线为切削范围；单击"确定"按钮，弹出"高速曲面刀路-清角"对话框。

以上为常规的加工操作创建方法，也可以采用复制前述相似操作的方法快速创建加工操作。在图 3-46 中的刀路类型有多种，这些都属于高速曲面刀路类型，这些类型的加工操作可通过复制的方法，快速地更换刀路类型及其相关参数的设置来实现。以本例为例，操作方法如下：

首先，选中图 3-67 中第 2 步的操作"水平精铣"，单击鼠标右键，执行快捷菜单中的"复制"命令。然后，选中第 4 步的"放射精铣"，单击鼠标右键，执行快捷菜单中的"粘贴"命令，创建一个新的操作（第 5 步）。接着，展开这个操作，单击"参数"标签![icon]，弹出"高速曲面刀路-水平"对话框，开始执行清角铣削操作的修改。注意，若加工操作被锁住了，则需要解锁。

1）"刀路类型"选项设置选择"清角"刀路类型。注意，由于水平精铣的加工面和切削范围与清角铣削相同，因此刀路类型右侧关于加工面、干涉面、切削范围等选择可不用编辑，必要时单击相关按钮检查一下。若有必要，在这部分可对加工面、干涉面和切削范围等重新编辑。另外，加工面、干涉面和切削范围等也可单击"图形"标签 ，弹出"刀路曲面选择"对话框，实现加工面、干涉面和切削范围等的修改。

2）"刀具"选项设置与前述 2D 基本相同。本示例中，从刀库中创建一把 BD3 的球头铣刀。

3）"毛坯"选项设置与前述相同。此处采用默认的未激活状态。

4）"毛坯预留量"选项设置，由于为精铣加工，因此取壁边/底面预留量 0。

5）"切削参数"选项设置是清角铣削精加工设置的主要部分，如图 3-84 所示。

图 3-84　"清角"精铣对话框"切削参数"选项设置

6）"刀具控制"选项设置与前述相同。

7）"进刀方式"选项设置同等高铣削精加工，参见图 3-48。

8）"陡斜/浅滩"选项设置与前述相同。本例采用自动检测数据即可。

9）"共同参数"和"原点/参考点"选项设置一般继承前面粗加工的设置。

3．生成刀具路径及其路径模拟与实体仿真

在"高速曲面刀路-清角"对话框中的参数设置完成并单击"确定"按钮后，系统将自动计算并生成刀轨，用户可"刀路模拟"或"实体仿真"刀具路径，直至满意。3D 铣削一般采用实体仿真观察。刀具轨迹与实体仿真结果如图 3-83 所示。

4．清角铣削精加工练习

（1）基本练习　要求按图 3-83 所示的凸五角星加工模型及其要求，进行清角铣削加工编程练习。

练习 3-40：已知练习文档"练习 3-40mcam"，已完成优化动态粗铣、水平精铣、放射精铣（2 次）加工（即图 3-67 中的前 4 步），现要求按上述完成清角铣削加工练习，另存盘为"练习 3-40_加工.mcam"文档，并与光盘中相应文档进行比较（练习步骤略）。

另外，有兴趣的读者也可对图 3-83 所示的凹五角星进行清角加工练习。

（2）拓展练习　要求按"练习 3-29"图 3-64 中的加工工艺，将其第 4 步的"流线清角"加工策略替换为"清角"加工策略。

练习 3-41：将前述练习 3-29 中的第 4 步"流线清角"加工策略更换成本节介绍的"清角"加工策略，观察和体会清角精铣和流线精铣加工凹圆角曲面的异同点。已知练习文档"练习 3-41.mcam"，已完成区域粗铣、等高精铣、水平精铣和后续的外形铣削加工（即练习 3-29 图 3-64 中的前 3 步和后续外形铣削），现要求插入"清角"铣削加工练习，另存盘为"练习 3-41_加工.mcam"文档，并与光盘中相应文档进行比较（练习步骤略）。

练习提示：用清角铣削精加工凹圆角曲面时，球头刀具的圆角半径必须刚好等于凹圆角曲面半径，若加工曲面能处理为去除凹圆角的加工模型效果更好。用清角铣削精加工凹圆角，切削刃与加工面的接触段较长，切削力较大，因此建议将该方法用于小直径倒圆模型的加工。而流线加工可将球头刀具的圆角半径取得小于模型的圆角半径，这时虽然要多加工几刀，但切削力会减少，对小直径刀具的切削是有利的，因此数控加工建议用这种方法加工凹圆角。

3.4　数控铣削编程工具的应用

本节主要介绍"铣床→刀路"选项卡"工具"选项区的部分功能，如图 3-85 所示。

图 3-85　"铣床→刀路"选项卡"工具"选项区

3.4.1　刀具管理及自建刀具库

不同的加工模块（车削或铣削等），其应用的刀具不同，因此刀具库及其刀具存在差异。此处假设进入的是铣削模块，进入车削模块的操作方法基本相同，只要具备车削加工刀具知识便可方便地进行相关设置。

单击"铣床→刀路"选项卡"工具"选项区的"刀具管理按钮"，弹出"刀具管理"对话框，如图 3-86 所示。左上角显示当前刀具列表应用在"机床群组-1"，当前刀具列表中显示的是"机床群组-1"当前的刀具，下面的列表为当前刀具库"Mill_mm.tooldb"中经过刀具过滤后的部分刀具，右侧的按钮 ↑ 和 ↓ 可分别将刀具库与当前刀具列表中的刀具进行相互复制。单击右下方"刀具过滤"按钮 刀具过滤(F) 会弹出"刀具过滤列表设置"对话框，可在其中设置过滤条件，然后勾选"应用刀具过滤"复选框过滤当前刀具库中显示的刀具，便于快速选择刀具。右上方的"启用刀具过滤"复选框也可对当前刀具列表中的刀具进行过滤。

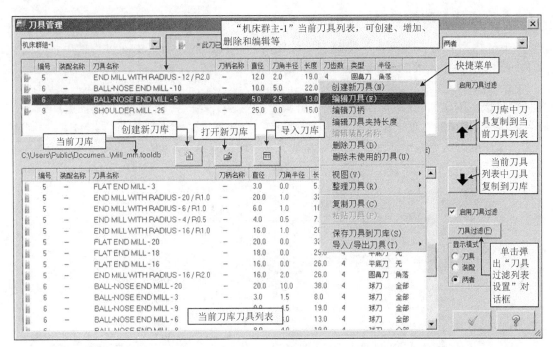

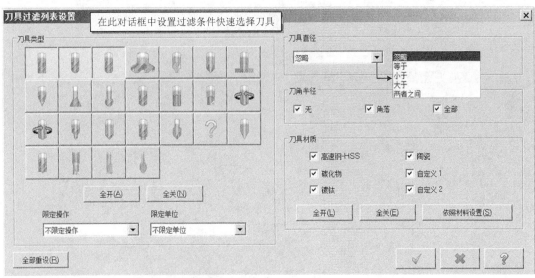

图 3-86　"刀具管理"对话框及其应用图解

在刀具列表中选择刀具时必须具有一定的英语基础，因为刀具库中的刀具名称均是英文的，如 FLAT END MILL-16（D16 平底铣刀）、END MILL WITH RADIUS-16/R2.0（D16R2 圆角铣刀）、BALL-NOSE END-6（BD6 球头铣刀）、SHOULDER MILL-25（D25 机夹方肩平底铣刀）、FACE MILL-80/88（D80 面铣刀）、HSS/TIN DRILL（涂层高速钢麻花钻）、SOLID CARBIDE DRILL（整体硬质合金麻花钻）、CHAMFER MILL（倒角铣刀）、THREAD TAP（丝锥）、FORMING THREAD TAP（挤压丝锥）、THREAD MILL（螺纹铣刀）、NC SPOT DRILL（数控定心钻又称点钻）和 COUNTERSINE（锥面锪钻）等。

3.4.2 毛坯模型功能

"毛坯模型按钮" 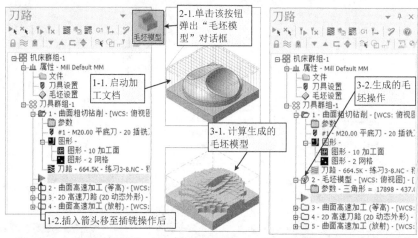及其下拉列表中的相关功能按钮可为加工中间过程的毛坯状态生成毛坯模型或导出为 STL 格式的三维模型。

（1）毛坯创建操作 此处以 3.2.3 节中的练习 3-8（见图 3-24）的插铣加工工步为例，在当前文档中创建插铣后的三维模型，并将其导出为 STL 格式文档。操作步骤图解如图 3-87 所示。"毛坯模型"对话框中的"毛坯比较"选项及其应用请读者自行研读。创建的"毛坯模型"操作可像其他的操作一样控制是否显示以及重新编辑等，如生成的毛坯可单击"毛坯模型"操作下的"参数"标签 ，重新激活"毛坯模型"对话框进行编辑。

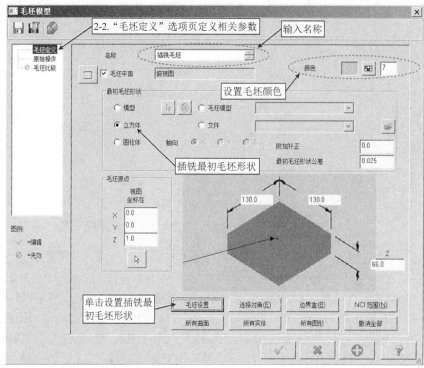

图 3-87 毛坯创建操作图解

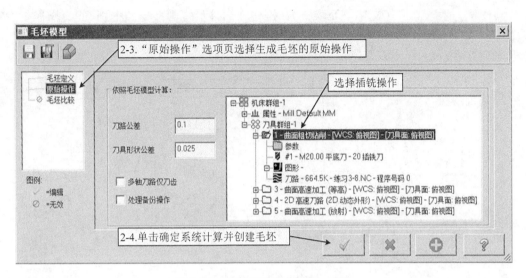

图 3-87　毛坯创建操作图解（续）

（2）毛坯导出为 STL 格式数模　创建毛坯后，单击"铣床→刀路→工具→毛坯模型→导出为 STL"按钮 导出为 STL，可将创建的毛坯导出为 STL 格式文档，操作步骤图解如图 3-88 所示。

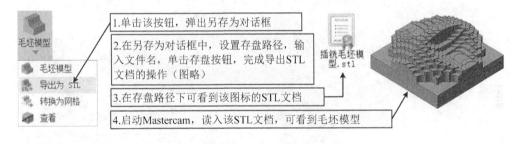

图 3-88　将创建的毛坯导出为 STL 格式文档

（3）毛坯创建与导出练习　如下所述。

练习 3-42：参照图 3-87 和图 3-88 所示的操作图解练习毛坯的创建与导出。已知练习文档"练习 3-42.mcam"，试创建第一个插铣操作（曲面粗切钻削）的毛坯模型，并另存盘为"练习 3-42_加工.mcam"文档，然后将该毛坯模型导出为"插铣毛坯模型.stl"文档，并用 Mastercam 打开观察。

3.4.3　刀路转换功能

"刀路转换 $\boxplus$"功能包括平移（类似于矩形阵列）、旋转（类似于环形阵列）和镜像功能。

1．刀路的平移

刀路的平移功能可将所做的刀路进行矩形阵列，实现大批量加工的重复。此处以胸牌校徽加工为例（见图 3-89）展开讨论。这种产品的材料一般为 PVC、ABS 等塑料材质的双色板，此处假设采用 1mm 厚度的双色板，加工工艺为数控雕铣，刀具为刀尖直径 0.1～0.2mm 的单刃结构的锥度雕刻刀[8]。以下按编程加工过程进行讨论，加工过程包括 5 个操作：操作 1 为木雕操作（文字单元雕铣），操作 2 为外形铣削（小边框切割），操作 3 为转换/平移（文字刀路平移），操作 4 为转换/平移（小边框刀路平移），操作 5 为外形铣削（大边框切割刀路）。为简化刀路，图中刀轨均未设置参考点。

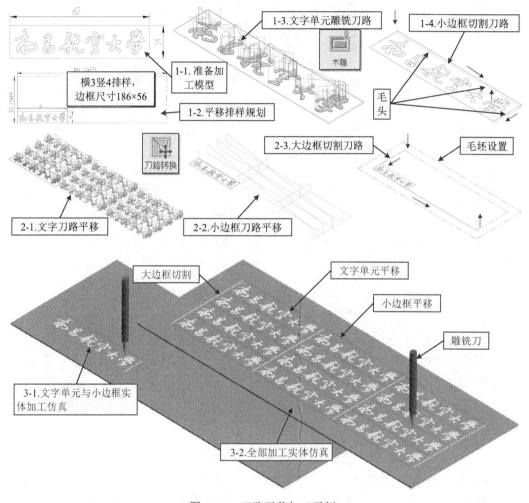

图 3-89　刀路平移加工示例

（1）加工前的准备　首先，基于"比例"功能准备好所需尺寸的加工模型，包括文字边框（62mm×14mm）和边线等；其次，规划好预平移的数量等，此处为减小图面篇幅，假设横向复制 3 个，竖向复制 4 个，共 12 个，因此绘制一个 186mm×56mm 的大边框；再次，进入铣削模块（图中未示出），完成文字单元雕铣操作；然后，完成上、右边部分小边框切割刀路，并在长边设置 2 个毛头，短边设置一个毛头。

说明：

① 校徽周边的切割一般直接用雕铣刀切除，切除方法有两种可供选择，一种是控制雕刻深度略小于料厚的刀路切割，另一种是深度等于料厚的刀路切割，但增加毛头连接。切割完成后直接手工分离或用刀片切断即可。此处小边框切割采用毛头相连，大边框切割深度设置为 0.9mm。

② 关于复制数量的问题，实际中的双色板是很大的，因此刀路的复制数量一般大于示

例的数量。

（2）平移操作等的创建与参数设置　图 3-89 所示的加工示例用到两个平移操作，即分别平移文字单元和小边框刀路，此处以平移文字单元刀路为例。

单击"铣床→刀路→工具→刀路转换按钮"，弹出"转换操作参数设置"对话框，其共有两个选项卡，其中第 2 个选项卡标签文字与第 1 个选项卡的转换类型单选项有关。

1)"刀路转换类型与方式"选项卡如图 3-90 所示，按图设置参数，注意一定要选择待平移的操作。其中，图形复杂、程序较大时不勾选"使用子程序"复选框，并使用"在线加工"方式。

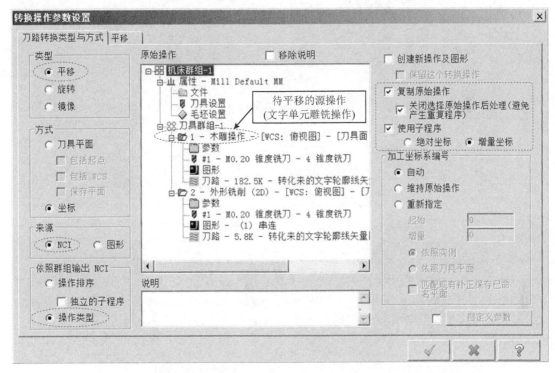

图 3-90　"转换操作参数设置"对话框"刀路转换类型与方式"选项卡

2)"平移"选项卡如图 3-91 所示。该选项卡的内容随图 3-90 中转换类型选择的不同而变化。"平移"选项卡按图设置参数即可，注意平移的数量和坐标设置。

另外，在两个平移操作设置完成后，还需增加一个最后切断的操作，参见图 3-79 中的大边框切割刀路。注意，这里小、大边框切割刀路均只切割了两条直线，以避免重复切割。

（3）生成刀具路径及其路径模拟与实体仿真　在"转换操作参数设置"对话框中的参数设置完成并单击"确定"按钮后，系统将自动计算并生成平移刀轨，用户可"刀路模拟"或"实体仿真"刀具路径，直至满意。3D 铣削一般采用实体仿真观察。刀具轨迹与实体仿真结果参见图 3-79。

（4）平移功能加工练习　如下所述。

练习 3-43：参照图 3-89 所示的刀路平移加工示例练习刀路平移功能。已知练习文档"练习 3-43.mcam"，试创建图 3-89 所示的两个加工刀路的平移操作，并另存盘为"练习 3-43_加工.mcam"文档，然后将其与光盘中的相应文档进行比较（练习步骤略）。

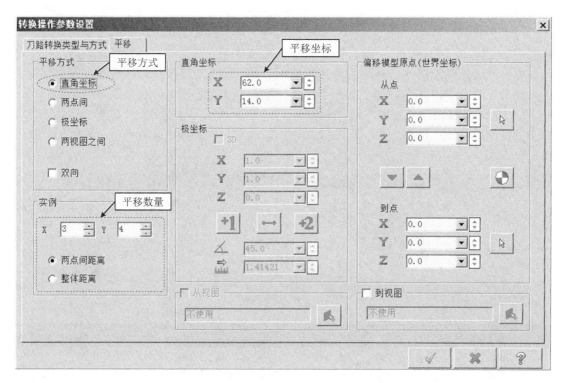

图 3-91 "转换操作参数设置"对话框"平移"选项卡

2．刀路的旋转

刀路的旋转功能可将所做的刀路进行环形阵列，当勾选"使用子程序"选项后，可基于旋转指令 G68/G69 简化编程。图 3-92 所示为刀路旋转加工示例，材料厚度为 10mm，加工三个轮辐减轻孔，原始操作刀路为一个"外形铣削（斜插）"刀路，用控制器补正。下面利用旋转功能加工这个原始操作，实现三个型孔的加工。

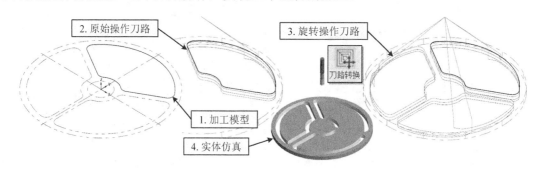

图 3-92 刀路旋转加工示例

（1）加工前的准备 首先，绘制型孔曲线的加工模型；其次，进入铣削加工模块，设置圆柱体毛坯，并完成一个型孔的加工刀路；然后，单击"铣床→刀路→工具→刀路转换"按钮，弹出"转换操作参数设置"对话框，在"刀路转换类型与方式"选项卡"类型"选项区选择"旋转"单选按钮，进入刀路变换的"旋转"方式，其第 2 个选项卡标签文字转化为"旋转"。

（2）旋转操作的创建与参数设置　　旋转操作与上述的平移操作同属于"刀路转换"，二者加工操作的对话框基本相同，其第 1 个选项卡"转换操作参数设置"对话框基本相同，差异主要在第 2 个选项卡即"旋转"参数的设置。

1）"刀路转换类型与方式"选项卡参见图 3-90。参数设置如下：类型为"旋转"，方式为"坐标"，来源为"图形"，依照群组输出 NCI 为"操作类型"，原始操作为"外形铣削（斜插）"，勾选"使用子程序"并选中"增量坐标"，加工坐标系编号为"自动"。

2）"旋转"选项卡如图 3-93 所示，按图设置旋转参数即可。图中给出了两种设置方法，其结果是一致的。

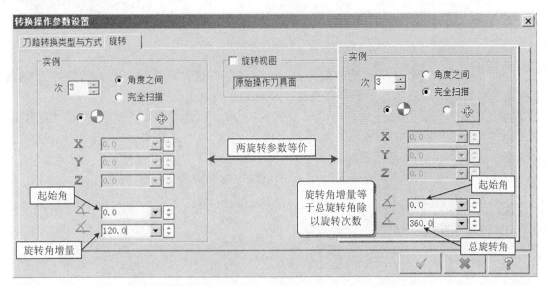

图 3-93　"转换操作参数设置"对话框"旋转"选项卡

（3）生成刀具路径及其路径模拟与实体仿真　　与平移刀路操作类似，刀具轨迹与实体仿真结果如图 3-92 所示。

（4）旋转功能加工练习　　如下所述。

练习 3-44：参照图 3-92 所示的刀路旋转加工示例练习刀路旋转功能。已知练习文档"练习 3-44.mcam"，试按图 3-92 所示创建一个刀路旋转的加工操作，完成三个型孔的加工，并另存盘为"练习 3-44_加工.mcam"文档，然后将其与光盘中的相应文档进行比较（练习步骤略）。

3. 刀路的镜像

刀路的"镜像"功能可将所做的刀路进行镜像变换，如图 3-94 所示。图中显示了 X、Y 轴刀路镜像和过原点 45° 直线的镜像刀路。该示例的材料厚度为 10mm，加工 4 个轮辐减轻孔，原始操作刀路为一个"外形铣削（斜插）"刀路，用控制器补正。下面利用三次镜像功能实现 4 个型孔的加工。

（1）加工前的准备　　首先，绘制型孔曲线的加工模型；其次，进入铣削加工模块，设置圆柱体毛坯，并完成一个型孔的加工刀路；然后，单击"铣床→刀路→工具→刀路转换"按钮□，弹出"转换操作参数设置"对话框，在"刀路转换类型与方式"选项卡"类型"选项区选中"镜像"单选按钮，进入刀路变换的"镜像"方式，其第 2 个选项卡标签文字转化为"镜像"。

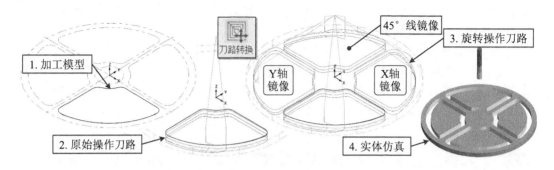

图 3-94　刀路镜像加工示例

（2）镜像操作的创建与参数设置　其与上述的平移操作同属于"刀路转换"，二者加工操作的对话框基本相同，差异主要在第 2 个选项卡及其参数的设置。

1）"刀路转换类型与方式"选项卡参见图 3-90。参数设置如下：类型为"镜像"，方式为"坐标"，来源为"NCI"，依照群组输出 NCI 为"操作类型"，原始操作为"外形铣削（斜插）"，加工坐标系编号为"自动"。

2）"镜像"选项卡如图 3-95 所示，按图设置镜像参数即可。

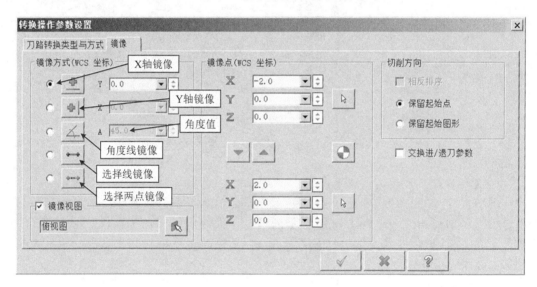

图 3-95　"转换操作参数设置"对话框"镜像"选项卡

（3）生成刀具路径及其路径模拟与实体仿真　与平移刀路操作类似，刀具轨迹与实体仿真结果如图 3-94 所示。

（4）镜像功能加工练习　如下所述。

练习 3-45：参照图 3-94 所示的刀路镜像加工示例练习刀路镜像功能。已知练习文档"练习 3-45.mcam"，试按图 3-94 所示创建一个刀路镜像的加工操作，完成 4 个型孔的加工，并另存盘为"练习 3-45_加工.mcam"文档，然后将其与光盘中的相应文档进行比较。提示：3个镜向分为 3 个操作来做，首先做 1 个镜像，然后复制这个镜像并修改对称轴即可。

另外，有兴趣的读者还可以调用图 3-92 的练习文档"练习 3-44.mcam"，以镜像功能实现 3 个型孔的加工。

3.4.4　刀路修剪功能

"刀路修剪 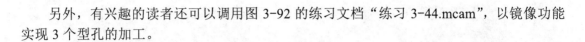"功能可通过指定修剪边界曲线，对已有的加工刀路按所需要求进行修剪。这种功能对于需要局部加工（参见图 3-45 中的操作 5）或空刀路较多的加工刀路进行修剪，优化加工刀路。图 3-96 所示为刀路修剪示例。其修剪前的粗加工刀路（操作 1）是类似于图 2-10 所示的基于"外形"铣削加工策略中 XY 分层粗铣加工刀路。

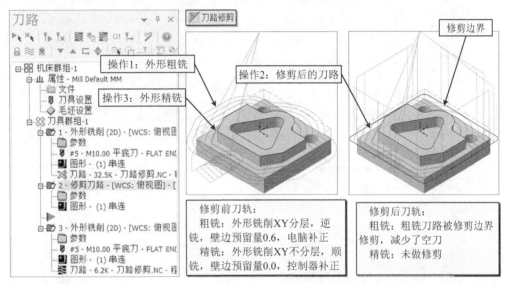

图 3-96　刀路修剪示例

1．刀路修剪示例分析

图 3-96 中的外形 2D 铣削粗加工采用"外形"铣削加工策略，由于加工余量较大，粗铣时应用了 XY 水平分层加工 5 刀；精铣同样为"外形"铣削加工策略，但仅铣削 1 刀。粗、精铣分开，粗铣采用逆铣加工，精铣采用顺铣加工，控制器补正，可较好地控制加工精度和表面质量。由图 3-96 可见，粗铣时存在较多的空刀加工，降低了切削效率。为此，构造出一条距离阶梯底面外边界偏置 6mm 的修剪边界（因为刀具 ϕ10mm），通过刀路修剪功能将空刀路修剪去除，提高了切削效率。

2．刀路修剪操作步骤

刀路操作较为简单，这里以图 3-96 所示的刀路修剪示例为例，假设修剪前已存在图示的粗、精铣加工操作，现要对粗铣刀路进行修剪，操作步骤如下：

1）基于偏置功能，以底面外边界为基准创建一条偏置刀具半径略多的修剪边界。

2）将插入光标 ▶ 定位在待修剪的粗铣加工操作之后。

3）单击"铣床→刀路→工具→刀路修剪按钮" 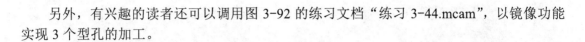，弹出操作提示"选择修剪边界"和"串连选项"对话框。用鼠标选取修剪边界，单击"确定"按钮，弹出操作提示"在要保留的路径一侧选择一点"。用鼠标在修剪边界内部单击任意一点，弹出"修剪刀路"对话框，如图 3-97 所示。

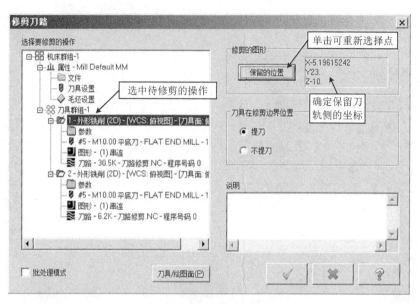

图 3-97　"修剪刀路"对话框

4）在"修剪刀路"对话框中选择带修剪的加工操作，单击"确定"按钮，完成刀路修剪操作，参见图 3-96。

　注　意

修剪边界不要求与刀路同一 Z 轴高度。

3．刀路修剪加工练习

练习 3-46：参照图 3-96 所示的刀路修剪示例练习刀路修剪操作。已知练习文档"练习 3-46.mcam"，试按图所示创建一个刀路修剪的加工操作，并另存盘为"练习 3-46_加工.mcam"文档，然后将其与光盘中相应的文档进行比较（练习步骤略）。

3.5　3D 铣削加工综合示例

下面给出三个示例，供学习参考。

示例 3-1　如图 3-98 所示，已知加工模型"示例 3-1.stp"（三维模型参见步骤1），要求参照图示步骤，完成其加工编程，并另存盘为"示例 3-1_加工.mcam"文档，然后将其与光盘中相应文档进行比较。

操作步骤简述如下：

步骤 1：启动 Mastercam 2017，导入加工模型"示例 3-1.stp"并分析。主要参数有：总体尺寸 170mm×130mm×34.085mm，工件最高点在世界坐标系中的 Z 坐标为 14.085，最小圆角半径 0.5mm 等。

步骤 2：将加工模型向下移动 14.085，建立工作坐标系。

步骤 3：提取实体表面，提取加工边线 L_1 和 L_2（上平面的内、外边界）。

步骤 4：定义毛坯，上表面留加工余量 1.0mm。

步骤 5：采用"多曲面挖槽"加工策略粗铣加工（操作1），刀具为 D16R2 圆角铣刀，加工面为整个型面，切削范围为平面外框 L_2，设置加工面预留量为 1.0，逆铣加工，双向切削方式。

步骤 6：采用 2D "挖槽" 加工策略平面铣挖槽加工方式精铣上平面（操作 2），刀具为 D16 平底铣刀，加工串连为边线 L_1 和 L_2（上平面的内、外边界），顺铣加工，底面预留量为 0.0。

步骤 7：采用 "环绕" 精铣加工策略精铣曲面（操作 3），刀具为 BD12 球头铣刀，加工面为上凸曲面 S_1，切削范围为边界 L_1，加工面预留量为 0.0，切削间距为 1.2。

步骤 8：采用 "环绕" 精铣加工策略残料加工精铣型面余料和 R0.5mm 圆角（操作 4），刀具为 BD1.0 球头铣刀，加工面为上凸曲面 S_1，切削范围为边界 L_1，激活 "毛坯" 选项，计算剩余毛坯依据为 "粗切刀路" 直径 12.0mm 和刀具半径 6.0mm，加工面预留量为 0.0，切削间距为 0.2。

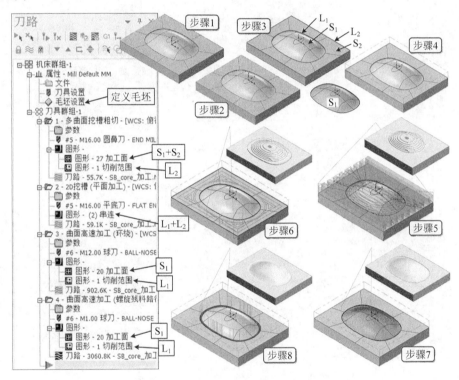

图 3-98　示例 3-1 加工编程操作提示

示例 3-2　如图 3-99 所示，已知某塑料模型芯加工模型 "示例 3-2.stp"，要求参照图示步骤完成其加工编程，并另存盘为 "示例 3-2_加工.mcam" 文档，然后将其与光盘中相应的文档进行比较。

该示例加工过程共分 4 个操作，操作步骤简述如下：

操作 1：插铣加工，其前期的 STP 模型的导入、工作坐标系的建立、切削范围的绘制、定义毛坯直至操作 1 的插铣加工参见 3.2.3 节中的示例说明。

操作 2：采用 "环绕" 精铣加工策略精铣曲面，刀具为 BD12 球头铣刀，加工面如图中操作 2 左上角，切削范围同操作 1，加工面预留量为 0.0，切削间距为 1.0，刀路为 "由内而外切削"。加工仿真可看到小的圆角处留有较多的残料。

操作 3：采用 "清角" 精铣加工策略清角加工，刀具为 BD2 球头铣刀，加工面如图中操作 3 左上角（同操作 2），切削范围同操作 1，激活 "毛坯" 选项，计算剩余毛坯依据为

"指定操作"并指定操作 2，加工面预留量为 0.0，切削间距为 0.4，限制补正数量为 5，参考刀具直径为 6.8。加工仿真仍可看到 6 个圆角处留有残料。

操作 4：采用"混合"精铣加工策略残料加工，刀具为 BD3 球头铣刀，加工面如图中操作 4 中上角 6 个圆弧曲面，同时设置前述加工面除 6 个加工面之外的曲面为干涉面（操作 4 左上角所示），壁边/底面预留量为 0.0，干涉面预留量为 0.1，Z 步进量为 0.3，3D 步进量为 1.35。

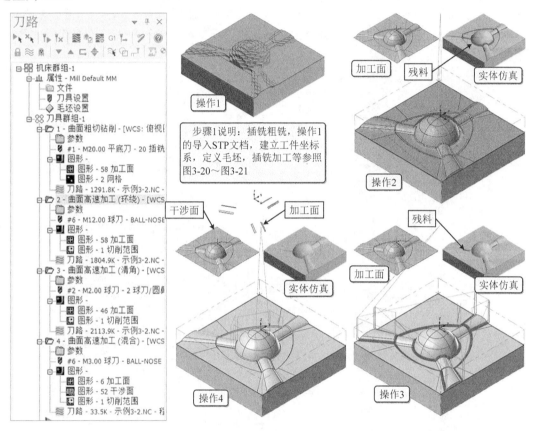

图 3-99   示例 3-2 加工编程操作提示

示例 3-3   如图 3-100 所示，已知加工模型"示例 3-3.stp"（三维模型参见步骤 1），要求参照图示步骤完成其加工编程，并另存盘为"示例 3-3_加工.mcam"文档，然后将其与光盘中相应文档进行比较。

操作步骤简述如下；

步骤 1：启动 Mastercam 2017，导入加工模型"示例 3-3.stp"并分析。主要参数有：利用"边界盒 🔲"功能等查询到总体尺寸 320mm×260mm×116.81mm，利用"图形分析 ？"功能查到最小圆角半径 3.0mm，工作坐标系不在最高点且 XY 面不在几何分中处等。

步骤 2：建立工作坐标系。方法为：先在底面绘制一条对角辅助线，然后利用"移动到原点 ↗"功能捕抓辅助线中点，将工件与辅助线等一并移动至 WCS 远点（实现几何分中），再利用"平移 ↙"功能将工件与辅助线等沿-Z 方向移动 116.81mm，在最高点的水平面上建立工作坐标系，参见图中的步骤 2。

步骤 3：利用"由实体生成曲面 🔷"功能提取实体表面，捕抓平面对角点绘制切削范围串连曲线。进入铣床默认模块，定义毛坯，上表面留 2.0mm 加工余量。

步骤 4：采用 3D "挖槽"加工策略粗铣加工型面（操作 1）。切削范围参见步骤 3，设置加工面预留量为 1.0，Z 最大步进量为 2.5，勾选"由切削范围外下刀"，粗切切削方式为高速切削，切削间距（直径%）为 75%，精修 1 次，间距为 1.0，勾选"精修切削范围轮廓"等。

步骤 5：采用"区域粗切"加工策略半精铣加工型面（操作 2）。刀具为 D12R2 圆角铣刀，加工面为整个型面，切削范围参见步骤 3，勾选"剩余材料"复选框，计算剩余毛坯依据为"指定操作"并选中操作 1，设置壁边/底面预留量为 0.0，切削方向为顺铣，分层深度为 1.2，勾选"增加切削"复选框，设置最小斜插深度"0.12"和最大剖切深度"6.0"等。

步骤 6：采用"混合"精铣加工策略精铣部分型面（操作 3）。加工面与干涉面选择参见图 3-100 中的步骤 6，切削范围参见步骤 3，刀具为 BD10 球头铣刀，设置壁边/底面预留量为 0.0，干涉面预留量为 0.1，封闭切削方向为顺铣，开放外形方向为单向，Z 轴步进量为 1.0，角度限制为 35.0，3D 步进量为 1.0 等。

步骤 7：采用"环绕"精铣加工策略残料加工精铣型面余料和圆角（操作 4）。刀具为 BD5.0 球头铣刀，加工面为整个型面，切削范围参见步骤 3，激活"毛坯"选项，计算剩余毛坯依据为"粗切刀路"直径 10.0 和刀具半径 5.0，设置加工面预留量为 0.0，切削间距为 2.25 等。

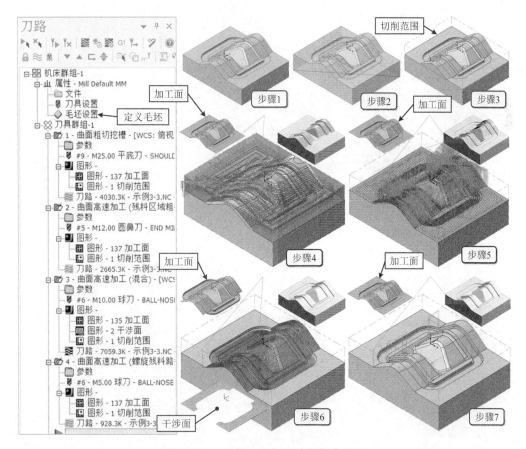

图 3-100　示例 3-3 加工编程操作提示

本 章 小 结

本章主要介绍了 Mastercam 2017 软件 3D 粗铣与精铣加工编程及其应用，粗铣加工策略有 7 个，精铣加工策略有 12 个。部分小节配备有练习，供读者学习时练习使用。学习本章时，需注意粗铣与精铣的区别，粗铣一般深度是分层加工的，而精铣多为沿曲面轮廓偏置的单层加工刀路。粗铣加工可激活毛坯选项，进行剩余材料设置，实现半精铣和残料精修加工。另外，本章还介绍了"工具"选项区的部分实用功能，进一步拓展了加工编程能力。最后的综合练习用于综合检验学习效果，读者还可自行寻找其他相应的加工模型进行综合练习。

第❹章　数控车削加工自动编程　　　>>>

数控车削加工是实际生产中应用广泛的加工方法之一，Mastercam 编程软件同样提供了大量的数控车削加工策略。本章按数控车削加工基本编程、拓展编程和循环编程三部分展开介绍，最后通过几个综合示例讨论了数控车削的应用分析。

4.1　数控车削加工编程基础

数控车削加工的原理与数控铣削存在一定差异，因此在编程基础与共识部分也存在差异。

4.1.1　车削加工模块的进入与坐标系设定

1. 车削模块的进入

如图 4-1 所示，单击"机床→机床类型→车床▼→默认（D）"命令，系统进入 Mastercam 2017 的默认车床加工模块。这个模块默认输出的是基于 FANUC 数控车削系统加工代码的编程环境。若单击"车床"按钮下拉菜单中的"管理列表"命令，则会弹出"自定义机床菜单管理"对话框，可设置其他数控车削系统加工环境的入口。由于操作与 1.4.2 节中的介绍基本相同，因此本书均假设进入默认的 FANUC 数控车削系统的加工环境。

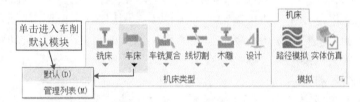

图 4-1　车削模块的进入

进入车削模块后，系统会自动在窗口的上部功能区加载"车削"选项卡，默认包含标准、C-轴、零件处理和工具 4 个功能选项区。"标准"选项区提供了数控车削加工编程的各种加工策略（即加工刀路），它们是最基础的加工编程功能，包括 10 个标准刀路、2 种手动操作和 4 个循环刀路，如图 4-2 所示。"零件处理"选项区可用于装夹功能件的加工编程，主要用于校核加工时是否出现碰撞干涉现象，增加功能仿真的效果。若实际加工操作时能够很好地掌握，这部分编程可以不用学习。本书主要介绍了其"毛坯翻转"功能，并简单介绍了"卡爪""尾座"和"中心架"等功能。

2. 数控车削加工编程工作坐标系的设定

数控车削加工工作坐标系一般建立在工件端面几何中心处。Mastercam 2017 建立工作坐标系的方法有两种：一种是利用"转换"选项卡"转换"功能区的"移动到原点"按钮，将工件上的指定点连同工件快速移动至世界坐标系原点，如图 4-3b 所示的工作坐标系（默认名称是"车床左下刀塔"，但可重命名，如重命名为"坐标系 1"）建立在工件前端面中心处；另一种是工件固定不动，在工件上的指定点创建一个新的工作坐标系，如图 4-3c 所示在工件后端面建立的工作坐标系"坐标系 2"。

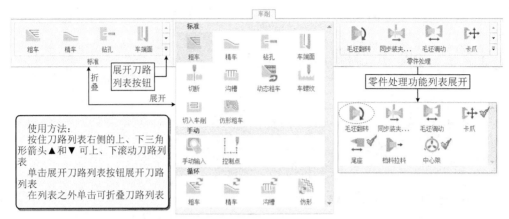

图 4-2　车削模块"标准"选项区与"零件处理"选项区及其展开的列表

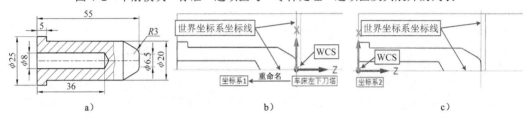

图 4-3　工作坐标系的建立

a）零件简图　b）利用"移动到原点"功能建立工作坐标系　c）工件上指定点建立工作坐标系

（1）利用"移动到原点"按钮 建立工作坐标系　这种方法建立工作坐标系较为简单，应用较多。具体操作是：首先将所有要移动的图素在图层中"打开"显示，然后单击"移动到原点"按钮 ，按操作提示选择欲建立工作坐标系的点，系统会自动将指定点连同工件快速移动至世界坐标系原点。单击"实体→显示→显示轴线"按钮 （或按功能键 F9），通过显示坐标轴线可观察到建立的工作坐标系。

（2）在工件上的指定点建立工作坐标系　这种方法稍微复杂一点，但作为一种建立工作坐标系的方法，学习该方法有利于理解工作坐标系的建立原理。要想在工件上的任意指定点建立工作坐标系，首先必须理解 Mastercam 2017 中车削加工工作坐标系的建立过程。这里以图 4-3a 所示的零件简图为例，通过创建一个外轮廓精加工操作，在指定点建立工作坐标系。具体工作坐标系建立的位置可通过后处理获得的 NC 代码观察。

1）利用"移动到原点"按钮 将工件端面中点移动至世界坐标系原点，然后创建工作坐标系。在创建的过程中，注意观察"平面"操作管理器中平面列表的变化，逐步理解系统内部工作坐标系的创建过程。以下假设已完成图 4-3b 所示的车削编程图框模型，开始数控车削加工编程。操作步骤如下，操作图解如图 4-4 所示。

① 执行"机床→机床类型→车床▼→默认（D）"命令，进入车床编程模块。功能选项区会产生"车削"选项卡，同时"平面"操作管理器下部会生成"车床 Z=世界 Z"和"+D+Z"两个平面。注意，这两平面仅是说明车削模块的当前环境是基于"俯视图"的世界坐标系建立工作坐标系（因为默认的毛坯平面是"俯视图"平面，参见图 4-4，"+D+Z"说明直径坐标编程）。

② 单击"车削→标准→精车"按钮 ，以"线框"模式"部分串连"方式选择加工外轮廓，建立精车加工操作。完成后会在"平面"操作管理器列表下部生成一个"车床左下

刀塔"的平面，名称前部的钩符号✔表示该平面已经有应用，实际上就是应用在这里创建的精车加工操作中，即该精车加工操作的工作坐标系。选中该平面，可在屏幕工件上看到在世界坐标系位置显示了一个坐标系图标（坐标指针），下部有一个操作提示"车床左下角刀塔"，如图 4-3b 所示。实际中这个坐标指针是可以 3D 观察的，同时，"平面"操作管理器下部的工作坐标系原点坐标文本框被激活，如果需要可以进行编辑。注意，坐标系平面名称"车床左下刀塔"是可以重命名编辑的。

③ 将坐标系名称"车床左下刀塔"重命名为"坐标系 1"，然后右击弹出快捷菜单，执行"创建相对于"命令，弹出"创建相对平面"对话框，仅确保相对平面"俯视图"复选框有效，并在其新建平面名称文本框中编辑名称为"坐标系 2"。单击"确定"按钮，可见平面列表框"坐标系 1"下生成了一个"坐标系 2"平面。

④ 选中"坐标系 2"，激活下部的坐标系原点坐标文本框进入可编辑状态，单击右侧的选择新原点按钮，激活工作坐标系指针，拖放至工件后端面中心处，单击完成工作坐标系 2 的原点坐标设置，创建完成工作坐标系 2，如图 4-3c 所示。

事实上，该按钮可随时对选中的工作坐标系进行编辑，下部的按钮可将坐标原点的坐标清零，将坐标系重置到与世界坐标系重合的位置。

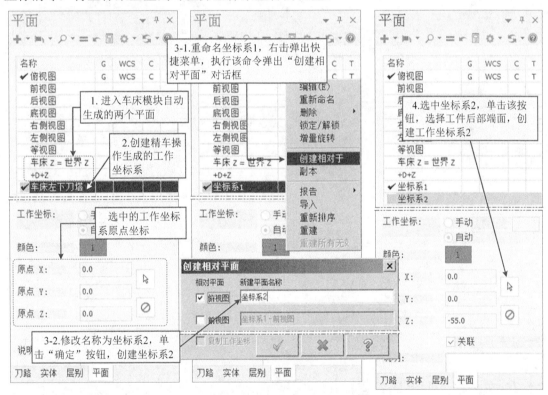

图 4-4　车削环境中创建工作坐标系图解

2）将创建的工作坐标系应用于相关的加工操作中。操作步骤如下，操作图解如图 4-5 所示。

① 单击操作管理器下部的"刀路"标签，进入"刀路"操作管理器，默认可看到前述创件的"1-精车"加工操作，其工作坐标系即是"平面"操作管理器中带钩符号的"坐标系 1"。

② 复制一个精车加工操作，单击"参数"标签，弹出"精车"对话框，默认为

"刀具参数"选项卡，左下角的"轴组合/原始主轴"按钮▫▫右侧显示的"主轴原点：坐标系 1 Z0"即为当前的工作坐标系 1。

③ 单击"轴组合/原始主轴"按钮▫▫，弹出"轴组合/主轴原点"对话框，选择"坐标系 2"，下部 Z 坐标文本框中的数字会变为 55（坐标系 2 的 Z 轴坐标），同时可在屏幕上看到图 4-3 所示的工作坐标系指针（下部有操作提示坐标系 2）。单击"确定"按钮，完成"2-精车"加工操作工作坐标系的设置。

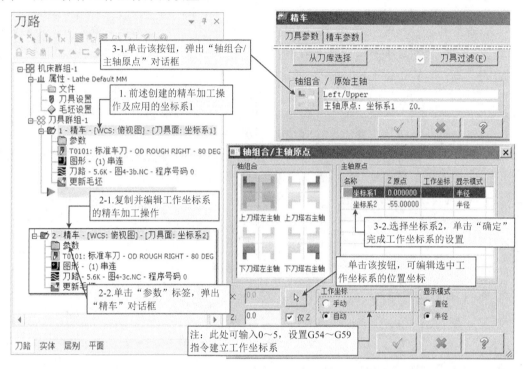

图 4-5　加工操作工作坐标系设置操作图解

注意

以上两个精车加工操作的参数基本相同，仅仅是工作坐标系设置的不同，刀路模拟与加工仿真时看不出其差异，但后处理生成加工代码后就可一目了然了。若读者能够用 CIMCO Edit 软件观察刀路，可能效果会更好（具体观察略）。

另外，若在图 4-5 所示的"轴组合/主轴原点"对话框"工作坐标"区域的"手动"选项选中后，在其后面的文本框中输入 0～5，可输出 G54～G59 指令建立工作坐标系，其与数控铣床类似（参见图 1-45）。

4.1.2　车削加工的毛坯设置

Mastercam 进入车削模块时，系统会在刀路管理器中加载一个加工群组（机床群组-1），其"属性"选项组下有一个"毛坯设置"选项标签◇毛坯设置，单击会弹出"机床群组属性"对话框，默认为"毛坯设置"选项卡，如图 4-6 所示。图中的毛坯、卡爪、尾座和中心架四个区域可分别设置和删除相关设置。其中，"毛坯"设置是每次编程几乎必须用到的，而卡爪、尾座和中心架设置则根据需要选择设置，其主要用于刀路编辑过程中验证碰撞干涉。

每个设置区域均有"参数"和"删除"两按钮，分别用于设置和清空设置参数，如图 4-6 中"毛坯"设置区右侧所示。

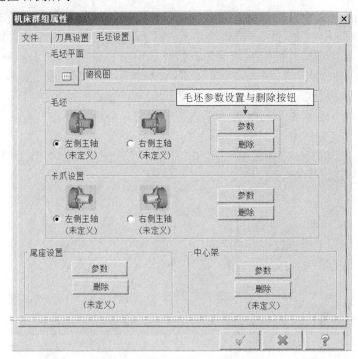

图 4-6　"机床群组属性"对话框"毛坯设置"选项卡

1. 毛坯设置

单击"机床群组属性"对话框"毛坯设置"选项卡"毛坯"设置区域右侧的"参数"按钮 参数，弹出"机床组件管理-毛坯"对话框，默认为"图形"选项卡，如图 4-7 所示。单击"图形"下拉列表，可选择设置毛坯的方法，常用的毛坯设置方法为"圆柱体、实体图形和旋转"三种，默认是"圆柱体"毛坯设置。单击"由两点产生"按钮可用鼠标拾取工件上两对角点设置毛坯，这种方法可先大致确定毛坯参数，然后再圆整和修改下面的参数设置毛坯。"外径"和"长度"文本框可直接输入参数设置毛坯，勾选激活"内径"复选框，可设置管状毛坯。"轴向位置"区域用于设置毛坯的轴向位置。几个"选择"按钮分别用于鼠标拾取设置相应的参数。

（1）"圆柱体"参数设置毛坯　默认的圆柱体毛坯设置方法是最常见的毛坯设置方法，其设置参数包括：外径、（内径）、长度和轴向位置。激活"内径"复选框可设置圆管毛坯。在已知工件尺寸的情况下，直接在文本框中输入参数是最快捷、准确的设置方法。图 4-8 所示为圆柱（管）体毛坯设置示例。

（2）"实体图形"设置毛坯　通过选择实体模型设置毛坯，主要用于加工半成品的非圆柱体毛坯设置。接着图 4-8a 所示的圆柱体毛坯设置，假设其完成了右端外轮廓以及内孔加工，外廓加工完最大直径并适当延伸一段距离，下一步则是调头车削左端外廓形状，显然这种情况是无法用圆柱体参数来设置的，但可构造出一个已加工完右侧的半成品模型作为实体图形并指定为毛坯，则系统将其外廓作为毛坯进行加工。图 4-9 所示为实体图形生成毛坯操作图解。该方法毛坯模型的"实体图形"可为外部导入（文件菜单中的"合并"

功能），也可以在当前文档中直接建模，建模方法不限，但若用旋转的方法构建毛坯图形，则不如按下面介绍的"旋转"方法构建毛坯更为方便。使用时注意，将编程轮廓线、毛坯图形模型等分别放置在不同的图层上，便于毛坯创建与编程时是否同时显示的控制管理。

（3）"旋转"图形设置毛坯　旋转图形实际上可理解为能够通过"实体"建模功能中的"旋转"功能创建实体毛坯模型的旋转框线。该方法设置毛坯是通过选择旋转框线由系统创建毛坯，如图 4-10 所示。其与旋转后获得实体然后用实体模型设置毛坯相比仅是少了一步旋转生成实体的步骤，因此，若欲在当前编程文档中直接生成半成品毛坯，建议用这种方法。使用时注意，将编程轮廓线、毛坯旋转框线等分别放置在不同的图层上，便于毛坯创建与编程时是否同时显示的控制。

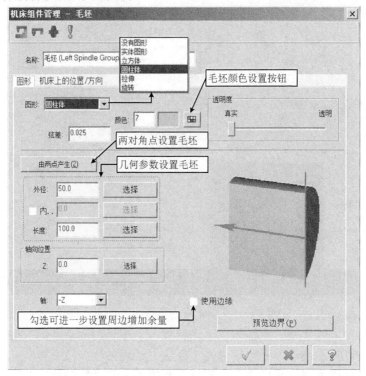

图 4-7　"机床组件管理-毛坯"对话框"圆柱体"毛坯设置

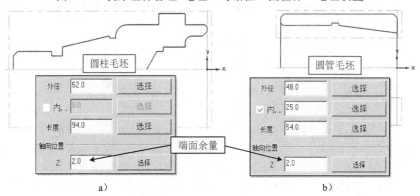

a)　　　　　　　　　　　　　　　　b)

图 4-8　圆柱（管）体毛坯设置示例

a）圆柱体毛坯设置　b）圆管体毛坯设置

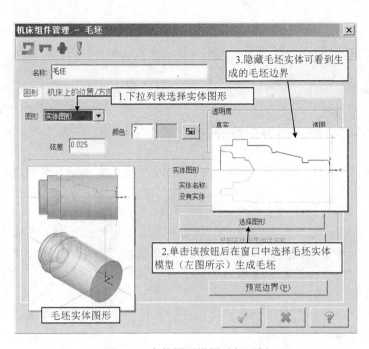

图 4-9　实体图形设置毛坯示例

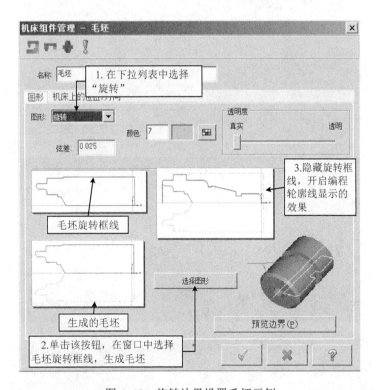

图 4-10　旋转边界设置毛坯示例

2. 卡爪设置

卡爪即车床上的卡盘，数控编程过程中设置卡爪主要是为了验证碰撞与干涉现象，因此，不设置卡爪并不影响程序的生成。单击"机床群组属性"对话框"毛坯设置"选项卡"卡爪设置"设置区域右侧的"参数"按钮 参数（参见图 4-6），弹出"机床组件管理-卡盘"对话框，如图 4-11 所示。

卡爪"轮廓"的创建方法有"参数"与"串连"两种，默认的方法为"参数"。

卡爪的"夹紧方式"有 7 种选择（拖动"夹紧方式"列表框下的滚动条右移可看到圆管毛坯的夹紧方式），涵盖了实际中自定心卡盘的"外爪"与"内爪"、"圆柱体"与"圆管"毛坯的夹紧方式。

卡爪的"形状"设置有两种，两对角点生成或直接在文本框中设置参数。

卡爪的"位置"设置也有两种：一种是勾选"依照毛坯"，激活"夹持长度"文本框设置参数确定；另一种是定义"直径"和"Z"坐标确定位置，用这种方法设置时，若取消勾选"仅 Z"复选框，则可单击 "选择"按钮并用鼠标拾取点确定。即使无法捕抓准确点坐标，也可以继续手工修改直径和 Z 坐标参数精准确定。若勾选了"仅 Z"复选框，则单击"选择"按钮并用鼠标拾取点仅确定的是 Z 轴位置。当然，若直接知道夹紧点的坐标，则可直接输入直径值和 Z 坐标值快速设置。

图 4-11 的右上角分别图示了在初始圆柱毛坯和半成品工件轮廓毛坯上装夹卡爪的设置示例，读者可尝试类似的练习。

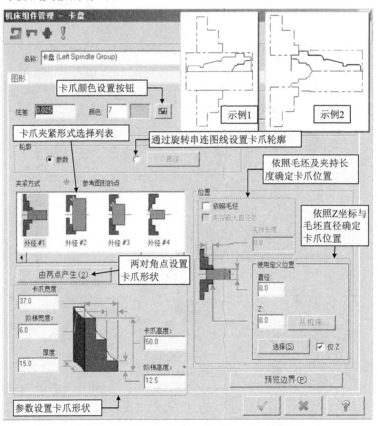

图 4-11 "机床组件管理-卡盘"对话框及设置示例

3. 尾座设置

尾座设置的实质是尾顶尖的设置，用于检查需要尾顶尖装夹时刀路是否出现碰撞干涉现象。单击"机床群组属性"对话框"毛坯设置"选项卡"尾座设置"区域的"参数"按钮（参见图 4-6），弹出"机床组件管理-中心"对话框，如图 4-12 所示。从"图形"下拉列表中可见尾顶尖的设置除了默认的"参数式"外，还可以用"STL 图形、实体图形、圆柱体和旋转"等方式创建顶尖，后面几种方式适用于创建"参数式"标准顶尖之外的尾顶尖设置。顶尖轴向位置设置的方法可以是直接输入 Z 坐标位置参数、单击"选择"按钮并用鼠标拾取或"从毛坯"三种设置方式。其中，单击"从毛坯"按钮，顶尖会自动与顶尖孔接触，类似于顶尖装夹完成。图 4-12 所示应用示例中的尾顶尖装夹要求先进行车端面和钻中心孔加工，这时这种直接确定顶尖位置的方法在生成刀轨时会报警刀具与顶尖碰撞，因此，必须先将顶尖设置得足够远，然后用"车削→零件处理→尾座"按钮 🔲 通过编程移动至装夹位置，具体参见 4.1.5 节的介绍。

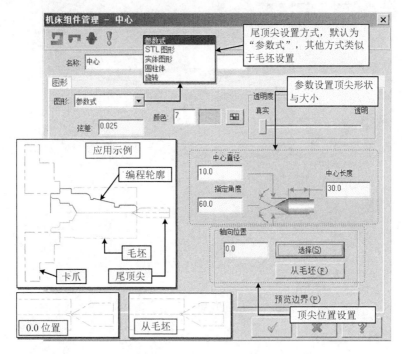

图 4-12　"机床组件管理-中心"对话框及设置示例

4．中心架设置

"中心架"是车床的一个附件，用于细长轴工件加工，安装在车床导轨适当位置并顶住工件，减少工件变形。Mastercam 2017 同样可以进行设置，目的是为了验证刀具与中心架碰撞。单击"机床群组属性"对话框"毛坯设置"选项卡"中心架"设置区域的"参数"按钮（参见图 4-6），弹出"机床组件管理-中心架"对话框，如图 4-13 所示。中心架的设置必须事先按实际中心架产品几何参数在编程轮廓适当位置绘制出不超过中心线的半边轮廓边界，一般绘制一个矩形即可，然后在图中"车床碰撞避让边界（自定义）"区域右侧单击"选择"按钮，用鼠标拾取中心架边界串连即可。

图 4-14 所示为加工某细长轴（总体尺寸约 $\phi38\text{mm}\times990\text{mm}$）的中心架设置示例，工件事先已完成两端面的车削以及钻中心孔加工，装夹方案为"一夹一顶"，中部增加中心架，具体编程与加工参见光盘上的相应文档。

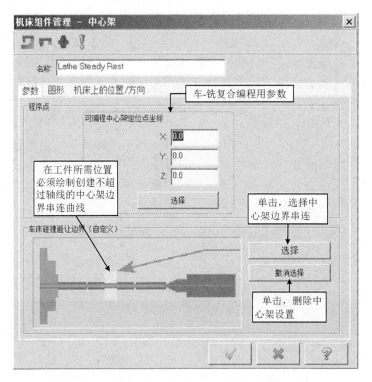

图 4-13 "机床组件管理-中心架"对话框及设置示例

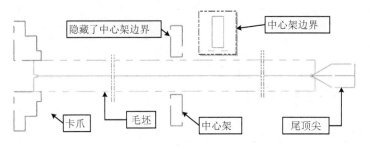

图 4-14 中心架设置示例

4.1.3 车削轮廓与边界轮廓操作

Mastercam 数控车削编程模型一般仅需半边的轮廓线即可,而且仅需二维线框图线,而作为现代 CAD 技术普及的今天,三维模型已不断得到广泛应用,且数控编程的前提已知条件除了传统的二维投影零件图外,客户往往还有可能提供三维的数字模型。以下仅就 Mastercam 数控车削编程所需的二维线框模型的创建讨论如何从零件图或三维的数模到加工编程模型的工作过程。

图 4-15 所示为某数控车削加工的零件图。其加工材料为 45 钢,毛坯尺寸为 $\phi52mm \times 94mm$,加工工艺为先车削左端,然后调头车削右端,车削右端时要求用尾顶尖顶住加工。其加工编程模型如图 4-16 所示,图中主要的内容就是零件轮廓线。这个零件轮廓线必须确定工件坐标的位置,如图中将工作坐标系移动至世界坐标系的位置上,同时要考虑毛坯的形状与位置,如图 4-16a

所示为圆柱体毛坯，而图 4-16b 所示的毛坯左端已加工完成。另外，图 4-16a 所示的加工部位为内孔及外轮廓加工至 a 点略多一点，图 4-16b 则调头装夹加工外轮廓至 a 点即可。

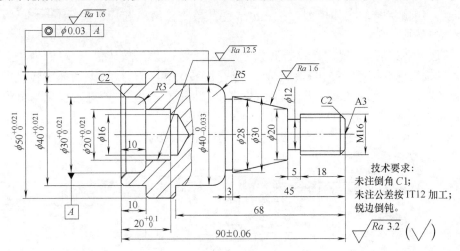

图 4-15　某数控车削加工零件图

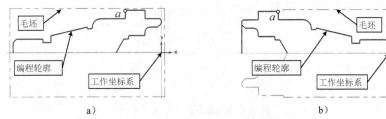

图 4-16　数控车削加工编程模型

a）加工左端编程轮廓　b）加工右端编程轮廓

图 4-16 所示的编程模型中轮廓线的获得是关键，其有以下几种方式：

1）根据图 4-15 所示的零件图，直接在 Mastercam 2017 中绘制二维线框图，这种方式的具体操作要求具备 Mastercam 的设计模块功能，具体可参见参考文献[1]。

2）基于零件图的 AutoCAD 文档导入（参见 1.2.2 节的介绍）并编辑，如编程者更熟悉 AutoCAD 软件的操作，或客户直接提供了合格的 AutoCAD 文档。若自己绘制时要注意，在 AutoCAD 软件中绘制的尺寸参数必须准确，最好设置为保留小数点后 3 位。

3）基于待加工零件的三维模型（如 STP 格式文档）获得，这是这节主要讨论的内容。

假设已知图 4-15 所示零件的三维模型，如图 4-17 所示。图右上角的剖切是为了说明后部存在一个内孔，实际加工模型不需要剖切，另外，螺纹部分只需圆柱体即可，不需造型出具体螺纹特征。

图 4-17　数控车削加工三维模型

在 Mastercam 2017 中，在"草图"选项卡"形状"选项区有一个"车削轮廓"按钮，专门用于提取三维旋转体车削模型的边界轮廓，用于车削加工的编程模型。

提取三维车削模型轮廓线操作图解如图 4-18 所示。操作步骤如下：

1）读入车削加工实体模型，激活"实体"图层之外的"轮廓"图层，并设置为当前图层。

2）执行"草图→形状→车削轮廓 ▦车削轮廓"命令，弹出操作提示"选择实体主体、实体面或曲面"，用鼠标拾取实体模型，按 Enter 键或单击"结束选择"按钮 ◉结束选择，弹出"车削轮廓"对话框。

3）按图 4-18 所示设置，计算方式为"旋转"，公差为"默认值"，轮廓为"上轮廓"。还可单击"轴"选择按钮，弹出操作提示"选择旋转轴线"，在模型上捕抓旋转模型轴线上的两个点（如捕抓任意两个不在同一轴向位置上的圆心）。注意，若旋转模型与世界坐标系重合，可不选择轴线，系统默认为世界坐标系的坐标轴。

4）单击"确定"按钮，系统弹出提示"使用镶嵌模式处理……"，同时系统进行轮廓线计算，计算完成后，提示消失，同时在模型上生成加工轮廓线。

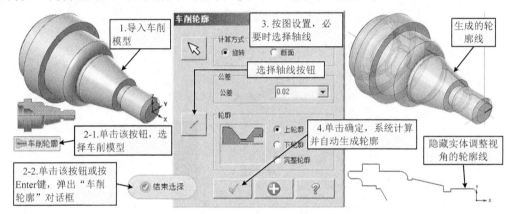

图 4-18　提取三维车削模型轮廓线操作图解

4.1.4　车削加工调头装夹操作

车削加工中常常用到调头装夹，如图 4-15 所示的零件加工时，首先加工左端，然后调头装夹，车削加工右端。Mastercam 2017 软件在"车削"选项卡"零件处理"选项区中的"毛坯翻转"按钮 便能实现车削工艺中的调头装夹动作。

下面将图 4-15 所示的工件按图 4-16 所示的加工方案加工。首先，加工左端（见图 4-16a），卡爪装夹位置为 Z-40 处，加工完成左端的外圆和内孔等；然后，调头以阶梯外圆和端面定位装夹，加工右段。

毛坯翻转（即调头装夹）操作图解如图 4-19 所示。操作步骤如下：

1）圆柱毛坯装夹，加工左段，装夹点 a 的坐标为（D52，Z-40）。

2）单击"车削→零件处理→毛坯翻转"按钮 ，弹出"毛坯翻转"对话框。设置如下：

① 翻转图形选择。在"图形"区域勾选"调动图形"，下面的"消隐原始图形"复选框可控制翻转操作后原始图形是否消隐，消隐后的图形可以用"主页"选项卡"显示"选项区的"消隐"下拉菜单中的"恢复消隐"功能按钮恢复显示。若不勾选"消隐原始图形"，则操作时原始图形仍然保留，可后续隐藏、消隐或关闭图层等。

② 翻转前后毛坯原点坐标的指定。"毛坯位置"区域的"起始位置"指的是翻转前图形上翻转后拟作为原点的位置，如指定 O 点，翻转后成为工作坐标系原点。若知道数值可直接输入，否则，用下面的"选择"按钮及鼠标拾取。由于翻转后的位置一般为世界坐标

系的原点，因此调用后的尾座一般可以采用默认的 0.0 数值。

③ 翻转前后卡爪位置的指定。"起始位置"指的是翻转前卡爪的位置，如图 4-19 中的 a 点一般为上一次的最后位置，即等于翻转前的"最后位置"。翻转后的卡爪位置即为"最后位置"，如图 4-19 中的 b 点坐标。单击"最后位置"下的"选择"按钮，会临时显示出翻转后的编程框图，因此可以用鼠标捕抓 b 点坐标，如图 4-19 中图所示。单击"确定"按钮后，系统会更新装夹，如图 4-19 右图所示。

"毛坯翻转"操作完成后，可继续后续的编程操作。利用毛坯翻转调头装夹功能，系统可自动计算翻转前已加工的轮廓，作为翻转后的毛坯边界，故可大大简化毛坯设置。

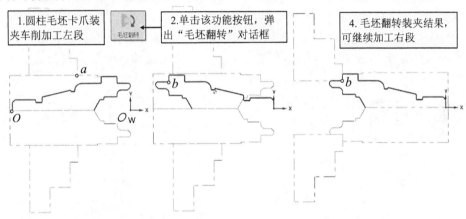

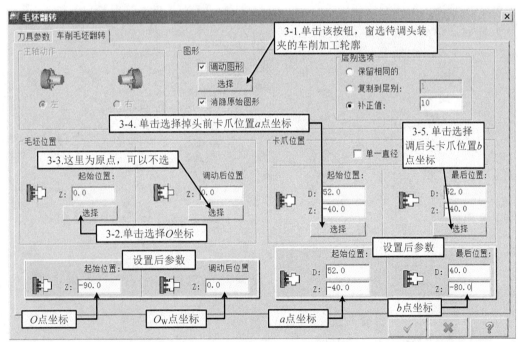

图 4-19 毛坯翻转操作图解

4.1.5 车削加工卡爪、尾座和中心架动作操作

在 Mastercam 2017 软件"车削"选项卡"零件处理"选项区的列表中，还有三个功能

按钮对验证碰撞和演示方案有一定的效果。下面对这三个功能进行简介并给出示例文档供读者学习参考。

1. 卡爪功能

"车削"选项卡"零件处理"选项区列表的"卡爪"按钮 🔲 可控制卡爪的"松开、夹紧和重新定位"三动作。要应用卡爪功能，必须事先在"机床群组"属性下的"毛坯设置"里先设置"卡爪"。

下面以图 4-20 所示的阶梯细长轴加工为例。该细长轴加工精度要求不高，难点在"细"与"长"，即加工系统的刚性是主要问题。这里假设中间 φ28mm 段不加工，加工方案如下：毛坯材料为 φ28mm×1200mm 的 45 钢，左、右两段加工方案相同，首先棒料伸出约 20mm，车端面，打中心孔，然后将伸出加工长度多加 20mm 左右装夹，并推进后顶尖顶住中心孔，即"一夹一顶"装夹，应用"粗车"刀路直接加工外圆至尺寸。然后，调头加工，重复步骤 2 和步骤 3 加工。

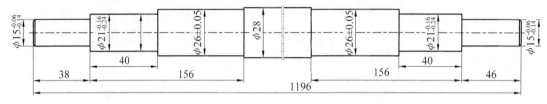

图 4-20　阶梯细长轴零件图

图 4-21 所示为阶梯细长轴加工过程图解，对应的"刀路"操作管理器和"车削卡爪"对话框如图 4-22 所示。

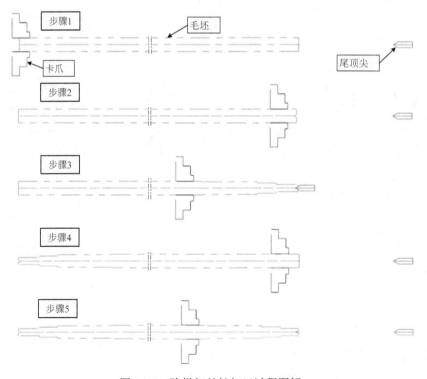

图 4-21　阶梯细长轴加工过程图解

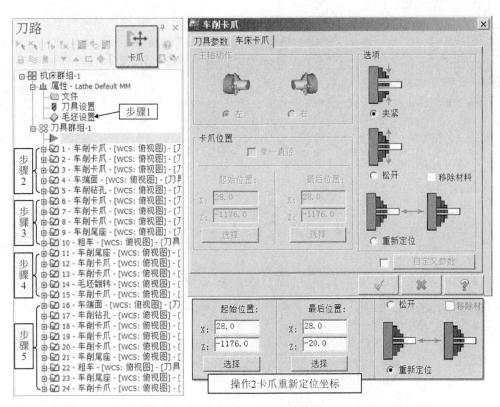

图 4-22　阶梯细长轴加工"刀路"操作管理器与"车削卡爪"对话框

步骤 1：定义毛坯、卡爪和尾座等。其中尾顶尖定义在 Z200 处是为了避免打中心孔时的碰撞。

步骤 2：对应操作管理器中的操作 1～5，分别为卡爪松开、卡爪重新定位、卡爪夹紧、车端面及打中心孔。

步骤 3：对应操作管理器中的操作 6～10，分别为卡爪松开、卡爪重新定位、卡爪夹紧、尾顶尖前顶及车外圆至尺寸。

步骤 4：对应操作管理器中的操作 11～15，分别为顶尖后退、卡爪松开、卡爪重新定位、毛坯翻转（即调头装夹）及卡爪夹紧。

步骤 5：对应操作管理器中的操作 16～24，分别为车端面、打中心孔、卡爪松开、卡爪重新定位、卡爪夹紧、尾顶尖前顶、车外圆至尺寸、顶尖后退及卡爪松开。至此完成了一个加工循环。

以上步骤和操作可调用光盘中的相应文档，对应图 4-22 中的操作管理器操作，单击操作管理器中的下、上移动箭头按钮▽、△，逐个操作地观察加工过程，必要时单击相应操作的"参数"标签，激活相应的参数设置对话框观察参数设置。

在图 4-22 所示的示例中，步骤 1 的毛坯定义完成后，步骤 2 的操作 1～3 便是卡爪动作设置。单击"车削→零件处理→卡爪"按钮（由于是第 1 个操作，会要求定义 NC 名称），弹出"车削卡爪"对话框，参见图 4-22，在"选项"区域有 3 个单选项，其中"重新定位"选项会激活左侧的"卡爪位置"设置文本框和选择按钮。在图 4-22 的步骤 2 中，操作 1 和操作 3 分别是卡爪"松开和夹紧"选项，操作 2 是卡爪"重新定位"选项，"起始位置"是卡爪移动前的坐标，"最后位置"是卡爪重新定位后的坐标。下部的实际坐标

Z-1176.0 显示步骤 1 中毛坯定义时卡爪夹住了 20mm 长度，Z-20.0 显示步骤 2 卡爪重新定位后工件的伸出长度为 20mm（实际还要加长 2mm 加工余量）。可用下面的"选择"按钮及鼠标拾取屏幕上的点，不清楚坐标位置时，可先用"选择"按钮及鼠标拾取，然后再手工调整与圆整文本框中的坐标值。

另外，操作 7 的卡爪重新定位的"起始位置"坐标为 Z-20.0，正好是操作 2 的"最后位置"坐标，而"最后位置"坐标为 Z-220.0 显示步骤 3 的工件伸出为 220mm。操作 12 卡爪松开，操作 13 卡爪移动至 Z-20 位置，工件伸出约 20mm。操作 19 的"起始位置和最后位置"坐标分别为 Z-20.0 和 Z-210.0，即步骤 5 加工时工件伸出约-210mm。

2．尾座功能

这里的"尾座"实质是尾顶尖。在属性中定义了尾座后，可用"尾座"按钮 控制尾顶尖的"前移"顶住和后退"退出"装夹。

在前述阶梯细长轴加工中，就用到了尾座功能，如在图 4-22 中用到的就是尾座功能。首先，步骤 1 定义了一个直径 ϕ12mm 的尾座，其定义的轴向位置为 Z200.0，这个位置在该例中可避免操作 5 钻中心孔的碰撞与干涉。在步骤 3 执行完操作 3 的卡爪重新定位后，单击"车削→零件处理→尾座"按钮 ，会弹出"车削尾座"对话框（见图 4-23），该对话框的设置较为简单，仅需选择"前移"或"退出"即可，下面的尾座位置一般自动获取。在操作 3 中，选择了"前移"单选项后，即可控制尾顶尖顶住操作 5 钻出的中心孔位置。

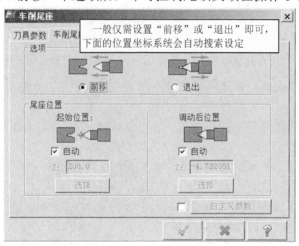

图 4-23 "车削尾座"对话框

3．中心架功能

中心架是车削加工细长轴两大辅助附件之一。"中心架"按钮 可模拟中心架在车削中的位置，检验加工过程中是否出现碰撞。下面仍以图 4-20 所示的零件为例，但工艺有所变化。这里主要应用中心架辅助支撑进行加工，加工过程图解如图 4-24 所示，基于中心架的阶梯细长轴加工操作管理器与"中心架"对话框设置如图 4-25 所示。

步骤 1 为毛坯、卡爪、中心架和尾座的定义。其中中心架定义要求绘制图框，绘制的图框右下角定位点坐标为 Z-230.0（原始位置），尾顶尖原始位置为 Z-200.0。

步骤 2 对应操作管理器中的操作 1，将中心架从原始位置移至图示位置，工件伸出约 250.0mm。

步骤 3 对应操作管理器中的操作 2～5，分别为车端面、钻中心孔、前移尾顶尖和中心架重新定位。

步骤 4 对应操作管理器中的操作 6，车削外圆至尺寸。

步骤 5 对应操作管理器中的操作 7～9，分别为退出顶尖、毛坯翻转（调头装夹）、中心架重新定位（至于步骤 2 相近的位置）。

步骤 6 对应操作管理器中的操作 10～14，内容包括车端面、钻中心孔、前移尾顶尖和中心架重新定位、车削外圆至尺寸等。

步骤 7 对应操作管理器中的操作 15～16，分别为中心架后退、中心架复位至原始位置。

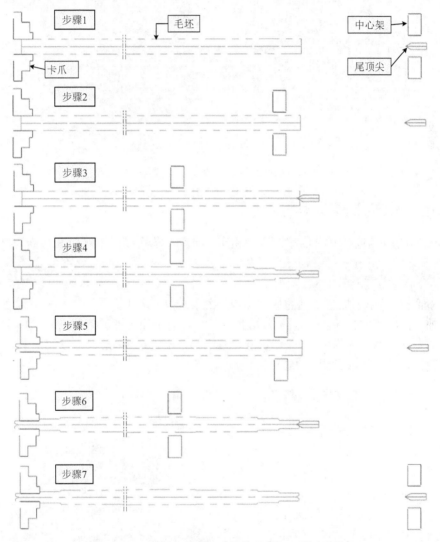

图 4-24　基于中心架的阶梯细长轴加工过程图解

在图 4-25 中，步骤 1 定义完成毛坯、卡爪、中心架和尾顶尖后，单击"车削→零件处理→中心架"按钮 ，会弹出"中心架"对话框。在该对话框中，"起始位置"是中心架移动前的坐标，在操作 1 中为 Z230.0；"调动后位置"是卡爪重新定位后的坐标，在操作 1 中为 Z-25.0，即工件伸出中心架约 25mm。另外，操作 4 定位的中心架位置为 Z-230.0，操作 9 与操作 1 的中心架位置相同，操作 10 定位的中心架位置为 Z-220.0。光盘中配有示例文档，读者可查阅并进一步理解。

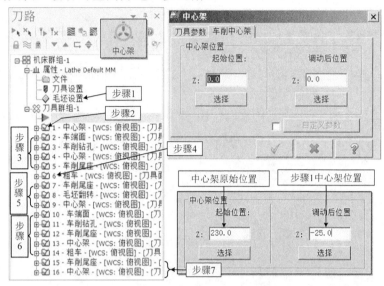

图 4-25　基于中心架的阶梯细长轴加工操作管理器与"中心架"对话框设置

4.2　数控车削加工基本编程

基本编程的内容包括常见的车端面、粗车、精车、车沟槽、车螺纹和切断等加工方法。

4.2.1　车端面加工

"车端面▣"是车削加工常见的加工工步，根据余量的多少，可一刀或多刀完成。车端面多用于粗加工前毛坯的光端面，如图 4-26 所示，也可用于加工外圆后车端面。下面以图 4-15 所示工件的左端端面加工为例。Mastercam 车端面加工不需选择加工串连曲线，只需在对话框中进行相关设置即可，参见图 4-28。

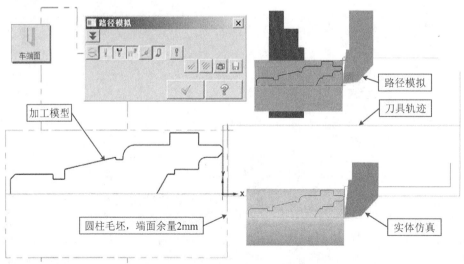

图 4-26　车端面加工示例

1．加工前准备

这里加工模型以图 4-15 所示的零件图为例。

首先，参照图 4-26 在 Mastercam 环境中绘制零件加工模型，注意工作坐标系原点与世界坐标系重合。

其次，进入车削加工模块，定义圆柱毛坯和卡爪等。毛坯为 ϕ52mm×94mm 的 45 钢，端面加工余量为 2mm，分粗、精车两刀加工，自定心卡盘装夹、卡爪设置同图 4-11 中的示例 1。

2．车端面加工操作的创建与参数设置

以图 4-26 所示的车端面加工示例为例，光盘中有相应的文档供学习参考。

（1）车端面加工操作的创建　单击"车削→标准→车端面"按钮 ，由于是第 1 个加工操作，会弹出"输入新 NC 名称"对话框，在文本框中输入一个 NC 名称，如车端面，单击"确定"按钮，弹出"车端面"对话框，默认为"刀具参数"选项卡，如图 4-27 所示。同时，在刀路管理器中创建一个车端面加工操作。注意，车端面不需选择加工串连曲线，不像其他加工创建时会弹出选择加工串连的操作提示。

（2）车端面加工参数设置　该参数设置主要集中在"车端面"对话框中。该对话框还可单击已创建的"车端面"操作下的"参数"标签 参数 激活并修改。下面未提及的参数读者可自行设置，通过设置并观察刀轨的变化逐步学习理解。

1）"刀具参数"选项卡及参数设置如图 4-27 所示，刀具的创建原理与数控铣削加工基本相同。对于车削加工，单件小批量加工时可以直接选用外圆粗车车刀，并与外圆粗车加工共用一把刀具，批量加工时可选用专用的端面车刀。其余参数设置按图解说明设定，参考点设置为 X50.0、Z100.0。注意，参考点的 X 坐标值为半径值。

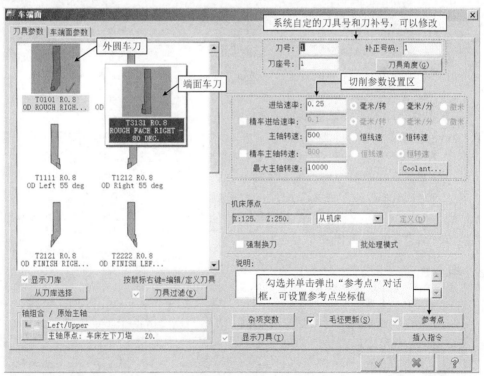

图 4-27　"车端面"对话框"刀具参数"选项卡

2）"车端面参数"选项卡如图 4-28 所示，默认设置时粗车步进量不勾选，其是一刀完成端面加工。若勾选且设置粗车步进量，则可实现多刀车端面，如图 4-28 中粗车步进量设置为默认的 2mm，精车步进量为 0.35mm，因为毛坯余量为 2mm，因此可知共车削 2 刀，第 1 刀 1.65mm，第 2 刀 0.35mm。另外，默认不勾选"圆角"按钮，若勾选并设置后可车端面的同时倒圆或倒角，因此其适用于已加工外圆后的车端面加工。若勾选了"圆角"按钮，则需按要求设置"切入/切出"参数。平端面加工一般不需设置"切入/切出"参数。

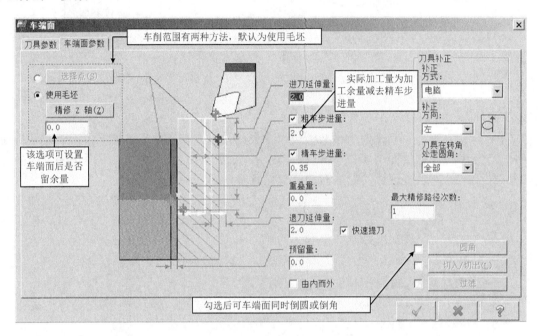

图 4-28 "车端面"对话框"车端面参数"选项卡

3．生成刀具路径及其路径模拟与实体仿真

第 1 次设置完成"曲面粗切挖槽"对话框中的参数后单击"确定"按钮，系统会自动进行刀路计算并显示刀路。若后续激活所做参数修改后，则需单击"刀路"操作管理器上方的"重建全部已选择的操作"按钮等重新计算刀具轨迹。

"刀路"操作管理器和"机床"选项卡"模拟"选项区均含有"路径模拟"按钮和"实体仿真"按钮，可对已选择并生成的刀路的操作进行路径模拟与实体仿真。路径模拟与实体仿真结果参见图 4-26。

4.2.2 粗车加工

"粗车"加工主要用于快速去除材料，为精加工留下较为均匀的加工余量，其应用广泛。切削用量的选择原则是低转速、大切深、大走刀，与精车相比一般是转速低于精车，切深和进给量大于精车，以恒转速切削为主。图 4-29 所示为粗车加工示例，其零件图参见图 4-15。假设零件已完成左端加工，毛坯基于旋转边界创建，采用自定心卡盘装夹，已完成端面加工及中心孔加工；装夹方式为一夹一顶。

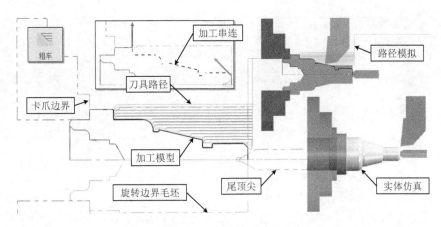

图 4-29　粗车加工示例

1．加工前准备

这里加工模型以图 4-15 所示的零件图为例。

首先，参照图 4-29 在 Mastercam 环境中绘制零件加工模型，注意工作坐标系原点与世界坐标系重合。本粗车加工前有车端面和钻中心孔两工步。

其次，进入车削加工模块，定义非圆柱体毛坯、卡爪和尾顶尖等。毛坯应用"旋转"图形定义，尾顶尖中心直径 ϕ10mm，定义在 Z200.0 处，待钻完中心孔后再利用"车削→零件处理→尾座"功能前移顶住工件。自定心卡盘装夹、卡爪设置同图 4-11 中的示例 2。

2．粗车加工操作的创建与参数设置

以图 4-29 所示的粗车加工示例为例，光盘中有相应的文档供学习参考。

（1）粗车加工操作的创建　单击"车削→标准→粗车"按钮 ，弹出操作提示"选择切入点或串连内部边界"和"串连选项"对话框，在默认"部分串连"按钮 有效的情况下，用鼠标拾取加工轮廓的起始段和结束段（必须确保串连加工起点、方向与预走刀路径方向一致，参见图 4-29）。单击"确定"按钮，弹出"粗车"对话框，默认为"刀具参数"选项卡，如图 4-30 所示。

（2）粗车加工参数设置　该参数设置主要集中在"粗车"对话框中。该对话框还可单击已创建的"粗车"操作下的"参数"标签 激活并修改。

1）"刀具参数"选项卡及参数设置如图 4-30 所示，其与车端面加工基本相同，这里多显示了"参考点"对话框画面。

2）"粗车参数"选项卡（见图 4-31）是粗车加工参数设置的主要区域。各文本框按名称要求填写即可，"补正方式"选项与铣削原理基本相同，默认为"电脑"，有精度加工要求时建议选用"控制器"；"补正方向"的规律是车外圆为"右"补偿，车内孔为"左"补偿，刀具设定后，系统会自动设定。切削方式、粗车方向/角度等看图 4-31 即可理解。单击"切入/切出"按钮，弹出的对话框如图 4-32 所示。单击"切入参数"按钮，弹出的对话框如图 4-33a 所示。勾选并单击"断屑"按钮，弹出的对话框如图 4-33b 所示。

图 4-32 所示为单击"粗车"对话框"刀具参数"选项卡中的"切入/切出"按钮弹出的对话框。图中两个对话框的设置参数基本相同，仅仅是控制的线段不同，分别对应"切入"和"切出"线段。学习时可按图 4-32 所示进行设置，然后观察刀轨变化，再结合实际生产加以理解。

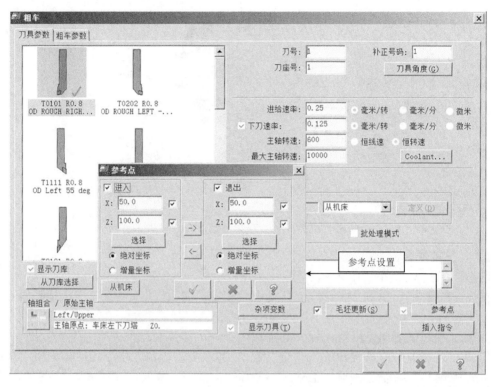

图 4-30 "粗车"对话框"刀具参数"选项卡

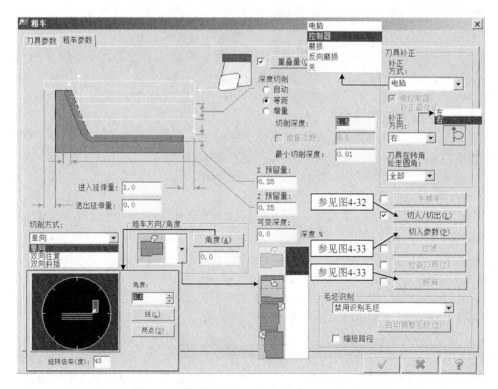

图 4-31 "粗车"对话框"粗车参数"选项卡

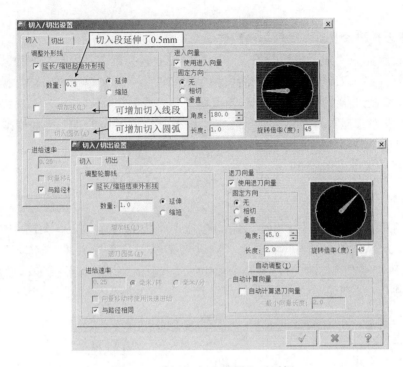

图 4-32　"切入/切出设置"对话框

图 4-33 所示分别为单击"粗车"对话框"刀具参数"选项卡中的"切入参数"按钮和勾选并单击"断屑"按钮弹出的对话框。"车削切入参数"对话框主要用于外圆或端面有凹陷轮廓车削加工时的设置，这时要有合适的刀具相适应。"断屑"对话框主要用于控制切屑断屑的设置，对于塑性和韧性大的金属材料以及小切深高转速切削以带状切屑为主的加工可考虑这些参数的设置。

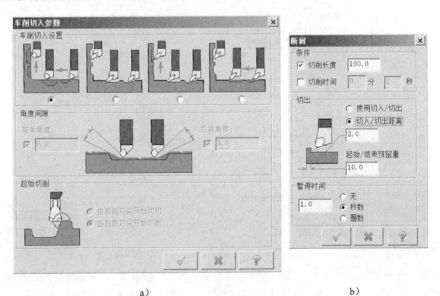

a）　　　　　　　　　　　　　　　　b）

图 4-33　"车削切入参数"和"断屑"对话框

3．生成刀具路径及其路径模拟与实体仿真

第 1 次设置完成"曲面粗切挖槽"对话框中的参数并单击"确定"按钮，系统会自动进行刀路计算并显示刀路。若后续激活所做参数修改后，则需单击"刀路"操作管理器上方的"重建全部已选择的操作"按钮![icon]等重新计算刀具轨迹。

"刀路"操作管理器和"机床"选项卡"模拟"选项区均含有"路径模拟"按钮![icon]和"实体仿真"按钮![icon]，可对已选择并生成的刀路的操作进行路径模拟与实体仿真。路径模拟与实体仿真结果参见图 4-29。

4．粗车加工拓展

（1）内孔粗车加工示例　粗车刀路同样适用于内孔等粗加工，如图 4-34 所示，假设已知其 AutoCAD 的文档*.dwg 文档，则其加工模型只需导入并编辑即可。该零件加工工艺为先从右端加工端面与内孔，然后调头车端面、内孔与螺纹等，最后用芯轴装夹车外圆。图 4-34 所示为右端内孔加工示例，加工毛坯为圆管毛坯，采用自定心卡盘装夹。

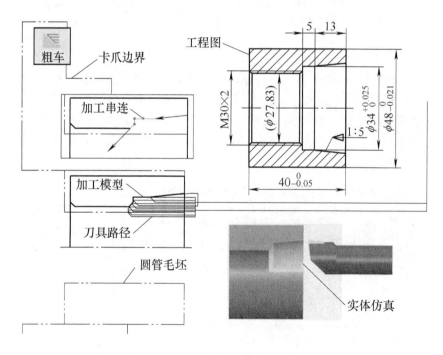

图 4-34　内孔加工示例

（2）非单调变化外轮廓车削　粗车加工"车削切入设置"默认选项（参见图 4-33）不允许切入凹陷轮廓，对于非单调变化的外轮廓车削，必须将其设置为允许凹陷切入（"车削切入设置"选项非第 1 选项），当然，这种选项必须注意刀具的副偏角必须足够大，切入轨迹必须适当。图 4-35 所示的外廓车削便是这种加工的应用示例。

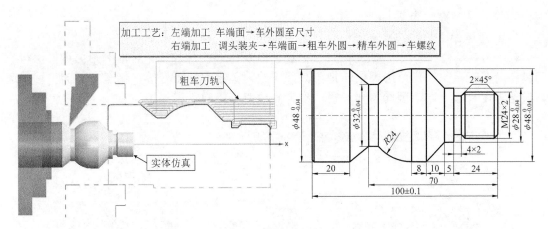

加工工艺：左端加工　车端面→车外圆至尺寸
　　　　　右端加工　调头装夹→车端面→粗车外圆→精车外圆→车螺纹

图 4-35　非单调轮廓加工示例

4.2.3　精车加工

"精车▱"加工是粗车之后的进一步加工，用于获得所需加工精度和表面粗糙度等的加工。精车加工一般仅车削一刀，切削用量选择一般是高转速、小切深、慢进给，必要时选用恒线速度切削。图 4-36 所示为精车加工示例，其是图 4-29 所示粗车加工的继续。

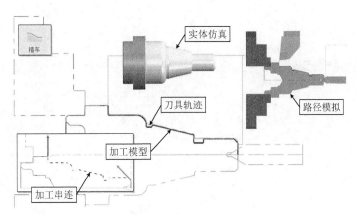

图 4-36　精车加工示例

1. 加工前准备

由于这个精车加工是前述图 4-29 所示粗车加工的继续，因此，可直接打开前述的粗车文档，另存为当前文档即可。

2. 精车加工操作的创建与参数设置

以图 4-36 所示的精车加工示例为例，光盘中有相应的文档供学习参考。

（1）精车加工操作的创建　单击"车削→标准→精车"按钮▱，弹出操作提示"选择点或串连外形"和"串连选项"对话框，默认为"部分串连"按钮◯◯有效。由于精车加工串连与粗车相同，因此选择方法也相同。另外，若是紧接着粗车编程，则可直接单击"选择上一次"按钮▱快速选择。选择结束后，单击"确定"按钮，弹出"精车"对话框，默认为"刀具参数"选项卡，如图 4-37 所示。

（2）精车加工参数设置　该参数设置主要集中在"精车"对话框中。

1）"刀具参数"选项卡如图 4-37 所示。若是单件小批量加工，对本例则仍可借用粗车刀具；若是批量生产，可考虑换一把刀具并修改刀具号和补正号等。精车加工的主轴转速与进给速度一般不同，因此需要设置。参考点数值一般同粗车加工。

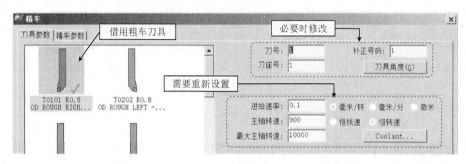

图 4-37　"精车"对话框"刀具参数"选项卡

2）"精车参数"选项卡如图 4-38 所示。"控制器"补正可避免圆锥面与圆弧面的欠切问题，提高加工精度。若这里取"控制器"补正，建议粗车也取控制器补正。若后续不加工则预留量设置为 0，精车次数一般取 1 次，这时精车步进量设置无意义。"切入/切出"设置方法同粗加工，但退刀向量方向做了修改，如图 4-36 所示，具体如何设置，读者可自行尝试。

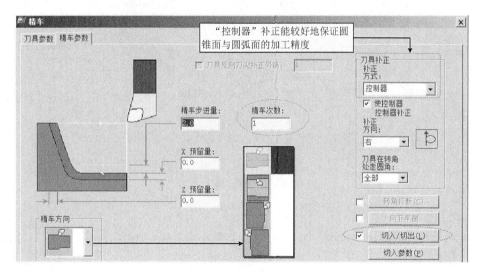

图 4-38　"精车"对话框"精车参数"选项卡

3．生成刀具路径及其路径模拟与实体仿真

与粗车加工基本相同，首次设置完成后系统会自动计算刀路，后续修改必须重新计算刀路。刀具路径模拟与仿真操作同粗车加工，路径模拟与实体仿真结果参见图 4-36。

4.2.4　车沟槽加工

这里的"沟槽▭"加工指以径向车削为主的沟槽（Groove）加工，其沟槽的宽度不大，对于较宽的沟槽建议选用后续介绍的切入车削（Plunge Turn）加工等策略。Mastercam 的沟槽加工策略是将粗、精加工放在一个对话框中设置完成。

1. 沟槽的加工方法

单击"车削→标准→沟槽"按钮▭，首先弹出的是"沟槽选项"对话框，其提供了 5 种定义沟槽的方式，默认是应用较多的"串连"选项，如图 4-39 所示。

（1）"1 点"方式　选择一个点（外圆为右上角）定义沟槽的位置，沟槽宽度、深度、侧壁斜度和过渡圆角等形状参数均在"沟槽形状参数"选项卡中设定。仅"1 点"方式会激活右侧的选择点选项。允许窗口选择多点，每个点确定一个槽。

（2）"2 点"方式　选择沟槽的右上角和左下角两个点定义沟槽的位置、宽度和深度，侧壁斜度、过渡圆角等形状参数则在"沟槽形状参数"选项卡中设定。

（3）"3 直线"方式　选择 3 条直线定义沟槽的位置、宽度和深度，侧壁斜度、过渡圆角等形状参数则在"沟槽形状参数"选项卡中设定。3 条直线中第 1 与第 3 条直线必须平行且等长。直线的选择方式必须使用"部分串连▱▱""窗口▭"或"多边形◇"方式选择 3 条串连曲线，其中后两种方式选择后还需按操作提示选择起始点。显然，用"部分串连"方式选择最方便。

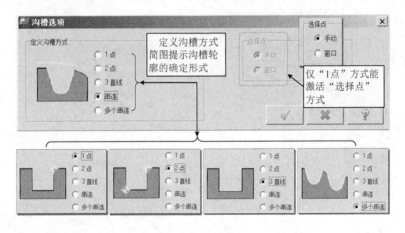

图 4-39　"沟槽选项"对话框

（4）"串连"方式　"部分串连▱▱"方式选择一个串连曲线构造沟槽，此方式沟槽的位置与形状参数均由串连曲线定义，"沟槽形状参数"选项卡中设定的参数不多。该方式可定义前三种方式形状之外的沟槽，应用方便。

（5）"多个串连"方式　"部分串连▱▱"方式连续选择多个串连曲线构造多个沟槽一次性加工。其余同串连方式。多个串连适用于形状相同或相似、切槽参数相同的多个串连沟槽的加工。

2．沟槽加工主要参数设置

沟槽加工的参数主要集中在"沟槽粗车"对话框中的 4 个选项卡中，沟槽参数设置项目较多，但一般看参数名称就可知道参数的含义，从而对其进行设置。

（1）"刀具参数"选项卡　与前述操作基本相同，主要是选择的刀具不同，如图 4-40 所示。另外，需要设置刀具与切削用量相关参数以及参考点（图中未示出）。

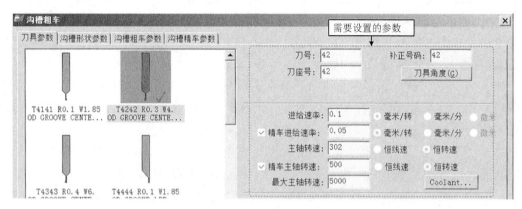

图 4-40　"沟槽粗车"对话框"刀具参数"选项卡

（2）"沟槽形状参数"选项卡　图 4-41 所示为"1 点"定义沟槽的形状参数设置画面，"2 点"与"3 直线"沟槽定义方式中仅高度和宽度参数为灰色，不可设置。

图 4-42 所示为"串连"和"多个串连"定义沟槽的形状参数设置画面，其仅可激活并设置"调整外形起始/终止线"参数等。

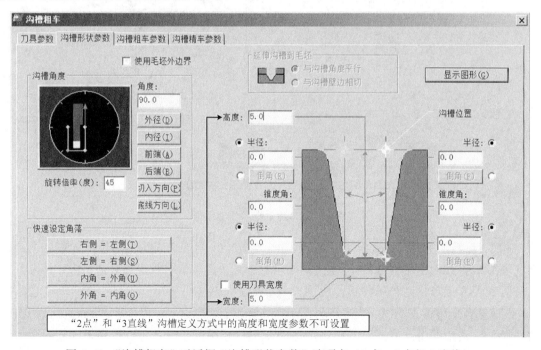

图 4-41　"沟槽粗车"对话框"沟槽形状参数"选项卡（1 点、2 点与 3 直线）

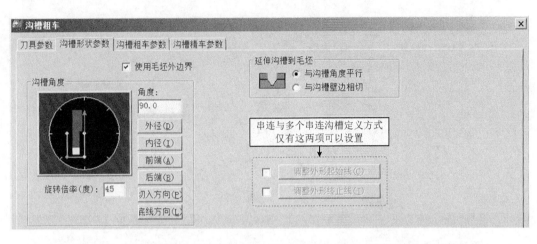

图 4-42　"沟槽粗车"对话框"沟槽形状参数"选项卡（串连和多个串连）

（3）"沟槽粗车参数"选项卡　如图 4-43 所示，选项较多，但看图设置即可。

（4）"沟槽精车参数"选项卡　如图 4-44 所示，选项较多，但看图设置即可。

3．沟槽加工设置示例

练习 4-1：图 4-45 所示是专为沟槽加工设置练习设计的沟槽加工模型。所有加工均选择宽度为 4mm 的切槽车刀，如 T4242R0.3W4.OD GROOVE CENTER MEDIUM 切槽车刀（参见图 4-46），为简化操作，练习时可不设置装夹与参考点等。

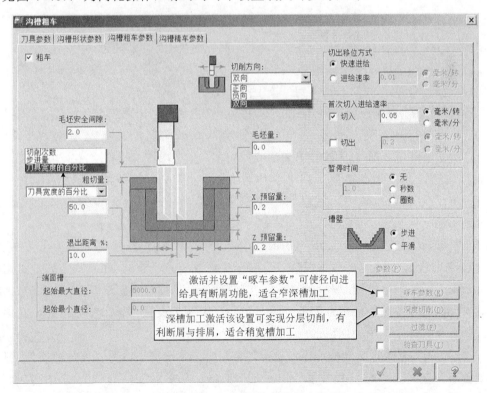

图 4-43　"沟槽粗车"对话框"沟槽粗车参数"选项卡

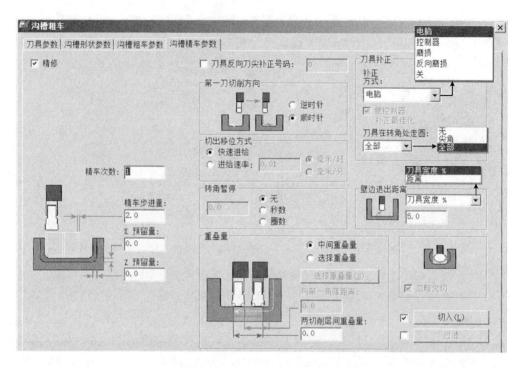

图 4-44 "沟槽粗车"对话框"沟槽精车参数"选项卡

练习步骤：

步骤 1：参考图 4-45 绘制练习图。

步骤 2：执行"机床→机床类型→车床▼→默认（D）"命令，进入车削加工模块。单击毛坯设置图标◇毛坯设置，设置毛坯，如图 4-46。

步骤 3：单击"车削→标准→沟槽"按钮，弹出"沟槽选项"对话框，参见图 4-39。

1）"1 点"方式定义沟槽练习。选择"1 点"单选按钮，选择图 4-46 中标识①处的点 P，按 Enter 键，弹出"沟槽粗车"对话框，首先按图 4-41 设置定义沟槽形状，生成刀具轨迹，并"路径模拟"和"实体仿真"，然后单击"参数"图标▣参数，弹出"沟槽粗车"对话框，改变形状参数，重新生成刀轨等，观察设置参数与刀具路径的关系。

2）"2 点"方式定义沟槽练习。选择"2 点"单选按钮，选择图 4-46 中标识②处的 P1 和 P2 点，按以上方式练习，注意观察"沟槽形状参数"选项卡与"1 点"方式定义沟槽的差异。单击"图形"标签▣ 图形，弹出"沟槽选项"对话框，重新选择 P1 和 P3 点，激活并启动"沟槽粗车参数"选项卡中的"啄车参数"按钮，设置"啄车参数"等，观察刀路变化，体会其实际生产中的作用。

3）"3 直线"方式定义沟槽练习。选择"3 直线"单选按钮，用"部分串连""窗口"和"多边形"方式选择图 4-46 中标识③处的 3 直线，然后观察其与"1 点"和"2 点"方式沟槽加工参数设置的异同点。该练习重点练习"3 直线"方式的选择操作。

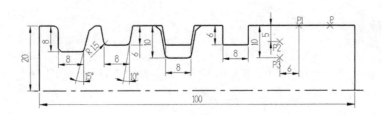

图 4-45 沟槽加工练习模型

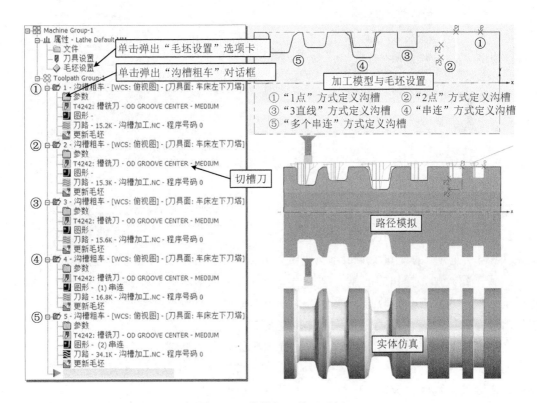

图 4-46 沟槽加工练习示例

4)"串连"方式定义沟槽练习。选择"串连"单选按钮,选择图 4-46 中标识④处上部的梯形串连曲线,先按默认设置生成刀轨,然后再单击"参数"标签 🗋参数 激活"沟槽选项"对话框,修改参数,生成刀轨,观察修改的参数对刀路的改变是否与自己对参数名称的理解一致。单击"图形"按钮 🖹图形 ,弹出"串连管理"对话框,右击列表中的串连 1,执行快捷菜单中的全部重新串连命令,选择下部的带倒角与倒圆的串连图线,确认后退出对话框。单击重建全部失效的操作按钮 🗙 重新生成刀轨,观察刀轨变化(即仿真结果)。

5)"多个串连"方式定义沟槽练习。选择"多个串连"单选按钮,选择图 4-46 中标识⑤处两个串连曲线,练习多个沟槽加工设置练习,并改变串连选择的先后顺序,观察沟槽加工的先后顺序。

4.2.5 车螺纹加工

"车螺纹 ⬚ "加工是数控车削中常见的加工方法之一，可加工外螺纹、内螺纹或端面螺纹槽等。图 4-47 所示为图 4-15 零件中 M16 螺纹的加工示例。假设该零件已完成粗车、精车以及切槽加工，现继续进行螺纹加工。

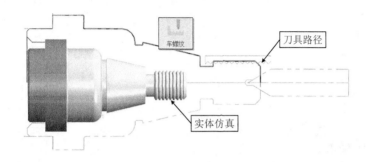

图 4-47 车螺纹加工示例

1．加工前准备

直接调用已完成粗车、精车以及切槽加工的电子文档，并另存为当前文档。

2．车螺纹加工操作的创建与参数设置

以图 4-47 所示的车螺纹加工示例为例，光盘中有相应的文档供学习参考。

（1）车螺纹加工操作的创建　单击"车削→标准→车螺纹"按钮 ⬚ ，弹出"车螺纹"对话框，默认为"刀具参数"选项卡。注意，车螺纹加工与车端面加工类似，不需要选择加工串连等曲线，而是在对话框中通过参数设定。

（2）车螺纹加工参数设置　该参数设置主要集中在"车螺纹"对话框中。

1）"刀具参数"选项卡如图 4-48 所示，其与前述基本相同，主要是选择的刀具不同。另外，需要设置相关参数和设定参考点（图中未示出）等。

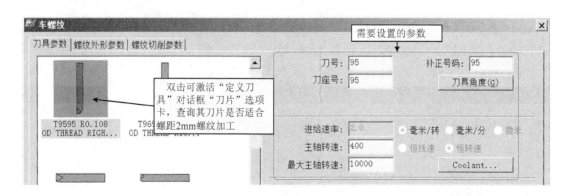

图 4-48 "车螺纹"对话框"刀具参数"选项卡

2）"螺纹外形参数"选项卡。螺纹外形参数——导程、牙型角、大径、小径等一般由表单或公式计算设置，不需单独填写，具体为单击"由表单计算"按钮由表单计算(T)（见图 4-49a），在弹出的"螺纹表单"对话框中选取确定，如图 4-49b 所示。或单击"运用公式计算"按钮运用公式计算(F)，在弹出的"运用公式计算螺纹"对话框中计算确定，如图 4-49b 所示。在"螺纹外形参数"选项卡中，操作者只需设定螺纹的起始与结束位置参数等即可。

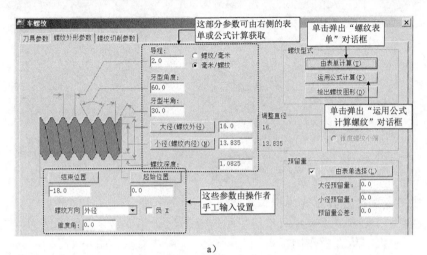

a)

b)

图 4-49 "车螺纹"对话框"螺纹外形参数"选项卡

a)"螺纹外形参数"选项卡 b)"螺纹表单"和"运用公式计算螺纹"对话框

3）"螺纹切削参数"选项卡如图 4-50 所示。NC 代码格式（即螺纹加工指令）根据需要选用，其余按图示设置即可。注意，固定循环指令 G76 后处理生成的指令格式与实际使用的机床格式可能存在差异，因此，要对输出程序对比研究，为后续使用输出程序的快速修改提供基础。

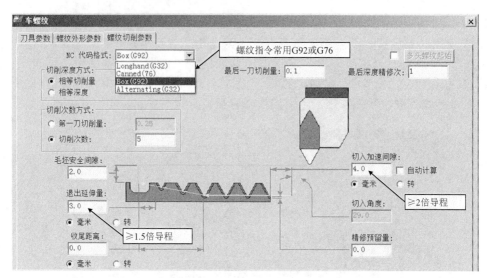

图 4-50 "车螺纹"对话框"螺纹切削参数"选项卡

3. 生成刀具路径及其路径模拟与实体仿真

首次设置完成并单击"确定"按钮后系统会自动计算刀路，后续修改必须重新计算刀路。刀具路径模拟与仿真操作同粗车加工，实体仿真结果参见图 4-47。

4.2.6 切断加工

"切断[囗]"（又称截断）是直径不大的零件数控车削的最后一道工步，通过指定加工模型上的指定点，径向进给切断零件。图 4-51 所示为切断加工示例。

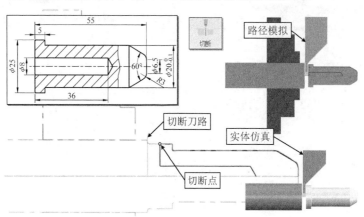

图 4-51 切断加工示例

切断加工时只需指定切断点即可，其切削深度可以指定，因此其不仅可以切断，而且可以切削宽度等于刀具宽度的窄槽。

1. 加工前准备

光盘中给出了该零件的 STP 格式文档，读者可参照前述介绍的方法提取加工编程模型。

2. 切断加工操作的创建与参数设置

以图 4-51 所示的切断加工示例为例，光盘中有相应的文档供学习参考。

（1）切断加工操作的创建 单击"车削→标准→切断"按钮 ，弹出操作提示"选择切断边界点"，用鼠标拾取切断点，弹出"截断"对话框，默认为"刀具参数"选项卡。

（2）切断加工参数设置 该参数设置主要集中在"截断"对话框中。

1）"刀具参数"选项卡如图4-52所示。主要是刀具的选择不同，其余设置同前所述。

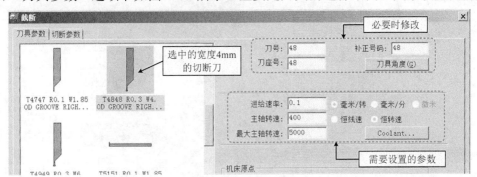

图4-52 "截断"对话框"刀具参数"选项卡

2）"切断参数"选项卡如图4-53所示，是切断加工参数设置的主要区域，主要设置选项参见图中说明。

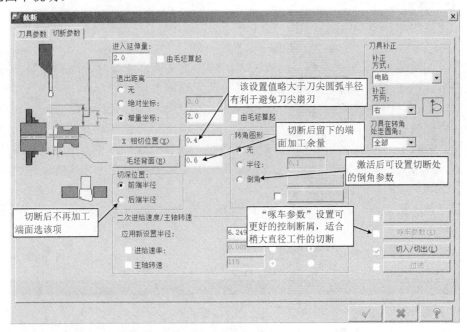

图4-53 "截断"对话框"切断参数"选项卡

3．生成刀具路径及其路径模拟与实体仿真

首次设置完成并单击"确定"按钮后系统会自动计算刀路，后续修改必须重新计算刀路。刀具路径模拟与实体仿真操作同前所述，路径模拟与实体仿真结果参见图4-51。

4.2.7 车床钻孔加工

车床"钻孔 "加工是在车床上进行孔加工的一种加工策略，可进行钻孔、钻中心孔、点钻孔窝、攻螺纹、铰孔和镗孔等加工。图 4-54 所示为钻孔加工示例。下面通过该示例介绍车床钻孔加工编程，毛坯模型为图 4-51 所示零件切断后的状态，现调头装夹加工，然后车端面、钻孔窝和钻孔加工。

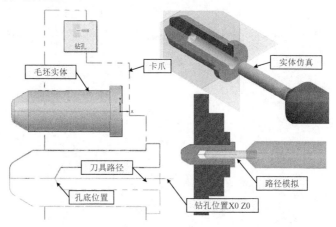

图 4-54　钻孔加工示例

1. 加工前准备

加工模型的零件图参见图 4-51，图 4-51 已完成右端及切断加工，切断面留加工余量 0.6mm，因此本例加工工艺为：车端面→钻孔窝→钻孔。加工前要做的工作如下：

首先，调用图 4-51 加工文档，另存为本例的加工文档，同时将原加工模型左右镜像，并移动图形使图 4-54 中端面中心的钻孔位置与世界坐标系原点重合。

其次，要在某单独图层上绘制一个毛坯实体，其与零件相比端面多 0.6mm 加工余量，同时没有中间的孔。

再次，进入车削模块，展开"机床组件"下的"属性"选项，单击"毛坯设置"标签，在弹出的"机床组件属性"对话框"毛坯设置"选项卡中分别指定毛坯实体创建毛坯边界，按图 4-54 所示创建"卡爪"装夹。

然后，就本例而言，先按前面的介绍，完成端面车削加工。本例拟进行点钻孔窝和钻孔两步骤。

2. 钻孔加工操作的创建与参数设置

以图 4-54 所示的钻孔加工示例为例。

（1）钻孔加工操作的创建　单击"车削→标准→钻孔"按钮，弹出"车削钻孔"对话框，默认为"刀具参数"选项卡。

（2）钻孔加工参数设置　该参数设置主要集中在"车削钻孔"对话框中。

1）"刀具参数"选项卡如图 4-55 所示。在刀具列表中可见到默认的 4 种钻孔刀具：点钻刀具（STOP TOOL）（又称定心钻）、钻头（DRILL）、中心钻（CENTER DRILL）和平底铣刀（END MILL）。图中"T0202 点钻刀具"有一个"钩"，表示当前已用到。本例是操作 2 钻孔窝用到的刀具，阴影刀具"T0303 钻头"为操作 3 钻孔加工用到的刀具。这两个刀具均是修改了刀具号和刀补号的刀具，其中 T0303 钻头系统中没有直径 8mm 的钻头，必须右击弹出快捷菜单，单击"编辑刀具"命令，修改刀具直径等得到直径 8mm 的钻头。

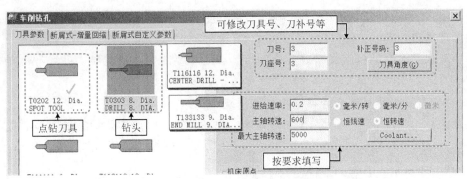

图 4-55　"车削钻孔"对话框"刀具参数"选项卡

2）"深孔钻-无啄孔"选项卡。其实质是钻孔参数选项卡，是钻孔加工主要的参数设置区域。选项卡的名称与"循环"下拉列表中的循环选择对应，默认的"深孔钻-无啄孔"选项卡名称对应的是"Drill/Counterbore"循环选项，如图 4-56 上图所示；下图的"断屑式-增量回缩"选项卡名称对应的是"Chip break（G74）"循环。深度设置可先输入孔深，然后单击深度计算按钮 🔲 计算深度增加量。对于图 4-54 所示编程模型中准确绘制了孔底的加工模型，可单击"深度"按钮，用鼠标捕抓加工模型上的孔底位置（注意钻头的刀位点是钻头顶点）。钻孔位置默认为 X0Z0，不用再选择。"循环"下拉列表对数控程序及钻孔的指令有较大的影响。"Drill/Counterbore"选项是普通孔加工方式，"Chip break（G74）"选项可生成 FANUC 系统的 G74 指令循环格式，有较好的断屑效果；深孔啄钻（G83）不仅有较好的断屑效果，而且还有较好的排屑效果。G74 和 G83 两个指令均适用于深孔加工。循环参数设置虽然多，但每种循环用到的参数不一样，建议读者选择某种循环，通过设置参数并后处理生成加工代码，研究这些参数应该如何设置。选择生成的孔加工循环指令对应的 G74 指令程序段如图 4-56 所示，"首次啄钻 8.0"对应指令中的"Q8."，"安全余隙 1.0"对应指令中的"R1."。

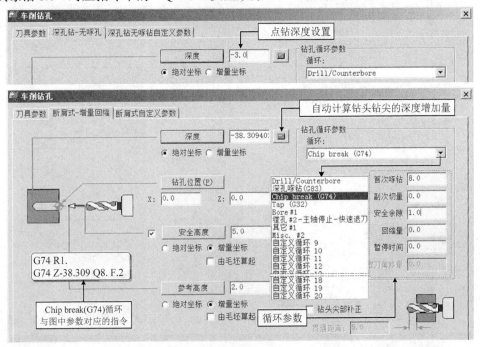

图 4-56　"车削钻孔"对话框"深孔钻-无啄孔"和"断屑式-增量回缩"选项卡

图 4-54 中，点钻孔窝选用的循环是"Drill/Counterbore"选项，深度为–3.0mm。钻孔选用的循环是"Chip break（G74）"选项，深度为 –38.3094mm。

3）"深孔钻无啄钻自定义参数"选项卡。该选项卡的名称也是与"循环"下拉列表的循环选项有关，用户可自定义断屑式循环加工，实际中用的不多。

3．生成刀具路径及其路径模拟与实体仿真

首次设置完成并单击"确定"按钮后系统会自动计算刀路，后续修改必须重新计算刀路。刀具路径模拟与仿真操作同粗车加工，图 4-54 中的路径模拟与实体仿真结果为钻孔的结果。

4.2.8 数控车削加工基本编程综合练习

下面给出几个练习，供读者对学完本节知识的理解与掌握的检验。

练习 4-2：已知零件图（见图 4-15，光盘中给出了"练习 4-2.dwg"和"练习 4-2.stp"文档供学习和练习），要求在 Mastercam 2017 中绘制加工模型并完成其加工编程工作。零件分两工序加工，工序 1 为先车削左端，工序 2 为调头装夹车削右端，毛坯尺寸为 $\phi52$ mm×94mm，材料为 45 钢，所有操作的参考点均为 X50.0，Z-100.0。加工编程练习步骤见表 4-1。

表 4-1 练习 4-2 加工编程练习步骤

步骤	图 例	说 明
工序 1：左端车加工		
1		加工模型的创建： 在 Mastercam 设计模块下绘制加工模型，注意工作坐标系与世界坐标系重合。或用 AutoCAD 绘图，然后导入 Mastercam 软件中，具体依个人习惯
2		进入车削编程模块，进行毛坯设置： 1）定义毛坯 $\phi52$mm×94mm，端面余量为 2mm 2）定义卡爪，定位坐标 Z-40.0（注意，后续部分图例未显示卡盘）
3		车端面： 1）80°刀尖角右手粗车刀，刀具取名为 T0101，进给率 0.2mm/r，主轴转速 500r/min 2）精车 1 刀，精车步进量 0.35mm
4		点钻孔窝： 1）$\phi12$mm 中心钻（SPOT TOOL），进给率 0.2mm/r，主轴转速 800r/min，刀具取名为 T0303 2）钻孔深度 Z-4.0
5		钻孔： 1）选择 $\phi15$mm 钻头（DRILL），进给率 0.2mm/r，主轴转速 800r/min，刀具取名为 T0404 2）钻孔深度为鼠标捕抓孔底深度
6		粗车内孔： 1）80°刀尖角右手粗车刀，刀具取名为 T0202，进给率 0.25mm/r，主轴转速 600r/min，修改导杆尺寸消除碰撞 2）背吃刀量 1.0，X 预留量 0.3，Z 预留量 0.3，控制器补正，切入延长 1.0，切出延长 0.5

（续）

步骤	图　例	说　明
	工序 1：左端车加工	
7		精车内孔： 1）刀具同粗车内孔加工，进给率 0.1mm/r，主轴转速 800r/min 2）精车 1 次，X 与 Z 预留量 0，控制器补正，切入延长 1.0，切出延长 0.5
8		粗车外圆： 1）刀具同车端面粗车刀，进给率 0.25mm/r，主轴转速 600r/min 2）背吃刀量 1.5，X 预留量 0.3，Z 预留量 0.3，控制器补正，切入延长 1.0，切出延长 3.0
9		精车外圆： 1）刀具同粗车加工，进给率 0.1mm/r，主轴转速 800r/min 2）精车 1 次，X 与 Z 预留量 0，控制器补正，切入延长 1.0，切出延长 3.0
	工序 2：右端车加工	
1		加工模型的创建： 在 Mastercam 设计模块下绘制加工模型，注意工作坐标系与世界坐标系重合。或用 AutoCAD 绘图，然后导入 Mastercam 软件中，具体依个人习惯
2		进入车削编程模块，进行毛坯设置： 1）"旋转"图形定义毛坯，端面余量 2mm 2）定义卡爪，已加工阶梯面定位（注意，后续部分图例未显示卡盘） 3）定义尾座，中心直径 ϕ10.0，定位 Z200.0
3		车端面： 1）80°刀尖角右手粗车刀，刀具取名为 T0101，进给率 0.2mm/r，主轴转速 500r/min 2）精车 1 刀，精车步进量 0.35mm
4		钻中心孔： 1）ϕ6mm 中心钻（CENTER DRILL），进给率 0.3mm/r，主轴转速 800r/min，刀具取名为 T0404 2）钻孔深度 Z-6.0，暂停时间 0.5s
5		上尾顶尖： "车削尾座"功能操作，将第 2 步定义的尾顶尖顶住中心孔

（续）

步骤	图　例	说　明
工序 2：右端车加工		

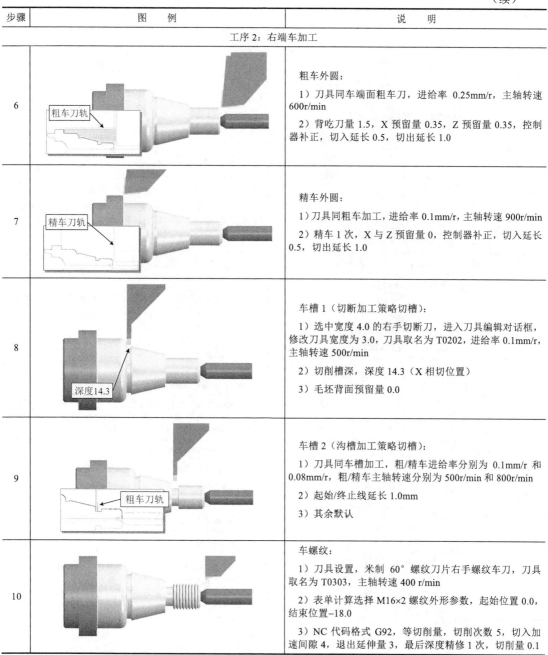

步骤	图　例	说　明
6	粗车刀轨	粗车外圆： 1）刀具同车端面粗车刀，进给率 0.25mm/r，主轴转速 600r/min 2）背吃刀量 1.5，X 预留量 0.35，Z 预留量 0.35，控制器补正，切入延长 0.5，切出延长 1.0
7	精车刀轨	精车外圆： 1）刀具同粗车加工，进给率 0.1mm/r，主轴转速 900r/min 2）精车 1 次，X 与 Z 预留量 0，控制器补正，切入延长 0.5，切出延长 1.0
8	深度14.3	车槽 1（切断加工策略切槽）： 1）选中宽度 4.0 的右手切断刀，进入刀具编辑对话框，修改刀具宽度为 3.0，刀具取名为 T0202，进给率 0.1mm/r，主轴转速 500r/min 2）切削槽深，深度 14.3（X 相切位置） 3）毛坯背面预留量 0.0
9	粗车刀轨	车槽 2（沟槽加工策略切槽）： 1）刀具同车槽加工，粗/精车进给率分别为 0.1mm/r 和 0.08mm/r，粗/精车主轴转速分别为 500r/min 和 800r/min 2）起始/终止线延长 1.0mm 3）其余默认
10		车螺纹： 1）刀具设置，米制 60°螺纹刀片右手螺纹车刀，刀具取名为 T0303，主轴转速 400 r/min 2）表单计算选择 M16×2 螺纹外形参数，起始位置 0.0，结束位置 -18.0 3）NC 代码格式 G92，等切削量，切削次数 5，切入加速间隙 4，退出延伸量 3，最后深度精修 1 次，切削量 0.1

练习 4-3：已知加工件 STP 格式三维数字模型"练习 4-3.stp"（光盘中同时配有零件图供参考），要求在 Mastercam 2017 中利用"车削轮廓 [图标] 车削轮廓"功能提取加工编程框线模型进行编程。毛坯尺寸为 ϕ52mm×94mm，材料为 45 钢，先加工右端，然后调头加工左段，加工工艺为：车端面→钻中心孔→粗车外圆→精车外圆→调头装夹→车端面→钻中心孔→粗车外圆→精车外圆→车沟槽→车螺纹。所有操作的参考点均为 X50.0，Z-100.0。加工编程练习步骤见表 4-2。

表 4-2 练习 4-3 加工编程练习步骤

步骤	图 例	说 明
		加工前准备
1		导入加工模型： 启动 Mastercam 2017，单击"打开"按钮 ，在文件类型下拉列表中选择"STEP 文件（*.stp；*.step）"，打开"练习 4-3.stp"（注意观察工件端面中心与世界坐标系重合）
2		提取加工模型： 参见 4.1.3 节中的介绍，利用"车削轮廓 车削轮廓"功能提取如左图例所示的加工轮廓框线
3		进入车削编程模块，进行毛坯设置： 1）定义毛坯φ50mm×94mm，端面余量2mm 2）定义卡爪，右端加工定位坐标 Z-60.0（注意，后续部分图例未显示卡盘）
		车削加工步骤：步骤 1～4 为右端加工，步骤 5 为调头装夹，步骤 6～11 为左端加工
1		车端面： 1）80°刀尖角右手粗车刀，刀具取名为 T0101，粗/精车进给率分别为 0.25mm/r 和 0.1mm/r，粗/精车主轴转速分别为 500r/min 和 800r/min 2）精车 1 刀，精车步进量 0.35mm
2		钻中心孔： 1）φ6mm 中心钻（CENTER DRILL），进给率 0.3mm/r，主轴转速800r/min，刀具取名为 T0404 2）钻孔深度 Z-6.0，暂停时间 0.5s
3		粗车外圆： 1）刀具同车端面粗车刀，进给率 0.25mm/r，主轴转速 600r/min 2）背吃刀量 1.5，X 预留量 0.3，Z 预留量 0.3，控制器补正，切入延长 1.0，切出延长 4.0
4		精车外圆： 1）刀具同粗车加工，进给率 0.1mm/r，主轴转速 800r/min 2）精车 1 次，X 与 Z 预留量 0，控制器补正，切入延长 1.0，切出延长 4.0
5		毛坯翻转（调头装夹）： 1）图形选择整个加工模型 2）毛坯位置：起始位置 Z-90.0，调头后位置 Z0.0 3）卡爪位置：起始位置 D50.0，Z-60.0；最后位置 D24.0，Z-70.0

（续）

步骤	图　例	说　明
	车削加工步骤：步骤 1～4 为右端加工，步骤 5 为调头装夹，步骤 6～11 为左端加工	

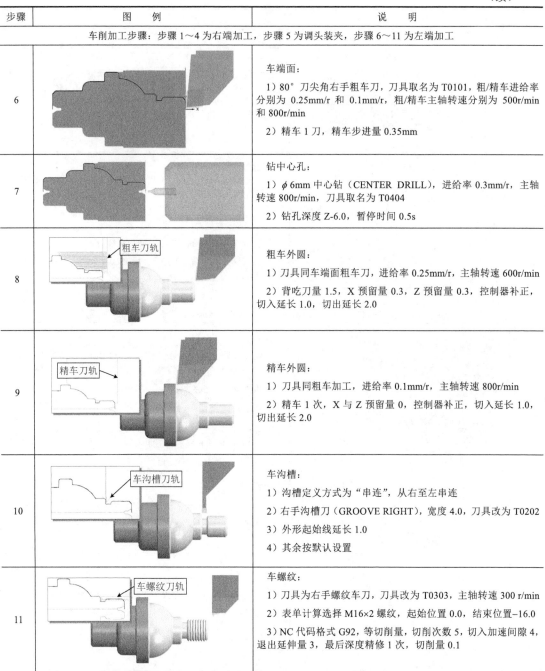

步骤	图　例	说　明
6		车端面： 1）80°刀尖角右手粗车刀，刀具取名为 T0101，粗/精车进给率分别为 0.25mm/r 和 0.1mm/r，粗/精车主轴转速分别为 500r/min 和 800r/min 2）精车 1 刀，精车步进量 0.35mm
7		钻中心孔： 1）ϕ6mm 中心钻（CENTER DRILL），进给率 0.3mm/r，主轴转速 800r/min，刀具取名为 T0404 2）钻孔深度 Z-6.0，暂停时间 0.5s
8	粗车刀轨	粗车外圆： 1）刀具同车端面粗车刀，进给率 0.25mm/r，主轴转速 600r/min 2）背吃刀量 1.5，X 预留量 0.3，Z 预留量 0.3，控制器补正，切入延长 1.0，切出延长 2.0
9	精车刀轨	精车外圆： 1）刀具同粗车加工，进给率 0.1mm/r，主轴转速 800r/min 2）精车 1 次，X 与 Z 预留量 0，控制器补正，切入延长 1.0，切出延长 2.0
10	车沟槽刀轨	车沟槽： 1）沟槽定义方式为"串连"，从右至左串连 2）右手沟槽刀（GROOVE RIGHT），宽度 4.0，刀具改为 T0202 3）外形起始线延长 1.0 4）其余按默认设置
11	车螺纹刀轨	车螺纹： 1）刀具为右手螺纹车刀，刀具改为 T0303，主轴转速 300 r/min 2）表单计算选择 M16×2 螺纹，起始位置 0.0，结束位置 -16.0 3）NC 代码格式 G92，等切削量，切削次数 5，切入加速间隙 4，退出延伸量 3，最后深度精修 1 次，切削量 0.1

　　练习 4-4：已知加工件 AutoCAD 软件的*.dwg 格式数字模型"练习 4-4.dwg"（尺寸参见图 4-34），要求对其进行加工编程。假设毛坯为无缝钢管，外径ϕ52mm，内径ϕ24mm，材料为 45 钢，加工工艺为：车端面→粗车内孔→精车内孔→车外圆→切断→调头装夹→车端面→车内孔→车螺纹。所有操作的参考点均为 X50.0，Z-100.0。加工编程练习步骤见表 4-3。

表 4-3　例 4-4 加工编程练习步骤

步骤	图　　例	说　　明
加工前准备		
1	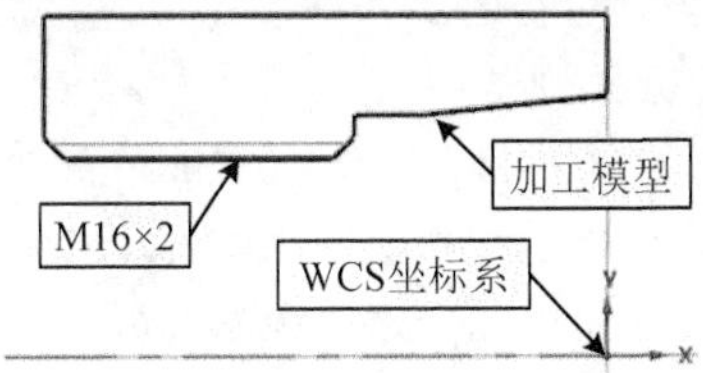 M16×2　加工模型　WCS坐标系	导入加工模型： 启动 Mastercam 2017，单击"打开"按钮 ，选择文件类型"AutoCAD 文件（*.dwg；*.dxf）"，打开"练习 4-3.dwg"并整理为左图例所示图形（注意观察工件端面中心与世界坐标系重合）
2	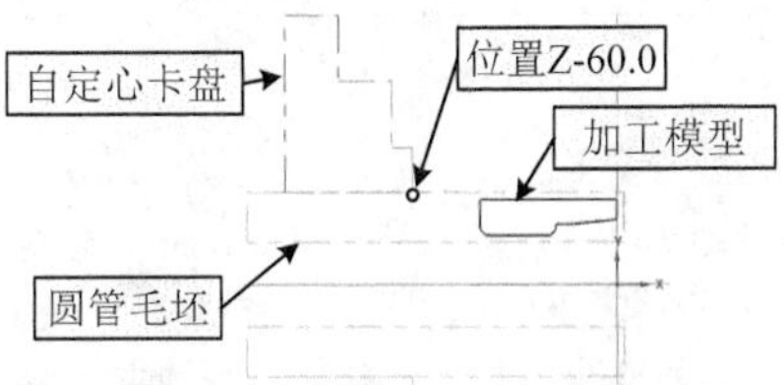 自定心卡盘　位置Z-60.0　加工模型　圆管毛坯	进入车削编程模块，进行毛坯设置： 1）定义圆管毛坯，外径 ϕ52mm，内径 ϕ24mm，长度 110mm，端面余量 2mm 2）定义卡爪，定位坐标 Z-60.0（注意，后续部分图例未显示卡盘）
右端车削：车端面→粗车内孔→精车内孔→车外圆→切断		
1	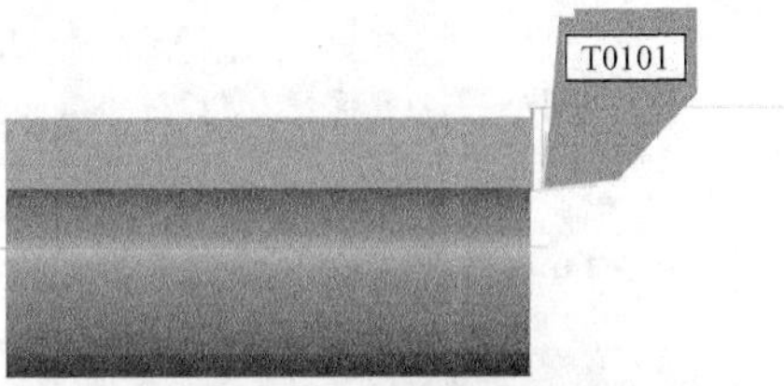 T0101	车端面： 1）80°刀尖角右手粗车刀，刀具取名为 T0101，粗/精车进给率分别为 0.2mm/r 和 0.1mm/r，粗/精车主轴转速分别为 600r/min 和 800r/min 2）精车 1 刀，精车步进量 0.35mm
2	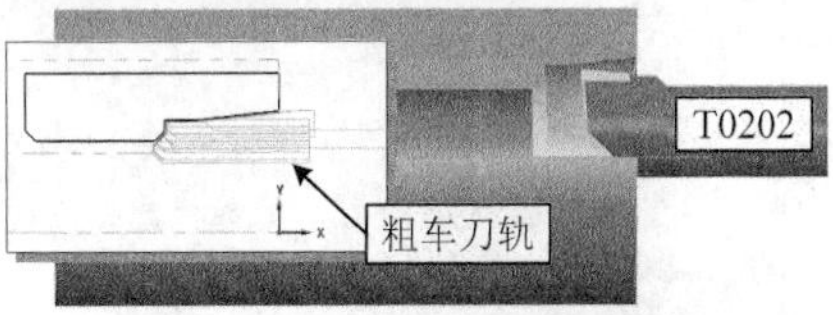 T0202　粗车刀轨	粗车内孔： 1）80°刀尖角右手粗车镗孔刀，刀具取名为 T0202，进给率 0.3mm/r，主轴转速 800r/min 2）背吃刀量 1.2，X 与 Z 预留量 0.3，Z 控制器补正，切入/切出延长 1.0
3	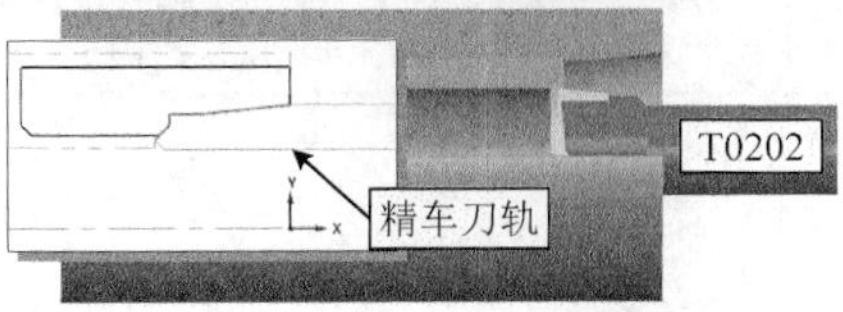 T0202　精车刀轨	精车内孔： 1）刀具同车端面，进给率 0.1mm/r，主轴转速 1000r/min 2）精车 1 次，X 与 Z 预留量 0，控制器补正，切入/切出延长 1.0
4	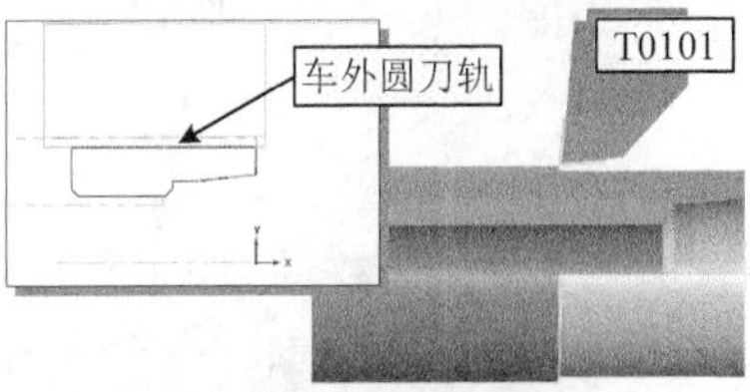 车外圆刀轨　T0101	车外圆至尺寸： 1）刀具同粗车内孔，进给率 0.2mm/r，主轴转速 600r/min 2）背吃刀量 1.5，X 与 Z 预留量 0.3，Z 控制器补正，切入延长 1.0，切出延长 6.0 3）勾选激活"半精车"按钮，设置半精车次数 1，步进量 0.3，X 与 Z 预留量 0
5	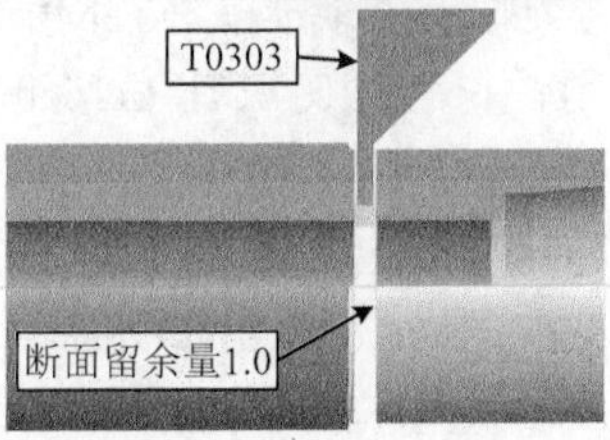 T0303　断面留余量1.0	切断： 1）刀具宽度 4.0，编辑刀具切入长度 15.0，刀具取名为 T0303，进给率 0.15mm/r，主轴转速 500r/min 2）X 相切位置 11.0，毛坯背面 1.0

（续）

步骤	图 例	说 明
左端车削：调头装夹→车端面→车内孔→车螺纹		

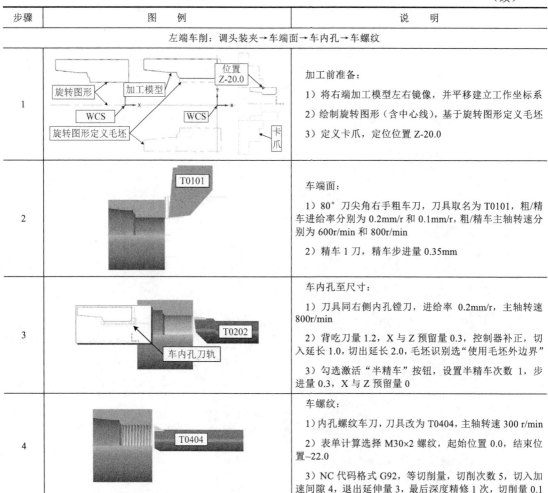

步骤		说 明
1		加工前准备： 1）将右端加工模型左右镜像，并平移建立工作坐标系 2）绘制旋转图形（含中心线），基于旋转图形定义毛坯 3）定义卡爪，定位位置 Z-20.0
2		车端面： 1）80°刀尖角右手粗车刀，刀具取名为 T0101，粗/精车进给率分别为 0.2mm/r 和 0.1mm/r，粗/精车主轴转速分别为 600r/min 和 800r/min 2）精车 1 刀，精车步进量 0.35mm
3		车内孔至尺寸： 1）刀具同右侧内孔镗刀，进给率 0.2mm/r，主轴转速 800r/min 2）背吃刀量 1.2，X 与 Z 预留量 0.3，控制器补正，切入延长 1.0，切出延长 2.0，毛坯识别选"使用毛坯外边界" 3）勾选激活"半精车"按钮，设置半精车次数 1，步进量 0.3，X 与 Z 预留量 0
4		车螺纹： 1）内孔螺纹车刀，刀具改为 T0404，主轴转速 300 r/min 2）表单计算选择 M30×2 螺纹，起始位置 0.0，结束位置-22.0 3）NC 代码格式 G92，等切削量，切削次数 5，切入加速间隙 4，退出延伸量 3，最后深度精修 1 次，切削量 0.1

4.3　数控车削加工拓展编程

下面介绍的三个加工策略是上述基本加工策略的拓展，其有较为特定的刀路特色。

4.3.1　仿形粗车加工

"仿形粗车 ▦"加工策略是针对铸造、模锻成形类毛坯而设置的加工策略，其刀路的特点是一系列以加工模型轮廓线向外按指定距离偏置的刀路轨迹，如图 4-57 所示。这种加工策略同样适用于圆柱体毛坯的加工。仿形粗车刀轨类似于复合固定循环指令 G73 的刀轨，但又优于 G73，其基于基本编程指令的加工程序通用性好，同时其比 G73 指令的空刀路少得多。注意，仿形粗车仅是粗加工，精加工用 4.2.3 节中介绍的精车加工策略即可。

图 4-57 所示示例的零件图参见图 4-15，这里假设其为模锻成形，加工余量约 3.0mm，其加工工艺是将练习 4-2 中左端加工步骤 8 和右端加工步骤 6 的粗车外圆更改为仿形粗车加工策略，注意其刀具轨迹的差异性。

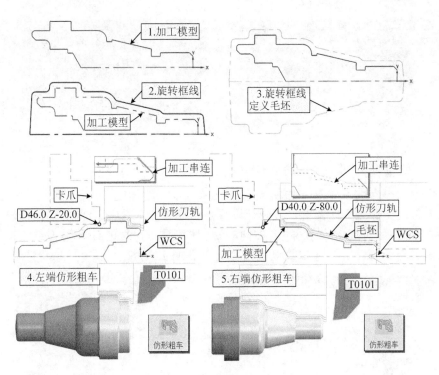

图 4-57 仿形粗车加工示例

1. 加工前准备

这里加工模型以图 4-15 所示的零件图为例。加工前准备如下:

1）参照图 4-57 在 Mastercam 环境中绘制零件加工模型,注意工作坐标系原点与世界坐标系重合。

2）以加工模型为基准,按毛坯余量 3mm 左右绘制毛坯旋转框线。其中左端的内孔按盲孔处理。左端加工模型与毛坯旋转框线可镜像得到,具体过程略。

3）进入车削加工模块,基于旋转框线定义加工毛坯。另外,按图 4-57 所示位置定义卡爪装夹,参照练习 4-2 的方法,先在 Z200.0 处定义一个尾座(尾顶尖),后续再利用尾座功能前移顶尖。

2. 仿形粗车加工操作的创建与参数设置

以图 4-57 所示的右端仿形粗车加工示例为例,光盘中有相应的文档供学习参考。

（1）仿形粗车加工操作的创建　单击"车削→标准→仿形粗车"按钮🔲,弹出操作提示"选择点或串连外形"和"串连选项"对话框,在默认"部分串连"按钮 ◯◯ 有效的情况下,用鼠标拾取加工轮廓起始段和结束段(必须确保串连加工起点、方向与预走刀路径方向一致),参见图 4-57。单击"确定"按钮,弹出"仿形粗车"对话框,默认为"刀具参数"选项卡。

（2）仿形粗车加工参数设置　该参数设置主要集中在"仿形粗车"对话框中。该对话框同样还可单击已创建的"粗车"操作下的"参数"标签 🔲 参数激活并修改。

1）"刀具参数"选项卡及参数设置如图 4-58 所示,其与前述车外圆加工基本相同,图中未显示参考点设置按钮,参考点与练习 4-2 对应,均为 X50.0,Z100.0。

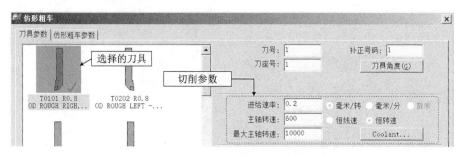

图 4-58 "仿形粗车"对话框"刀具参数"选项卡

2)"仿形粗车参数"选项卡如图 4-59 所示,其是仿形粗车加工参数设置的主要区域。这里加工余量的"补正"即偏置,若分开设置,可理解为 X 和 Z 方向的切削深度;若设置为"固定补正",则可理解为 X 和 Z 方向的切削深度相同。"进刀量/退刀量"参数可控制切入与切出刀路的延伸。其他参数设置同"粗车"加工策略。

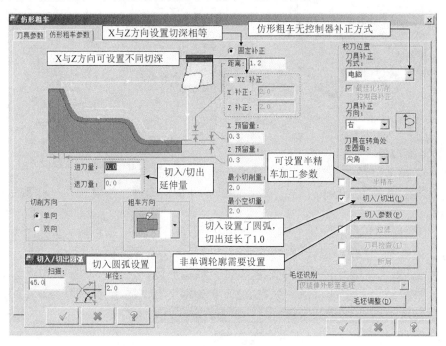

图 4-59 "仿形粗车"对话框"仿形粗车参数"选项卡

3. 生成刀具路径及其路径模拟与实体仿真

首次设置完成并单击"确定"按钮后系统会自动计算刀路,后续修改必须重新计算刀路。刀具路径模拟与仿真操作同粗车加工,实体仿真结果参见图 4-57。

4. 圆柱体毛坯仿形粗车加工示例与分析

图 4-60 所示为练习 4-2 右端加工步骤 6 的粗车外圆改为仿形粗车加工刀具路径与实体仿真,其毛坯为圆柱体,从其刀具轨迹可清楚地看出其刀具轨迹与加工模型框线之间的关系。同时,读者可将其与图 4-29 中的粗车刀轨进行比较,观察它们之间的异同点。

图 4-61 所示为图 4-35 所示示例中的粗车加工更换为仿形粗车后的刀具路径,读者可将该两图中的刀具路径进行对比,观察它们之间的异同点。

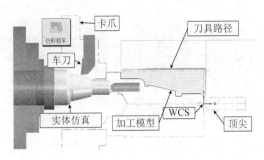
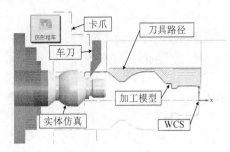

图 4-60　圆柱体毛坯仿形粗车加工示例 1　　　图 4-61　圆柱体毛坯仿形粗车加工示例 2

4.3.2　动态粗车加工

"动态粗车 [图] "加工策略是一种专为高速切削加工而设计的刀路，其切削面积均匀，材料切入、切出以切线为主，刀具轨迹圆滑流畅，几乎没有折线刀路，加工过程中较少应用 G00 过渡，因此加工过程中切削力急剧变化较小，适合高速车削加工的条件。图 4-62 所示为某滚轴型面的动态粗车加工示例。假设工件已加工完成型面之外的其他加工，此处仅动态加工型面，采用圆刀片仿形车刀。限于高速加工对机床的要求以及人们对高速切削机理的认识，目前动态粗车刀路应用还不广泛，但仔细研究这种加工策略，对理解高速切削加工是有帮助的。

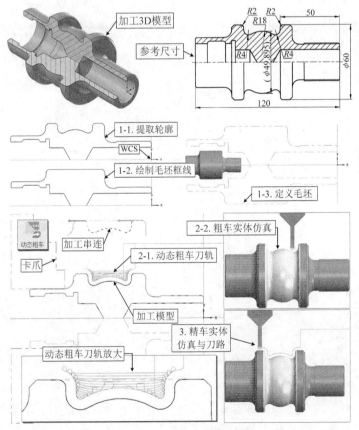

图 4-62　动态粗车加工示例

1．加工前准备

以图 4-62 所示动态粗车加工示例为例。假设已知动态粗车前的半成品 3D 数字模型（图 4-62 动态粗车.stp）并提供了与加工相关的型面尺寸。

1）启动 Mastercam 2017，读入数模"图 4-62 动态粗车.stp"并放置在图层 1 中，然后利用"草图→形状→车削轮廓📓"功能，提取车削编程轮廓并放置在图层 2 中。

2）在图层 3 上创建毛坯框线。

3）进入车削加工模块，基于"旋转"图形定义加工毛坯。另外，按图 4-62 所示位置定义卡爪装夹。

2．动态粗车加工操作的创建与参数设置

以图 4-62 所示的动态粗车加工示例为例，光盘中有相应的文档供学习参考。

（1）动态粗车加工操作的创建　单击"车削→标准→动态粗车"按钮📷，弹出操作提示"选择切入点或串连外形"和"串连选项"对话框，在默认"部分串连"按钮 ⊙⊙ 有效的情况下，按图 4-62 所示选择串连。单击"确定"按钮，弹出"动态粗车"对话框，默认为"刀具参数"选项卡。

（2）动态粗车加工参数设置　该参数设置主要集中在"动态粗车"对话框中。该对话框同样还可单击已创建的"动态粗车"操作下的"参数"标签📖 激活并修改。

1）"刀具参数"选项卡及参数设置如图 4-63 所示。首先基于一把 R5 的仿形车刀，编辑得到一把 R2.5 的仿形车刀。另外，还要设置切削参数和参考点等。

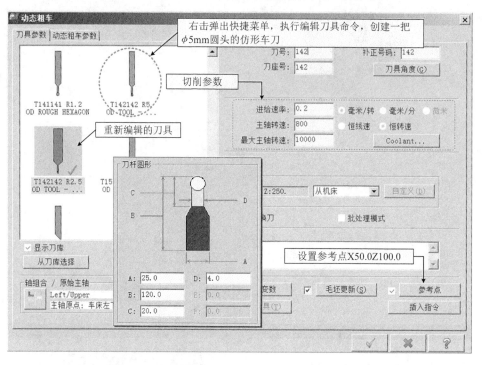

图 4-63　"动态粗车"对话框"刀具参数"选项卡

2）"动态粗车参数"选项卡如图 4-64 所示，其中的参数对动态刀具轨迹的形态有较大的影响，可通过修改参数观察刀轨，最终确定。

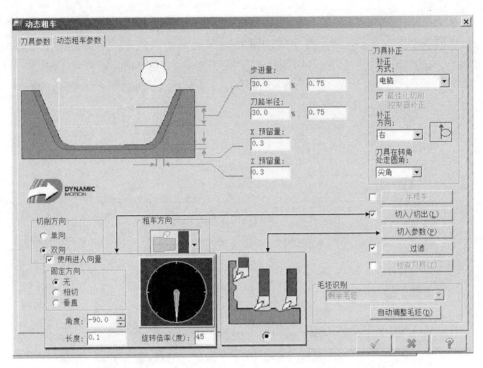

图 4-64　"动态粗车"对话框"动态粗车参数"选项卡

3．生成刀具路径及其路径模拟与实体仿真

首次设置完成并单击"确定"按钮后系统会自动计算刀路，后续修改必须重新计算刀路。刀具路径模拟与仿真操作同粗车加工，实体仿真结果参见图 4-62。

4.3.3　切入车削加工

"切入车削▤"加工策略是基于现代机夹可转位不重磨切槽车刀具有良好轴向切削功能而开发出的基于切槽刀横向切削为主的加工刀路。与"沟槽"车削相同，"切入车削"加工策略也是将粗、精车加工参数设置集成在同一个对话框中。

1．切入车削加工原理与刀路分析

（1）切入车削加工原理　图 4-65 所示为切槽刀具轴向车削原理。首先径向车削至 a_p 深度，然后转为轴向车削，由于切削阻力 F_z 的作用，刀头产生一定的弯曲变形，形成副偏角，修光已加工表面。同时刀具略微增长 $\Delta d/2$，进行横向车削。刀具伸长量 $\Delta d/2$ 是一个经验数据，受切削深度 a_p、进给量 f、切削速度 v_c、刀尖圆角半径 r_ε、材料性能、切槽深度以及刀头悬伸部分刚度等因素的影响，一般在 0.1mm 左右。

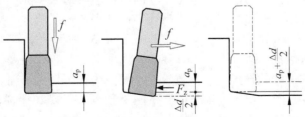

图 4-65　切槽刀具轴向车削原理

（2）切入车削刀路分析　切入车削适用于宽度较大的槽加工，其可实现轴向车削槽的粗、精加工编程。图 4-66 所示为带底角倒圆的宽槽轴向切入粗车刀具轨迹。由于轴向车削的刀头伸长，因此径向切入转轴向切削前刀具应退回 0.1～0.15mm 距离，参见图中Ⅰ放大部分。考虑到切削过程中尽量避免两个方向受力，故轴向车削转径向切入时，还有 45°斜向退刀方式，参见图中Ⅱ放大部分。

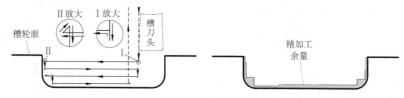

图 4-66　宽槽轴向切入粗车刀具轨迹

图 4-67 所示为与轴向粗车配套的精车加工步骤，其第②步轴向车削前仍然要回退刀具伸长量 $\Delta d/2$。

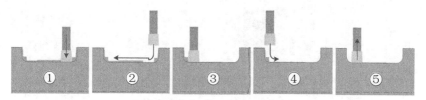

图 4-67　轴向精车加工步骤

（3）切入车削典型加工示例　图 4-68 所示为切入车削粗、精车实体仿真示例。图中精车加工圆柱部分似乎大一点，实际上是软件仿真时未考虑刀具伸长变形所致，若刀具伸长量 $\Delta d/2$ 选取合适，实际加工件是看不到这个略凸现象的。

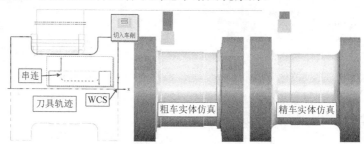

图 4-68　切入车削粗、精车实体仿真示例

2．切入车削加工操作的创建与参数设置

以图 4-68 所示的切入车削粗、精车实体仿真示例为例，光盘中有相应的文档供学习参考。

（1）切入车削加工操作的创建　单击"车削→标准→切入车削"按钮 ，弹出"沟槽选项"对话框（参见图 4-39），在默认"串连"选项下单击"确定"按钮，弹出操作提示与"串连选项"对话框。以"部分串连"方式选择图 4-68 所示的串连，单击"确定"按钮，弹出"切入车削"对话框，默认为"刀具参数"选项卡。

（2）切入车削加工参数设置　该参数设置主要集中在"切入车削"对话框中。该对话框同样还可单击已创建的"切入车削"操作下的"参数"标签 激活并修改。

1）"刀具参数"选项卡及参数设置如图 4-69 所示，选择了一把 W4.0 的切断刀。该对话框与前述基本相同，但少了步进量与主轴转速等参数的设置，其集成到了"切入粗车参数"和"切入精车参数"选项卡中。

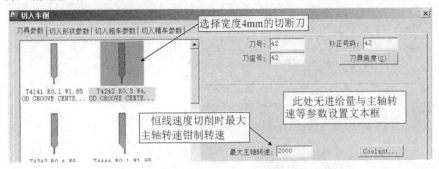

图 4-69　"切入车削"对话框"刀具参数"选项卡

2）"切入形状参数"选项卡及参数设置。该选项卡画面与参数选项与"沟槽选项"对话框中的沟槽选择方式有关，其与前述沟槽车加工基本相同。

3）"切入粗车参数"选项卡及参数设置如图 4-70 所示。主要设置参数包括粗车步进量、切削参数和粗车刀路（即切削距离下拉列表的选择）等。要说明的是，画面中有两项较为专业的设置汉化得不妥：一项是"切削距离"选项，原意为 Cut direction（plunge turn），指切削方向与插入切削设置，下拉列表中有 4 项，不同选项时画面中的图解会发生变化，看图即可理解各选项的含义，实际可理解为刀路的选择；另一项是"防止碰撞"（"切入精车参数"选项卡中翻译为"防缠绕边缘断屑"），下拉列表中也有 4 个选项，该选项设置是防止切入车削时可能产生的"圆环现象"。其概念较为专业，有兴趣进一步了解的读者可参阅参考资料[8]P381 图 4-99 的介绍。

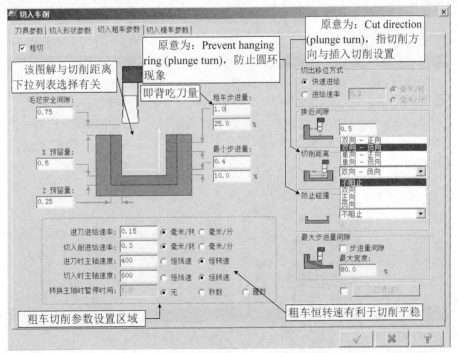

图 4-70　"切入车削"对话框"切入粗车参数"选项卡

4）"切入精车参数"选项卡及参数设置如图 4-71 所示。"让刀过切保护"参数实际上是图 4-65 中刀具弯曲变形的伸长量，为经验数据，约 0.1mm。

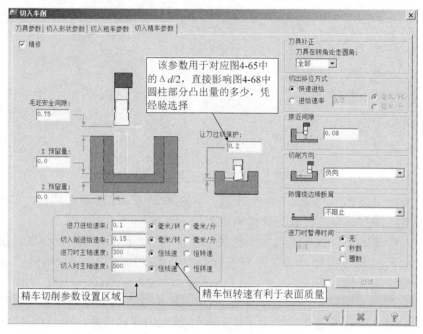

图 4-71 "切入车削"对话框"切入精车参数"选项卡

3. 生成刀具路径及其路径模拟与实体仿真

首次设置完成并单击"确定"按钮后系统会自动计算刀路，后续修改必须重新计算刀路。刀具路径模拟与仿真操作同粗车加工，实体仿真结果参见图 4-68。

4. 切入车削加工应用

切入车削功能不仅可切削底角倒圆的宽槽，同样也可加工无圆倒角的矩形槽，以及任意形状凹槽的加工，甚至可进行复杂外轮廓形状外圆的粗加工。图 8-72 所示为切入车削粗、精加工外轮廓应用示例，其是将图 4-35 所示示例中的"粗车外圆与精车外圆"改为"切入车削"加工策略的示例。这里考虑退刀槽底宽度仅为 4.0mm，与切入车削的刀具宽度相同，因此通过增加辅助线的方式重新选择串连，避开了退刀槽加工，后续再单独安排一道沟槽刀路车削退刀槽。

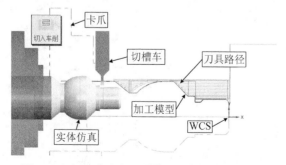

图 4-72 切入车削粗、精加工外轮廓应用实例

至此需提醒读者，该零件外轮廓已分别采用"粗车+精车""仿形粗车+精车"和"切

入车削粗、精车"三种方法进行了加工举例，读者可将这三种加工策略的刀具轨迹进行对比，体会各自的特点和应用的利弊。

4.4　数控车削循环指令加工编程

车削循环加工策略是以输出循环加工指令为目标的一种加工策略。不同的数控系统，其车削循环指令是有差异的。以 FANUC 0i 车削系统为例，其复合固定循环指令主要包括：G71 与 G72（对应粗车□循环）和 G73（对应仿形□循环）及其配套的 G70（精车□循环），G75 与 G74（对应沟槽□循环）。另外一个 G76 是螺纹车削复合固定循环指令，在图 4-50 所示的"车螺纹"对话框"螺纹切削参数"选项卡中可设置并输出。

学习循环车削指令应该注意以下几点：

1）数控系统的循环指令本身是为手工编程设计的，其针对性较强，因此，Mastercam 自动编程输出的程序可能与自己使用的数控系统有一定差异，往往必须手工修改。

2）在循环车削编程的对话框中均有一个复选框，勾选后可将其转化为基本编程指令输出的 NC 加工程序，这样做的好处是程序的通用性更好，但程序变得较长，不适合手工输入程序。

3）若读者不熟悉循环车削指令或没有合适的能够后处理生成所需系统循环指令的后处理程序，建议不学这一章节，除非按第 2 条处理。

Mastercam 2017 默认进入的车削编程模块是针对 FANUC 车削系统而言的，因此，若使用 FANUC 系统的数控车床可考虑继续学本章节内容。

4.4.1　粗、精车循环加工

"粗车□"循环加工策略对应输出的是 G71 和 G72 指令，其配套的加工策略是"精车□"循环（对应 G70）。

1. 对应 G71+G70 的粗、精车循环加工编程

图 4-73 所示为对应 G71+G70 的粗、精车循环加工示例，其是将"练习 4-2"中的步骤 6、7 更换为对应 G71+G70 的粗、精车循环加工的示例，"粗车□"循环指令的加工毛坯为圆柱体。光盘中有相应的文档供学习参考。

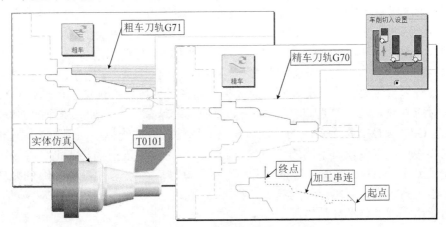

图 4-73　对应 G71+G70 的粗、精车循环加工示例

单击"车削→循环→粗车"按钮 ，在"部分串连"方式下选择如图 4-73 所示的串连曲线后，会弹出"循环粗车"对话框，默认的"刀具参数"选项卡与前述的"粗车"对话框相同，这里仅讨论其"循环粗车参数"选项卡，如图 4-74 所示。画面中，循环指令预览区域的参数会随着相关参数的设置而变化，粗车方向默认为外圆的 G71 指令选项，X 和 Z 安全高度必须大于 0 且不宜太大。其余参数的介绍与前述基本相同。

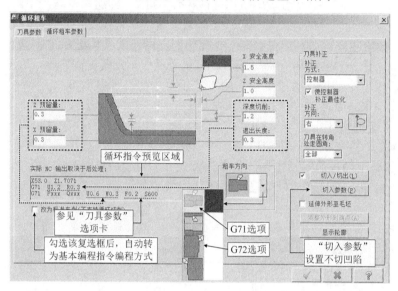

图 4-74 "循环粗车"对话框"循环粗车参数"选项卡 G71 设置

在创建了"粗车 "循环操作后，单击"车削→循环→精车"按钮 ，系统直接弹出"循环精车"对话框，默认为配合已创建的"粗车 "循环操作配套的 G70，其设置较为简单，这里不展开介绍。

2. 对应 G72+G70 的粗、精车循环加工编程

图 4-75 所示为对应 G72+G70 的粗、精车循环加工示例。图中给出了加工件尺寸参考，假设毛坯为圆柱体，对应 G72+G70 的粗、精车循环加工刀轨，以及加工串连曲线。注意串连曲线的起点、切削走向和终点与图 4-73 不同。光盘中有相应的文档供学习参考。

与 G71 的粗车循环加工操作的创建方法类似，即单击"车削→循环→粗车"按钮 ，在"部分串连"方式下选择如图 4-75 所示的串连曲线后（注意串连曲线的起、终点与切削走向不同），会弹出"循环粗车"对话框，默认的"刀具参数"选项卡与前述的"粗车"循环对话框相同，但"循环粗车参数"选项卡略有差异，如图 4-76 所示。其余前述 G71 指令粗车的设置差异主要在"粗车方向"的选择，选择后循环指令预览区可见到 G72 指令的格式及其对应参数。与 G72 配套的 G71 指令对应的"精车"循环加工操作的创建略。

总结：G71 与 G72 指令对应的功能按钮是相同的，通过选择不同的加工串连的起点、切削走向和终点，以及设置不同的"粗车方向"选项，可实现所需加工循环指令程序的输出。创建了 G71 与 G72 指令对应的"粗车"循环操作后，创建的 G70 指令的操作不需选择加工串连，系统会自动指定其为精加工循环指令操作。G71 与 G72 指令对应的"粗车"循环加工适用于圆柱体毛坯加工。

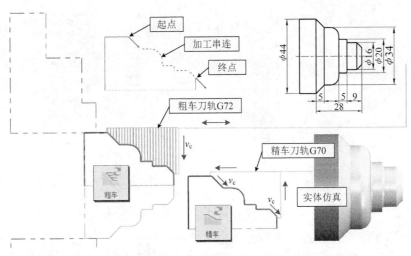

图 4-75　对应 G72+G70 的粗、精车循环加工示例

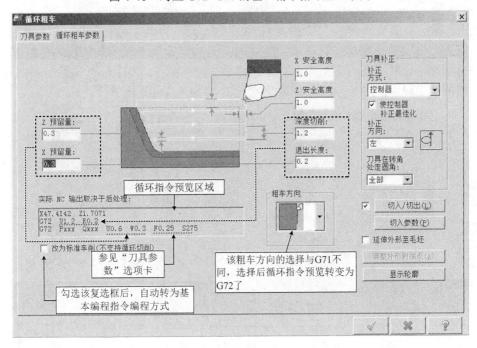

图 4-76　"循环粗车"对话框"循环粗车参数"选项卡 G72 设置

4.4.2　仿形循环加工

"仿形 ▨" 循环加工指令是对应 G73 指令的加工策略，其同样可配套 G70 实现精车加工。仿形循环的原意就是加工毛坯为铸锻件的类零件形毛坯，其是对应 G73 指令的，因此，其刀具轨迹与前述的"仿形粗车 ▨"又存在差异。图 4-77 所示为对应 G73+G70 的粗、精车循环加工示例，其是将图 4-57 中右端"仿形粗车"更改为"仿形 ▨"循环粗车，然后应用"精车 ▨"循环替代原来用的"精车 ▨"刀路的加工方案。光盘中有相应的文档供学习参考。

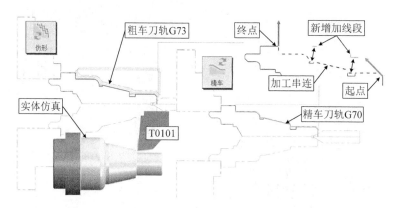

图 4-77　对应 G73+G70 的粗、精车循环加工示例

注意到"仿形[图]"循环的串连曲线是允许凹陷轮廓车削加工的，为此，在原轮廓线的基础上，在退刀槽处增加了两处线段，使得选择串连时可以避开沟槽，如图 4-77 中的串连所示。

单击"车削→循环→仿形"按钮[图]，在"部分串连"方式下选择如图 4-77 所示的串连曲线后，会弹出"循环粗车"对话框，默认的"刀具参数"选项卡与前述的"粗车"循环相同，这里仅讨论其"仿形参数"选项卡，如图 4-78 所示。图中提供了标准 G73 的指令格式，并指出了对应的参数设置，读者可通过输出 NC 代码对比学习。

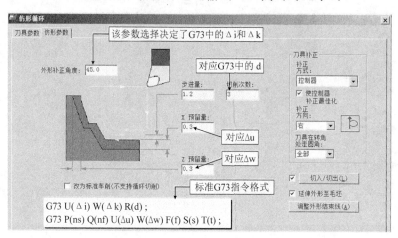

图 4-78　"仿形循环"对话框"仿形参数"选项卡 G73 设置

与前述 G71 类似，这里如果创建"车削→循环→精车[图]"循环功能，将生成与已存在的 G73 配套的 G70 精车循环指令。

手工编程中，G73 指令虽然是针对铸锻件毛坯设计的加工策略，但其同样可对圆柱体毛坯进行加工，如图 4-79 所示。与"仿形粗车[图]"加工策略（参见图 4-60）相比，其空刀太多，加工效率明显下降，因此，G73 粗车循环一般仅用于单件小批量加工，并且更多地用于 G71/G72 指令处理不了的非单调变化轮廓零件的加工（参见参考资料[1]）。

图 4-79 所示为对应 G73 的加工示例，是将图 4-60 中的"仿形粗车"加工操作更改为"仿形[图]"循环粗车加工的加工方案（后续的 G70 指令的应用略）。该示例中加工串连曲线的处理与图 4-77 相同。

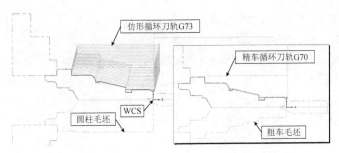

图 4-79　圆柱体毛坯"仿形循环"加工示例

4.4.3　沟槽循环加工

"沟槽▨"循环加工是对应 G74/G75 指令的加工策略，分别对应轴向（即端面）与径向沟槽加工，加工的侧壁与轴线只能是平行/垂直的沟槽，因此，沟槽循环指令定义沟槽的方法只有三种，即"1 点""2 点"和"3 直线"三种方法。

G74 与 G75 指令加工的原理类似，仅是切削进给的进刀方向不同。G74 是轴向进刀，用于加工端面沟槽，而 G75 是径向进刀，用于加工圆柱面上的径向沟槽。其中，G75 对刀具要求不高，且实际中径向沟槽几何特征较多，因此应用较多。这里主要讨论 G75 对应的沟槽循环加工。

"沟槽"循环加工主要是针对 G74/G75 指令开发的，但在 Mastercam 2017 中，其功能得到了进一步的加强，如其增加了精修功能，对于宽度大于刀具宽度的沟槽，其可利用基本编程指令进一步精修沟槽侧壁和槽底。

虽然 G74/G75 指令开发的原意是用于手工编程，但应用 Mastercam 进行自动编程更加方便快捷，且对初学者来说，观察其输出的 NC 程序结构有利于快速学习。

1．径向沟槽循环（对应 G75 指令）加工示例

G75 指令的典型应用有三种：等距的多个窄沟槽（槽宽等于刀具宽度）、单一宽沟槽（槽宽大于刀具宽度）和啄式切断（槽宽等于刀具宽度，深度延伸至轴线）。对应的"沟槽▨"循环功能加工不仅可实现以上三种典型的沟槽加工，且能精修槽宽和槽底。

图 4-80 所示为径向沟槽循环加工练习典型的几何模型、加工刀轨与实体仿真。光盘中有相应的文档供学习参考。

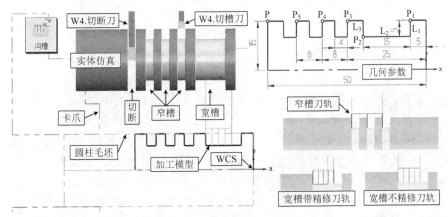

图 4-80　径向沟槽循环加工典型的几何模型、加工刀轨与实体仿真

2．径向沟槽循环（对应 G75 指令）加工编程

下面以图 4-80 所示的径向沟槽加工示例为例进行讨论。

（1）加工前准备　首先按图 4-80 右上角的几何参数准备好加工模型，注意模型右端面中心与世界坐标系重合；然后进入车削编程环境，按图 4-80 所示定义圆柱毛坯与卡爪等。

（2）沟槽循环加工操作的创建　单击"车削→标准→循环→沟槽"按钮█，弹出"沟槽选项"对话框，该对话框与图 4-39 所示的"沟槽█"车削加工定义沟槽方法的对话框基本相同，但仅"1 点、2 点和 3 直线"三种方法有效，三种方法定义沟槽的操作同前述"沟槽"车加工（参见图 4-39）。定义完沟槽形状后，会弹出"沟槽车削循环"对话框。

（3）"沟槽车削循环"对话框设置　如下所述。

1）"刀具参数"选项卡设置。弹出"沟槽车削循环"对话框时默认为"刀具参数"选项卡，其与图 4-40 所示"沟槽粗车"对话框中的"刀具参数"选项卡相同。图 4-80 所示示例中的切槽与切断刀宽度均为 4.0，其余参数自定。

2）"沟槽形状数"选项卡设置。"1 点"方式定义的沟槽与"2 点和 3 直线"定义的沟槽略有差异，"1 点"方式定义沟槽时的"沟槽形状数"选项卡如图 4-81 所示。在图 4-80 中，若选择 P_1 点定位沟槽，则宽度设置 15.0、高度设置 5.0 确定的是宽槽的形状。若连续选择 P_3、P_4、P_5 点定位沟槽，勾选"使用刀具宽度"复选框，高度设置为 5.0，则确定的形状是三个窄槽。若选择 P 点定位沟槽，勾选"使用刀具宽度"复选框，高度设置为 15.0～15.4（0.4 为刀尖圆角半径值），则确定的是切断的沟槽。

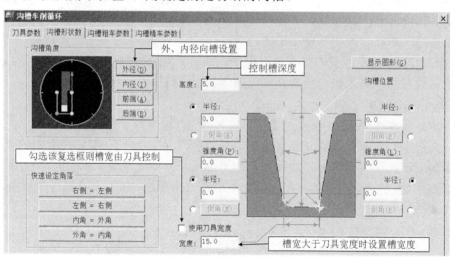

图 4-81　"沟槽车削循环"对话框"沟槽形状数"选项卡（"1 点"方式）

"2 点和 3 直线"定义沟槽时，刀具高度与宽度等均不可选，实际上该选项基本不用选，仅内孔进行沟槽车削时需要设置"沟槽角度"选项。在图 4-80 中，顺序选择 P_1 和 P_2 点或"部分串连"方式选择 L_1 至 L_3 串连方向，均直接确定了宽槽的形状。

3）"沟槽粗车参数"选项卡设置如图 4-82 所示。虽然选项较多，但看图设置即可。对于窄槽车削，一般在"沟槽形状数"选项卡勾选"使用刀具宽度"复选框，然后此处设置 X 和 Z 预留量为 0.0，再取消"沟槽精车参数"选项卡中的"精修"复选项，即不精修沟槽即可。槽底设置暂停时间有利于提高槽底直径的加工精度。啄车加工有利于断屑。较深的沟槽建议分层切削。另外图 4-82 中给出了 G75 指令格式及其对应参数的设置。

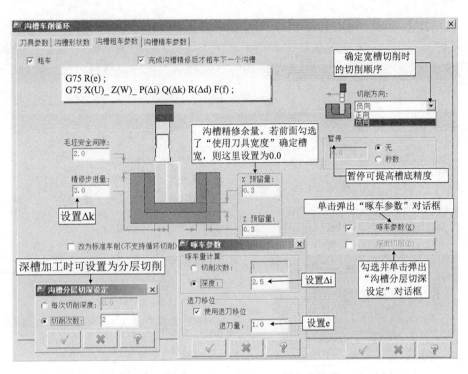

图 4-82　"沟槽车削循环"对话框"沟槽粗车参数"选项卡

4）"沟槽精车参数"选项卡设置如图 4-83 所示。该选项卡与 G75 指令无关，是利用基本编程指令对"沟槽粗车参数"选项卡中设置的余量进行精车加工。若"沟槽粗车参数"选项卡中设置的余量为 0.0，则取消本选项卡左上角"精修"复选框的勾选。

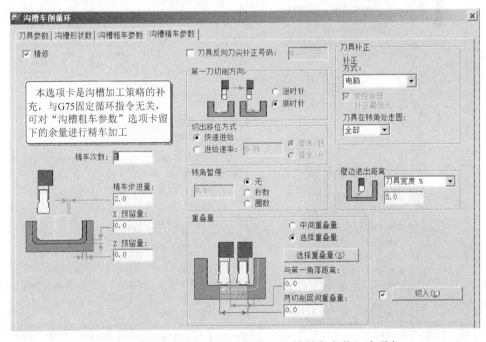

图 4-83　"沟槽车削循环"对话框"沟槽精车参数"选项卡

3．径向沟槽循环（对应 G75 指令）加工编程设置练习

练习 4-5：以图 4-80 所示的径向沟槽循环加工为例，参照表 4-4 中的顺序与设置说明进行沟槽循环加工练习，并于光盘中相应的练习文档进行比较。练习时最好后处理观察加工程序的差异。

表 4-4　径向沟槽循环加工编程设置练习

序　号	加工要求与图例	设置说明
1	"1点"法定义沟槽，加工宽槽，要精修 （对应练习文档操作 1）	1）沟槽定义：沟槽定位点 P_1 2）刀具参数：W4.沟槽车刀，其余参数自定 3）沟槽形状数：高度 5.0，宽度 15.0 4）沟槽粗车参数：精修步进量 3.0，X 与 Z 预留量 0.3，啄车参数（深度 2.5，退刀量 1.0） 5）沟槽精车参数：系统默认的值
2	"1点"法定义沟槽，加工宽槽，不精修 （对应练习文档操作 2）	1）沟槽定义：沟槽定位点 P_1 2）刀具参数：W4.沟槽车刀，其余参数自定 3）沟槽形状数：高度 5.0，宽度 15.0 4）沟槽粗车参数：精修步进量 3.0，X 与 Z 预留量 0.3，啄车参数（深度 2.5，退刀量 1.0） 5）沟槽精车参数：取消勾选，不精修 注意，刀轨略有差异，后处理 NC 没有精修程序代码
3	"2点"法定义沟槽，加工宽槽，不啄式切削，不精修 （对应练习文档操作 3）	1）沟槽定义：沟槽定位点 P_1 与 P_2 2）刀具参数：W4.沟槽车刀，其余参数自定 3）沟槽形状数：不用设置 4）沟槽粗车参数：精修步进量 0.0，X 与 Z 预留量 0.0，取消"啄车参数"复选框的勾选 5）沟槽精车参数：取消勾选，不精修 注意，刀轨和程序代码等与序号 2 相同
4	"3直线"法定义沟槽，加工宽槽，不啄式切削，不精修 （对应练习文档操作 3）	1）沟槽定义：部分串连方式依次选择 L_1、L_2 和 L_3 2～5）项：设置同序号 3
5	"1点"法定义沟槽，一个 G75 程序段加工 3 个宽度等于刀宽的窄槽 （对应练习文档操作 4）	1）沟槽定义：沟槽定位点 P_3 2）刀具参数：W4.沟槽车刀，其余参数自定 3）沟槽形状数：高度 5.0，宽度 20.0 4）沟槽粗车参数：精修步进量 8.0，X 与 Z 预留量 0.0，啄车参数（深度 2.5，退刀量 1.0） 5）沟槽精车参数：取消勾选"精修"
6	"1点"法定义沟槽，3 个 G75 程序段加工宽度等于刀宽的 3 个窄槽 （对应练习文档操作 5）	1）沟槽定义：沟槽定位点 P_3、P_4、P_5 2）刀具参数：W4.沟槽车刀，其余参数自定 3）沟槽形状数：高度 5.0，勾选"使用刀具宽度" 4）沟槽粗车参数：精修步进量 0.0，X 与 Z 预留量 0.0，啄车参数（深度 2.5，退刀量 1.0） 5）沟槽精车参数：取消勾选"精修" 注意，序号 5 与序号 6 的刀轨相同，但后处理输出程序代码存在差异

（续）

序　　号	加工要求与图例	设　置　说　明
7	切断 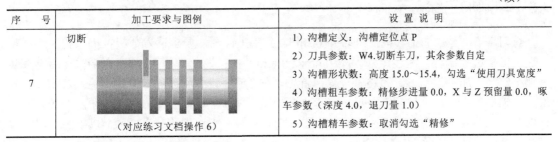 （对应练习文档操作6）	1）沟槽定义：沟槽定位点 P 2）刀具参数：W4.切断车刀，其余参数自定 3）沟槽形状数：高度 15.0～15.4，勾选"使用刀具宽度" 4）沟槽粗车参数：精修步进量 0.0，X 与 Z 预留量 0.0，啄车参数（深度 4.0，退刀量 1.0） 5）沟槽精车参数：取消勾选"精修"

4．端面沟槽循环（对应 G74 指令）加工

G74 指令与 G75 指令加工原理基本相同，仅加工沟槽的位置与方向不同。G74 指令用于加工端面沟槽，其典型应用也对应有窄槽、宽槽与中心深孔啄式钻削。端面沟槽加工同样进一步拓展了侧壁与槽底的精修功能。图 4-84 所示为端面沟槽循环加工示例。端面沟槽编程存在两点问题：第一是沟槽实体仿真可能出现红色的干涉现象，其原因是端面沟槽加工的切槽刀是一个与切槽直径范围有关的特殊的圆弧车刀[8]，而现有的 Mastercam 刀具库中的切槽刀为无圆弧结构车端面车刀，因此实体仿真时出现了干涉现象，但只要加工时刀具选择正确，输出程序对加工是没有影响的；第二是中心的啄式钻孔刀路，由于沟槽加工策略不支持钻头刀具，因此只能选择切槽刀，刀轨计算与实体仿真时存在问题，但从后处理输出的 NC 代码看，其还是可以进行加工的。注意，图 4-84 中实体仿真图是用较长刀头的车刀处理的。

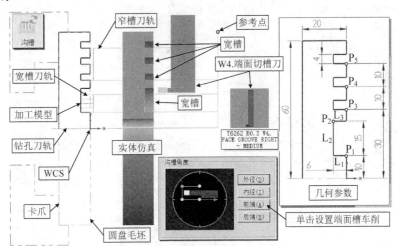

图 4-84　端面沟槽循环加工示例

端面沟槽循环（对应 G74 指令）加工的设置方法与径向沟槽循环加工基本相同，注意以下的不同点即可方便掌握。

1）在"刀具参数"选项卡中，要选择端面沟槽车刀（FACE GROOVE），参见图 4-84。

2）在"沟槽形状数"选项卡中，在"沟槽角度"区域单击"前端"按钮，将沟槽角度改为图 4-84 所示的端面车槽加工。

后续的"沟槽粗车参数"和"沟槽精车参数"选项卡的设置，读者可基于图 4-84 所示的示例尝试练习。

4.5 车削加工综合示例

练习 4-6：已知加工数模"练习 4-6.stp"，并附工件图，要求读入数模，提取轮廓线，建立加工模型进行编程。毛坯尺寸为$\phi 50mm×110mm$，材料为 45 钢。先加工左端，然后调头装夹加工右端，加工工艺参见刀路管理器。首先，在"毛坯设置"选项卡中定义毛坯与卡爪；其次，左端加工：车端面→粗车外圆→精车外圆→点钻孔窝→钻孔（D10）→扩孔（D20）→精车内孔→调头装夹（毛坯翻转）→粗车外圆→精车外圆→车退刀槽→车螺纹。以上练习提示参见图 4-85，光盘中有结果文件"练习 4-6 加工.mcam"供学习参考。

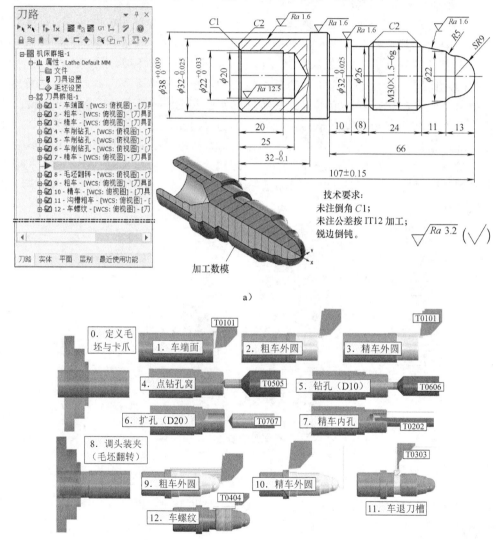

图 4-85　练习 4-6 练习提示

a）已知条件　b）加工步骤

练习 4-7：已知加工数模"练习 4-7.stp"，并附工件图，要求读入数模，提取轮廓线，建立加工模型进行编程。毛坯尺寸为ϕ40mm×100mm，材料为45钢。先加工左端，然后调头装夹加工右端，加工工艺参见刀路管理器。首先，在"毛坯设置"选项卡中定义毛坯与卡爪；其次，左端加工：车端面→粗车外圆→精车外圆→车退刀槽→调头装夹（毛坯翻转）→车端面→仿形粗车→精车外圆→车退刀槽→车螺纹。以上练习提示参见图 4-86，光盘中有结果文件"练习4-7加工.mcam"供学习参考。

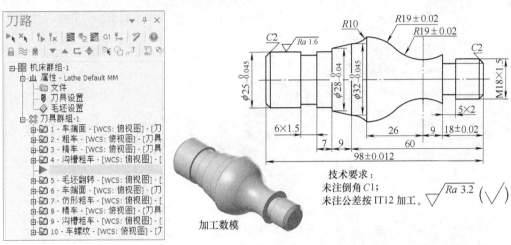

a）

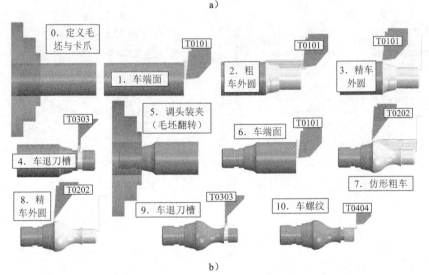

b）

图4-86　练习4-7练习提示

a）已知条件　b）加工步骤

练习4-8：已知加工数模"练习4-8.stp"，并附工件图，要求读入数模，提取轮廓线，建立加工模型进行编程。毛坯尺寸为ϕ55mm×149mm，材料为45钢。先加工右端，然后调头装夹加工左端，加工工艺参见刀路管理器。首先，在"毛坯设置"选项卡中定义毛坯与卡爪；其次，右端加工：车端面→钻孔→扩孔→粗车内孔→精车内孔→仿形粗车外圆→精车外圆→车沟槽→调头装夹（毛坯翻转）→车端面→粗车外圆→精车外圆→车螺纹。以上练习提示参见图4-87，光盘中有相应的文档供学习参考。

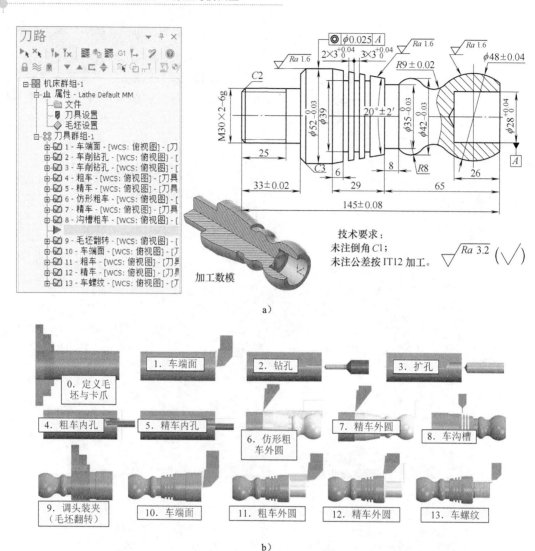

图 4-87　练习 4-8 练习提示

a）已知条件　b）加工步骤

本 章 小 结

本章主要介绍了 Mastercam 2017 软件数控车削加工编程，分三部分展开了讨论。数控车削加工基本编程是学习的重点，基本可解决常见的数控车削加工问题。数控车削加工拓展部分主要介绍了仿形粗车、动态粗车和切入车削，这几种加工策略代表了数控车削加工技术的新发展，值得研究与应用。而数控车削循环加工指令编程部分以 FANUC 数控车削系统对应的循环指令进行讲解，对深刻理解车削循环指令有所帮助。

参 考 文 献

[1] 陈为国，陈昊. 图解 Mastercam 2017 数控加工编程基础教程[M]. 北京：机械工业出版社，2018.

[2] 陈为国，等. Mastercam 后置处理的个性化设置[J]. 现代制造工程，2012（5）：36-40.

[3] 马志国. Mastercam 2017 数控加工编程应用实例[M]. 北京：机械工业出版社，2017.

[4] 詹友刚. Matercam X7 数控加工教程[M]. 北京：机械工业出版社，2014.

[5] 刘文. Mastercam X2 中文版数控加工技术宝典[M]. 北京：清华大学出版社，2008.

[6] 李波，等. Mastercam X 实用教程[M]. 北京：机械工业出版社，2008.

[7] 沈建峰，黄俊刚. 数控铣床/加工中心技能鉴定考点分析和试题集萃[M]. 北京：化学工业出版社，2007.

[8] 陈为国，陈昊. 数控加工刀具材料、结构与选用速查手册[M]. 北京：机械工业出版社，2016.

[9] 陈为国，陈昊. 数控加工编程技巧与禁忌[M]. 北京：机械工业出版社，2014.

[10] 陈为国. 数控加工编程技术[M]. 北京：机械工业出版社，2012.

[11] 陈为国. 数控加工编程技术[M]. 2 版. 北京：机械工业出版社，2016.

[12] 陈为国，陈昊. 数控车床操作图解[M]. 北京：机械工业出版社，2012.

[13] 陈为国，陈昊. 数控车床加工编程与操作图解. [M]. 2 版. 北京：机械工业出版社，2017.

[14] 陈为国，陈为民. 数控铣床操作图解[M]. 北京：机械工业出版社，2013.